When Paris Discovered comfort—
And The Modern Home Began

The Age of Comfort
舒适年代

融历史、时尚潮流、女性感官于一炉的文化史的读物

(法)琼恩·德尚/著 蒋中龄/译

当巴黎爱上舒适　现代家居生活开始

重庆出版集团 重庆出版社

The Age of Comfort By Joan Dejean
Copyright:©2009 by Joan Dejean
This edition arranged with Bloomsbury USA, New York
through Andrew Nurnberg Associates International Ltd. Beijing Representative Office
Simplified Chinese edition copyright:
2010 ChongQing Publishing House
All rights reserved

图书在版编目（CIP）数据

舒适年代/（法）琼恩·德尚 著；蒋中龄 译.—重庆：
重庆出版社，2011.2
ISBN 978-7-229-03351-4

Ⅰ.① 舒… Ⅱ.① 琼…② 蒋… Ⅲ.① 住宅—室内装饰
—建筑设计—建筑史—欧洲
Ⅳ.① TU241-095

中国版本图书馆CIP数据核字（2010）第232645号

舒适年代
The Age of Comfort
（法）琼恩·德尚 著 蒋中龄 译

出 版 人：罗小卫　　　策　　划：刘太亨　刘　嘉
责任编辑：王　淋　　　技术设计：日日新

重庆出版集团
重庆出版社 出版

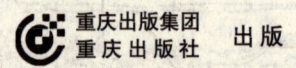

重庆长江二路205号 邮编：400016 http://www.cqph.com
重庆大学建大印刷厂
（重庆市沙坪坝区沙北街83号 邮编：400045）
重庆出版集团图书发行有限公司发行
E-MAIL: fxchu@cqph.com 邮购电话：023-68809452
全国新华书店经销

开本：787mm×1092mm 1/16 印张：23 字数：296千
2011年2月第1版 2011年2月第1次印刷
ISBN 978-7-229-03351-4
定价：38.00元

如有印装质量问题，请向本集团图书发行有限公司调换：023-68706683

版权所有，侵权必究

目录

概　述

第 一 章	现代舒适生活简史	I
第 二 章	舒适的建筑	27
第 三 章	浴　室	5I
第 四 章	水冲厕所	65
第 五 章	取暖设备	8I
第 六 章	舒适的座椅	9I
第 七 章	便利家具	I3I
第 八 章	1735年：建筑师设计的座椅崭露头角	I4I
第 九 章	室内装饰和舒适房间的起源	I47
第 十 章	卧　室	I7I
第十一章	闺　房	I87
第十二章	舒适的服装	I95
第十三章	生活中的纺织品	2I7
第十四章	身体的舒适	233
尾　　声	生活的艺术	245

鸣谢/235

图注/257

参考文献/26I

introduction
概　述

  在我认识的人当中，所有的人都期望舒适的生活，然而，我们最享受的地方，就是自己的家。那么，什么才是幸福生活的必需品？每个人对这个问题的回答都不相同。我知道一些人为了买到最高档的床单，会逛遍大街小巷；只要经济允许，一些人会用很多钱来打造最豪华的浴室；我也知道还有那么些人，一直在寻找完美的沙发——有漂亮的款式、最好的底座和完美的装潢。虽然每个人对必需品的定义各不相同，可我们对舒适生活的向往却是一模一样。

  其实，西方国家从很久以前就开始追求舒适的生活。从古至今，人们就在不断地尝试各种改变。正如17世纪70年代的巴黎，人们既渴望舒适，又在不断创造更加舒适的生活。从那时起，舒适和随意首次在建筑、时尚、家具和室内设计中被优先考虑。也就是那时候，真正意义上的现代生活才刚刚开始。就像现在有些人喜欢简单的白色天花板一样，我们的房间和家具也成为了一种装饰。在这个时期室内装潢和水管设施也在不断地创新和发展。住宅中的沙发、自动供水装置和水冲厕所都是在这个时代被发明的。1670到1765年这近一个世纪中，人们都在追求舒适的生活。建筑师和工匠的创新设计为现代的住宅设计开创了先例，巴黎的居民也为我们展示了家居舒适生活的景象。

  人们的住宅和家居生活几乎在瞬间被彻底改变。在这近一个世纪的时间里，设计、艺术和建筑领域展现出了非凡的创造力。这在巴黎的几个重要的历史时刻中是最有影响力的。城市变成文化、艺术和社会活动的中心。巴黎变成了一个巨大的设计工厂，艺术、手工艺和科技领域在这里得到了不断发展。这样的转变是由于17世纪后半期巴黎皇室和富豪们的不断发展壮大，随后逐渐蔓延到经济领域和整个社会。因此到了18世纪中叶，由舒适引领的完美生活已经被人们广泛接受。

人们在这个时期首次详细地记录了舒适的发展过程。在18世纪早期之前，人们并没有系统地记载那些使生活更加简单的创新发明，只留下少数零散的手工艺品和前人的一些见闻。

我们的日常生活总是在不断地变化。一些人总试图解释这种变化形成的原因。尽管他们留给后人的记录都非常单调，而且容易被忽视，然而这样的关注在18世纪有着重要意义。普通的生活用品因全新的设计而瞬间变得与众不同。桌子、椅子、床和卧室的设计逐渐被书信、日记和报纸广泛关注，甚至还在旅行指南中出现。导游向外国游客介绍巴黎最吸引人的卧室和浴室，并鼓励他们去家具装饰现场参观；艺术家开始与人们交流自己的新设计，让人们享受这些舒适的创造，并让整个世界分享自身的感受。

舒适生活的创造者渴望为后人记录他们的所有成就，因此，18世纪初人们第一次详尽地记录了私人的建筑工程（以前人们只记录公共建筑工程）。那时最权威的建筑师意识到住宅建筑具有前所未有的重要意义，因此他们发表了对正在修建的巴黎新居民区的规划。这是多种历史资料第一次详细地记载并打印出新的家具和浴室设计，这是艺术家和工匠们第一次宣传家具制造和室内装潢领域的发展历程，这也是《当代期刊》第一次刊登广告，反映商人和工匠（卖建筑物和浴室设备）制造产品的细节。

然而从现在的观点来看，这一时期最令人印象深刻的是其独特的发明。这些发明也在我们解释舒适生活时起到了重要的作用。沙发也许是现代住宅中最重要的家具，它在1685至1710年之间产生并影响着人们的日常生活。和现在一样，我们的床单和最舒适的衣服在18世纪时都是由棉布制成。棉布轻柔，它在那个时候也是沙发的主要原材料。现在独立两居和独立浴室的室内格局被认为是房屋的基本结构,它是在18世纪的前半期被引进的,那时的独立卧室和独立浴室才刚刚发明不久。

此外,像现代手术一样的高标准在所有的领域中被强制执行。在这一二十年里,设计师和工匠对所有的设计都进行了严格的把关。一些经过改装后的家具,我们仍然会很高兴地使用它们,当然,这时的它们已经不能和以前相提并论。从浴缸到扶手椅,从洗手间到平时的休闲服饰,没有什么比舒适的新设计更加自然。未改装前的扶手椅样子很可笑,它们僵硬且不能移动,而且做工也不精美。改装后的它们造型时尚并且设计独特,被人们沿用了三个多世纪。

17世纪70年代,当舒适生活成为一种潮流时,富豪们却开始追求奢华。他们的住宅因其奢华的外墙、巨大的室内空间和私藏的家具而闻名。因为建筑最首要的任务就是让人们依据自己的能力来设计,因此只有这样的奢华才能表现主人的地位。没有人会关注墙内的人们是怎样生活的。建筑师几乎不考虑照明、取暖和存储空间这些实际问题。没有人想过布置任何专门的家具,比如在床的附近放一个床头柜。所有的座椅,从原木制造的扶手椅到休闲长凳,它们最多只垫一个可移动的垫子、织锦垫子或者衬垫。家具不是为了更加舒适和方便而设计的。17世纪80年代是奢华时代的鼎盛时期。当时的国王路易十四负责营建了有史以来最奢华却缺乏舒适感的建筑——凡尔赛宫。他的第二任妻子即是在他最后十年的生活中最亲密的爱人——曼特农侯爵夫人[①]说:"他从来不在乎舒适不舒适,他所关注的只有宏伟和奢华。"

硬座椅可以使我们坐得很端正,这种礼仪教条中完美的姿态制约着社会所有阶层的人。当在公众场合时,人们一定要穿最精美的服装并保持最优雅的姿态。对于妇女来说,一件华丽的外衣必须要有独特的风格,而不能只是一件坚硬的束胸。这种观念也是当时社会最有影响力的主导观念。

如果你是一个有地位的人或者是一个渴望有地位的人，你永远不能随随便便，因为你一直在受人关注。在建筑设计中，相对于私密来说，人们更注重舒适。凡尔赛宫毫无疑问是有史以来最奢华的建筑，它激发了精英们对放松和休闲的渴望，这是以前的他们不会优先考虑的。以舒适为设计之本的革命结束了宫廷奢华的原则。蒙特斯庞侯爵夫人、路易十四的孩子、这些孩子的妻子和丈夫、路易十四的孙子的妻子，他们在原有生活方式的基础上合力推进一套新的价值观：舒适、不拘礼节和私密。

仅仅几十年后，即便是凡尔赛宫也发生了翻天覆地的变化。路易十五，这个皇室家族的继承人分享了他们的价值观。伟大和辉煌仍然有其价值，但奢华时代的其他因素就不在考虑范围之内，因为之前，舒适生活深深地影响了路易十五。1728年，为了给自己的浴室架设管道，年轻的路易十五下令打破了凡尔赛宫的宫墙。他不断地对这个项目进行完善，直到建筑师完全符合他的理念为止。更让人感到荒唐的是，他将自己的卧室建在了先王的马桶旁。路易十五的情人庞巴度侯爵夫人比其他人更加支持他追求简单的生活方式。1751年，庞巴度侯爵夫人把一个新浴盆送到凡尔赛宫。浴盆的底座由镀金的青铜构成，浴盆的外围用雕刻着浅色紫罗兰花朵的红木制成。这个浴盆的设计是为了与路易十五手工工具架的针织盖子相匹配（因为这些针织盖子上绣着蓝色和白色的花朵）。路易十五的浴盆代表了完美的舒适理念，它是一个集实用、奢华和美观于一身的简单而又完美的浴盆。

然而，最大的改变也许是整个国家的人都追求舒适。路易十五认为，与他拥有的绝对王权一样，他有体验另一种生活方式的权利，这样他就可以在公众的视线以外过着另一种生活。与没有私人空间的路易十四不同，他的重孙子路易十五在凡尔赛宫为自己建造了一个同已有的室内布局相类似的新房间，如在公众视线之外的第二个餐厅等。凡尔赛宫的内部人士知道这些内室，但是它们的隐蔽入口和后楼梯通道都被严格地控制着。内室与凡尔赛宫的正式房间的面积差不多，但是到访者却完全看不到它们。这意味着路易十五几乎能随时摆脱公众的困扰。

因此，路易十五不必随时都保持庄重。他可以摒弃传统的礼仪规范，过着简单轻松的生活。他甚至尝试着把奢华但不舒适的凡尔赛宫变得像家一样舒适。1726年，为了跟王室的酥皮蛋糕大师学做酥皮蛋糕，这位新婚不久的国王修建了一个单独的厨房②（在此后的几十年里，他仍不断地锤炼自己的技术）。他还在凡尔赛宫屋顶的台阶上建了一个隐蔽的鸟舍③，这个鸟舍与其他的鸟舍相比，除了大一点之外，并没有多大的差别。他建这个鸟舍是为了与庞巴度侯爵夫人沉浸在养鸡和养鸟的乐趣中。不同于以往的国王，路易十五尽情地享受着舒适生活，他认为公众视线之外都是自己的私人空间。

路易十五也是那个时代的产物，他在凡尔赛宫的设计首次呈现了17世纪90年代的巴黎风貌。在那之前，人们对梦想家园的定义与现在的我们完全不同。然而，18世纪20年代，当路易十五对凡尔赛宫进行了改造之后，类似舒适卧室和木质地板这些现代人追求的东西才被创造出来。奢华住宅仍是主人社会地位的象征，但是，和路易十五一样，人们已经把舒适放在首位。18世纪中期的一则报纸上的文章解释说④："从家具到服装，许多和人们日常生活密切相关的事物经过半个世纪的转变之后，不再像在父辈时代那样被人轻视。"这个根本性转变的灵感是什么？就是为了使我们的生活更加舒适。

以往最有远见的建筑设计师和最具智慧的工匠发明了现代化的舒适设施。人们对它们的信任取决于它们本身的价值和顾客的需求，这也许是建筑领域顾客类型的首次多样化，这其中不仅包括了贵族（特别是年轻的王室男女）和皇家夫人，还有非常富有的金融家以及房地产开发商，甚至还有著名的女演员（从前根本没有这么多的女顾客参与到主要的建筑工程中，这些创造的许多方面在今天仍然被推崇）。早些时候，普通人也许从未见过只为世界上极少数富人服务的高档住宅区，他们也不会成为富人的邻居。这些高档房地产现在仍然存在，它们是世界上所有人追求的梦想。富人是建筑师渴望的顾客，因为他们愿意为新技术提供资金，愿意为我们现在习以为常的家具设计花费金钱，也愿意尝试全新的房间和地板设计。

17世纪的最后几十年，睡觉和洗澡这样的活动应单独进行的观念已经被人们广泛接受。为了进行私人活动，建筑师设计出新式房间和具有特定用途的房间。他们创造出现代最早的卧室和床，这也在此后成为私人卧室的标准。另一些新式房间放置了浴缸和水冲厕所等现代最早的便利设施。在人们接触这些具有特殊用途的房间和新式便利设施的同时，他们也开始意识到自己的生活应远离他人的视线。对西方人来说，这是他们第一次把舒适、整洁和休闲放在生活的首位。

生活方式变革的最有力证明就是，在现代语言中，法语最先发明了指定舒适含义的词汇。这个词汇的雏形出现在17世纪70年代，它们源自形容词"commode"和名词"commodité"。其实两个单词以前就有，只是在新的领域中被赋予了新的内涵。最初，它们代表了所有公共领域的"方便"和"干净"。例如：城市服务中的街道清洁就源于"干净"一词。从17世纪70年代开始，这两个单词在法国王室被广泛使用，它们不仅代表个人卫生，也代表着给予我们幸福和悠闲生活的所有方面。

当新型的建筑、家具和服装获得了突出地位时，"方便"和"舒适"这两个词也代表着人们的幸福生活。家、服装、椅子和马车都以舒适为标准。人们把这两个词挂在嘴边，它们也成为了新世纪的流行词，这表明了人们对财产的强烈渴望和对周围环境的舒适性的强烈追求。

这些词随着巴黎的新式舒适建筑和家具一起传播到欧洲各国。例如，当英国建筑师兴起全新的设计理念（即舒适感）时，他们会称之为"舒适"。法国为世界创造出现代舒适的原始词汇。英语中所使用的"舒适"和"便利"这两个词起源于另一个法语单词"réconfort"，即安慰或帮助。直到18世纪末，"舒适"和"便利"才开始具有现代意义。在那之前，它们表示帮助和安慰，就是现在所说的"欣慰"。最先以新形式使用"舒适"这个词的不仅有巴黎的常住居民，还有在18世纪的法国生活方式上最值得敬佩的人——托马斯·杰斐逊⑤。

1678年1月，"便利"这个词和舒适的新概念变得大众化。在欧洲拥有最大读者群的法国报纸出版的一份名为"附刊"的增刊报道了一则新闻⑥：如今，在法国的人们只想过得舒适。这份报纸的编辑让·多努·德维塞描述了女性时尚的最新动态：法国的王室夫人决定从在凡尔赛宫穿紧身衣和正式衣服的习惯中得到放松。从那以后，当她们不在王宫（即在家或是在城中闲逛）时，她们都会穿着休闲且宽松的衣服。随着优秀的风格定型产品的不断增加，在接下来的几十年，法国时尚业席卷了整个欧洲，这使越来越多的女性跟随法国的潮流。顶级时尚首次尝试让女性穿上更加舒适的服装，而不是穿上最华丽的服装，这种趋势很快就得到了发展。

四十年后，一位荷兰期刊的编辑报道了巴黎的情况⑦：如今，舒适几乎成为巴黎女性选择衣服的唯一标准。到18世纪中期，休闲服饰被人们广泛接受，它们甚至出现在寺庙和凡尔赛宫这些最庄重的场所。1752年，一位皇家内部人士透露⑧，一位著名的物理学家竟然因王储的妻子穿得过多而将她认错。

对舒适的需求几乎控制着整个世界的女性时尚。在查尔斯·艾蒂安·布里瑟1728年发表的《现代建筑》中，他直截了当地说：在法国，没有人关心"雄伟壮丽"，顾客不再追求最吸引人的外墙和最豪华的接待室，现在人们对建筑师只有一个要求⑨："享受钱能买到的一切的舒适。"

现代建筑是能为人们带来舒适感的，布里瑟为此提出了一种新观念：从此以后，任何对现代有价值的发明都必须以舒适为前提。

对前几代的建筑师来说，"现代建筑"这个词几乎没有多大意义。他们没有考虑过"现代"这个词，因为他们只想建造完美的古典建筑。直到18世纪前半叶，建筑师才打破意大利文艺复兴时期的建筑模式，宣布自己要现代化。一些建筑师和学者如让·库尔托纳在1725年、皮埃尔·让·玛丽特在1727年、雅克·弗朗索瓦·布隆代尔在1737和1752年先后宣布现代的法国建筑已经创立了"古代从未有过的艺术"[10]，而它们的宗旨就是让家变得更加舒适。

在人们尚未表达出对舒适的渴望之前，不论是小型住宅还是大型宫殿，宽敞是人们唯一的追求。但这些宽敞的空间在很大程度上都是不可分割且不易区分的。例如，人们可以在住宅的任何地方摆一张桌子吃饭；如果有浴盆，他们大都会在住宅里最暖和的房间——厨房洗澡。在17世纪接下来的几十年，最早的现代建筑师为法国王室和极为富有的金融家带来了非常值得称赞的住宅。这些住宅的许多创新都被认为是现代建筑的基础。1691年，这种建筑风格的最早标志被重新定义，描写这种建筑风格的早期出版物被认为是18世纪欧洲建筑界的"圣经"。

1691年，查尔斯·奥古斯丁·达维勒在《建筑经验》一书中指出：使18世纪的法国建筑区别于以往建筑的就是它们拥有独特的公共空间或接待室；这些空间从未被以往的建筑师注意，它们被达维勒称为"舒适的房间"；人们日常居住的内室，用达维勒的话说就是"不宽敞但很实用的房间"[11]。

当舒适第一次被正式引入到建筑词汇中时，法国建筑师中最特别的两代人在国内发起了建筑革命，并首次系统地重新定义了家庭的概念。对最有影响力的建筑师来说，这是他们第一次不那么重视建筑物雄伟的外观和歌舞不断的接待室。他们把精力集中在人们日常生活的房间中，外人很少能够看到房间的光彩。然而除了那些享有特权的贵族，没有人能承受房屋内部水暖设备的花销。建筑师第一次把个人需求放在首位，并根据人们在家中的生活、休闲和交友等需求来设计房间。正如布里瑟记载的一样：顾客们首次愿意用大笔的金钱购买舒适。人们无时无刻不在批评一直被认为是法国建筑最有影响力的里程碑式的建筑凡尔赛宫，并称它为欧洲"最不适合居住的"[12]和"最不舒适的"王宫。

有名望的建筑师着手修建好的住宅，以便让顾客在房间里感到舒适。当然，他们也负责设计公共纪念馆，如现在巴黎的旺多姆广场和协和广场。因此在18世纪前半叶，私人空间逐渐取代公共空间并占据主导地位。随着"舒适房间"的大量产生，房间的规模逐渐减小。在此之后，这些新式的小空间都被用于洗澡和睡觉（以前这些活动都是在半开放空间里进行）。

与此同时，"舒适"的新价值观也改变了其他相关的领域，首先改变的就是室内摆设。以前的人们都是为了展示而使用家具，他们把家具放在房间最显眼的地方。实际上，他们的家具基本上都不是日常生活所必需的。由于舒适房间的出现，人们迫切需要新的家具，因此家具的设计呈现出现代特征。人们通常把18世纪看做是家具设计的黄金时期，因为许多伟大的设计师开始为顾客的生活考虑[13]，并发明了许多符合他们需求的家具。建筑师开始在给定的空间设计出包含所有装饰和设计元素的家具。在此之前，家具从未有过如此多的种类。和人们之前愿意花大笔金钱购买的大型餐桌不同，现在最好的家具通常都很小巧，它们方便、实用，而不是空有其表。

小型桌子是18世纪家具工业的宠儿。人们可以根据实际需要自由地移动它们。床头柜成为舒适卧室的必需品。小型桌子的许多变化都符合人们的需求，它们有的用于喝咖啡，有的用于做针线活，有的用于吃快餐。还有一些像珠宝一样琳琅满目的更小的桌子。在这个追求舒适的新的经济体系中，只要家具做得精致，并且能使人们生活得更加舒适，人们就愿意花钱买这些只有家庭成员和亲密好友能见到的东西。

建筑师和家具设计师第一次着手处理之前就存在的一些基本问题：家庭储物。17世纪90年代，有人发明了便于使用的衣柜，它给人们提供了一种比大衣箱更美观实用的选择。另一个美观实用的选择是内置储存，从厨房到餐厅的橱柜，再到书架和原始的药箱都得到了很好的解决。

家具中最重要的转变发生在座椅上。在17世纪末期之前，房间里能够坐下休息的地方很少，就算有也不会引起人们的注意。那时人们在家中只使用一种椅子，即用坚硬材料制成的很普通的直靠背椅子，那时也有板凳和小凳子，但许多国家的人只是简单地垫个垫子就坐在地板上。17世纪，人们发明了扶手椅。早期的扶手椅以高、大和直椅背为主要特点，它们给人以壮观的印象，可是一点也不舒适，它们是奢华时代非正式的御座和最完美的座椅。后来，在法国的建筑和服饰进入全新时代的同时，人们重新设计了高大的扶手椅。17世纪70年代，舒适的扶手椅[14]首次被运到凡尔赛宫。为了让扶手椅的靠背可以倾斜，它们安上了铰链，这标志着直靠背、硬座椅的时代已经结束了。

随后，人们重新对座椅的功能进行了划分。17世纪的最后20年间，双座扶手椅被发明出来，它被称做沙发，是第一件可以为多个人提供舒适座位的家具。早期的沙发虽然不柔软，但它在不断地发展。被称为双座扶手椅的沙发很快就演变成一种最基本的座椅。早期的沙发是第一件在前面、侧面和背面都有装饰的家具，它所有的面都用软物做了填充。每一个见到沙发的人都忍不住想去摸它，它也是专门为人们休闲放松而设计的家具。

在发明沙发之前，装饰业者是指在房间的墙壁上盖上棉布或挂毯装饰的人（因此法语称之为装潢）。这些棉布或挂毯不仅起到装饰作用，还可以抵御寒冷。家具装饰的棉布主要作为床帘和窗帘使用，它也同样可以御寒，而且还可以保护个人隐私。棉布很少在座椅中被用到，只是偶尔会用于家具表面的填充。然而这些情况在发明了沙发之后就被改变了。人们开始希望座椅能被填充得柔软一些，以便坐起来更加舒服。因此，当水冲厕所在1710年发明以后，它的软垫座椅的舒适程度可以和沙发媲美。因此，在短短几十年内，所有现在使用的家具装饰技术都被发明出来，家具商也开始在世界的室内装饰领域发挥重要作用。

沙发抓住了新时代的精神并引发了设计的革命。又大又硬的扶手椅快速转变成外形优美且坐垫柔软的沙发。事实上，在1760年左右，我们现在所知的所有种类的座椅都已经非常完美。1769年，第一位家具设计理论家安德烈·雅各布·胡伯[15]指出：所有的创造都是受到了一件事的启发，即人们对舒适生活的渴望。

这个时代最优秀的设计师用科学的眼光审视自己的作品。胡伯反复强调，舒适不仅仅是柔软物的填充问题，它还要有支撑。尤其是对长时间坐着的人来说，腰背部的支撑显得更加重要。因此新式座椅按照人体的曲线进行了全面而均匀的填充。设计师也喜欢将模型靠背稍微向后倾斜。

1741年，尼古拉斯·安德里·德布拉斯赫加出版了第一本对人类姿势进行深入研究的书，并给这项研究命名为"矫形外科学"，这是一门研究如何预防人类骨骼疾病的科学。他的研究结果表明，舒适的座椅非常重要。他认为，不良的形体都是直靠背座椅不能为腰部提供足够的支撑所带来的。因此，他倡议将座椅的靠背适当倾斜，这也是大多数现代学者认为的最大限度地减轻腰部压力的方式。胡伯公开了自己关于如何最大地实现舒适的观点，在详细分析了坐在倾斜度不同的坐椅上的人们背部的舒适程度时，他认为笔直的坐姿对腰部产生的压力是最大的，因此，人们不应像之前那样笔直地坐着⑯。

现在,"矫形"这个词会使我们想到身体中一些缺乏美感的东西。然而,在18世纪,最原始的矫形座椅既美观又实用。在整个欧洲范围内,它向传统坚硬的直靠背座椅发起了挑战。那些原始的设计和老式座椅都在新式家具获得革命性成功的同时被人们遗弃。

在沙发发明之前,坐下休息的权利是奢华时代所限制的严格礼仪的核心。这是一个不成文的规定,每个人都知道谁有权在各种场合坐下,并且知道他们应该坐哪种座椅。在凡尔赛宫,只有少部分人有权与国王和皇室成员一同就坐,而他们中的大部分人也只是坐在最普通且最不舒适的折叠凳上。几乎没有人敢垂涎皇室的扶手椅专座,享有扶手椅专座就意味着与皇室成员享有同等的地位。这项特权深受年轻的皇室成员的欢迎。路易十四的孙媳妇还引起了人们称为"板凳事件"⑰的骚动。这场骚动的起因在于王子为了一张扶手椅而从勃艮第公爵夫人身上跨过。

法国的礼仪规范并不都是那么糟糕。塞维涅侯爵夫人是王宫的内部人士,她以编年史的形式形象生动地记载了17世纪的最后几十年人们的生活因追求舒适而发生的转变,并描述了1689年1月英国国王和王后到达凡尔赛宫之后发生的冲突。王后向路易十四询问,当她见到法国王室成员时是应该遵循"法国习惯"还是应该遵循"英国习惯",塞维涅侯爵夫人表示,"在英国没有人有权利坐下休息"⑱。

这些问题在舒适的家具被发明之后全都得到了解决。在最早的沙发被运送到特里亚农宫之后,凡尔赛宫在不到四年的时间就变成了一个非常华丽精致的宫殿。国王尖酸刻薄的妹妹帕勒泰恩公主也用生动的文字记录了她为阻止那些舒适生活的支持者而作出的无畏的挣扎。她向她的德国表哥说,礼仪规则已不复存在:"现在在特里亚农宫,所有人都可以在王储和勃艮第公爵夫人面前坐下休息,有些人甚至还躺靠在沙发上……这里一点也不像王宫，你都想象不出它现在变成什么样子了。[19]"

曾经的装饰家具已经改变了呆板僵硬的角度和情况。巴黎和凡尔赛宫的舒适生活的追随者们把坐垫厚实的早期沙发看做是一种对放松和休闲的公开诱惑，这在现代西方历史中是史无前例的。从17世纪80年代开始，绘画和雕刻作品证明了男士和女士都喜欢变换姿势和身体语言。开始时他们平躺在新式沙发垫子上，当看书时，他们伸展四肢并将两腿合在一起，手臂顺着沙发的轮廓随意地搭在上面，这个姿态看起来一点也不端庄。后来，被某评论员称为"舒适的幸福"的新生活像一种新的建筑和时尚一样，在18世纪席卷了整个欧洲。笔直地坐在直靠背椅子上并目视前方的"英国肖像风格"渐渐地被轻松悠闲的姿势所取代。

人们认为，其中的一种姿势即随意地躺在新式豪华家具上表现了无忧无虑的生活。这在很大程度上取决于伴随舒适时代而出现的各种柔软的装饰布料。1670到1710年间，纺织界经历了整个纺织历史上最重要的一次转变。单调而呆板的传统布料在许多场所被薄纱和真丝这类轻便的丝绸和做工更为精细的棉布所取代，而从印度进口的细布更是受到了大家的欢迎。人们身上穿的这些新式棉布更加促进了舒适生活方式的发展。

17世纪的宫殿流行浓厚、高贵的色调。新式棉布迎来了更加明亮和休闲的色彩[20]：灵活的色调，戏剧性的色彩拼接和白色的大范围使用。亚洲的棉布和丝绸也为欧洲家具带来新的图案：摇曳的花卉、精致的树叶、独具异国风情的鸟类和植物。几十年间，在被达维勒称做"最频繁使用的房间"中，最先被广泛采用的就是格子和条纹图案。在所有的新式房间中，棉纺织品是必不可少的，它们或是装饰墙面，或是用作窗帘，或是装饰座椅，抑或是用在扶手椅背上使人们的腰部更加舒适放松。随着时间的推移，不断产生新式空间格局、新式家具和纺织品的新式用法，这导致了一个新领域的出现：室内装饰。

当然，人们总是不断地为最耀眼的内室添加装饰，即使这些点缀的作用微乎其微。负责装饰设计的人可能来自任何一个领域。例如，凡尔赛宫的大画室（就是现在的镜厅）就是由皇室首席画家查理·乐布朗所带领的装饰团队完成的。随着现代建筑的产生，室内装饰也需要一个名称、一个现代的身份和作为一个独立领域的地位。从本质上说，室内装饰是对私人活动空间进行的全面装饰。它也是随着18世纪初的新世界的产生而产生的。

在室内装饰产生之前，装饰的选择性相对比较小。人们可以选择使用椅子或是凳子，也可以挑选装饰所用木料的种类。18世纪早期，多种可供人们选择的扶手椅出现了，当然，也出现了多种可供选择的沙发。很快，人们创造了许多家具，就连胡伯也不得不承认，自己已经跟不上装饰的发展速度。你想要多少垫料？你想怎么用这些垫料，是想要用在扶手上吗？现在你也可以选择包裹椅子所用的布料（并且不用拘泥于一种选择：此时的人们已经发明了一种灵活的装置，它能使夏季布料在冬季得到轻松转换，并使房间呈现出全新的面貌）。

如果你想用布料装饰墙面，应该让它与家具相匹配吗？你想不想给窗户挂上窗帘？（某些设计师觉得给窗户挂上窗帘看上去很美观。）你想要新式的大窗格的窗户吗？你想要硬木的而非瓷砖的地板吗，如果是，那么地板是否要用凡尔赛最新的设计款式？随着众多的新选择以及迅速传播的家居装饰观念的出现，专业人士必然要对顾客负责。

在整个过程中，人们对舒适的渴望最先出现在女装领域，其次是套装。从17世纪70年代开始，一系列以和服为基准的新风格如暴风骤雨般席卷了巴黎和凡尔赛宫。生产这么多服装需要相当多的棉布，因此，为了突显沙发的设计，它们必须全部量身定做。这些女装的款式通常都很宽松，这意味着女性可以不必穿皇室女装所必需的非常硬的束胸。所以，女性的睡衣在伸手和行走方面也更加方便。

当和服被引进时，人们称它们为晨衣，也就是睡衣。和女人一样，男人也对和服的休闲和舒适情有独钟。他们经常把和服式睡衣和柔软的天鹅绒睡帽搭配在一起，为了使之看起来更有异国情调，有时他们还在上面加点流苏。1681年，一件能在冬天保暖的用印度厚棉布制成的"五彩缤纷"（也许是将红色、蓝色和紫色混合在一起）的印花睡衣被送到凡尔赛宫。就连世界上最迷恋权威的路易十四也未能抵挡住舒适的诱惑。

睡衣是私人卧室的基本物品，也是现代建筑的标志。睡衣的支持者很喜欢这种令他们舒适的衣服，但当他们外出时，他们不能把自己打扮得那么另类。1699年2月，舒适和不拘礼仪的支持者迎来了他们的胜利：国王孙媳勃艮第公爵夫人带领一帮年轻的皇室成员去凡尔赛宫参加舞会，而他们都穿着由印度棉布制成的睡衣。帕勒泰恩公主总是喜欢讽刺不遵守皇室礼仪的人，她嘲笑说：这样一打扮，人们"看上去像要准备去睡觉一样"[21]。她的评论生动地揭示了因舒适时代的到来而引起的代际冲突。很难想象帕勒泰恩公主是怎样习惯传统礼节的：她的生活永远被公众关注，她尽可能地穿着正式的服装，并按礼仪标准坐在硬座椅上。也正因如此，当她在凡尔赛宫看到那些即将成为法国国王和王后的人沉浸在穿着休闲印花服饰的喜悦中，并在柔软舒适的座椅上伸展身体时，一定会有许多的感慨。

这种文化意识的冲突或许更加深远，因为我所描写的所有转变不仅是突然发生的，而且几乎都是同时发生的。例如，我们不能说是因为受到前所未有的舒适时代的身体语言的影响，才开始使用新式纺织品或新式家具。我们对更多自由活动的渴望也不一定就是设计革命背后的原动力。建筑的新学派强调私密空间也许是这一切的导火索。这些不同领域的发展完全交织在一起，舒适时代似乎也是在这个相互作用的大浪潮中产生的。

新的生活方式以重新定义的奢华观念为基础。在宏伟的时代，奢华意味着为了花钱而花钱，为了能使他人清楚自己的地位，人们用钱去打造一个壮丽的外观和光彩威风的室内环境。到了18世纪中叶,这种伟大的作品不仅启蒙了哲学思想,还促进了当代科学、艺术和手工业的发展。17世纪以前,人们还无法想象舒适年代的奢华到底是个什么样子,《百科全书》对其作了很多的解释,如"使用自己创造的财富让生活变得更加美好",并且它还声明:"所有人都了解奢华。原始人用动物的皮做吊床;欧洲人设计出他们的沙发。"因此,奢华不再只是为炫耀而花钱,它是为使我们的日常生活变得更加舒适愉快而花钱。

使生活更加美好的创新设计和革新技术往往价格不菲。因此,在刚出现这些设计和技术时,除了那些极为富有的人,没有人能负担它们的费用。随着时间的推移,它们的价格降低了。人们发明了造价更低的家具,因此,不太富有的人也能够买得起奢侈的新发明。例如,1751年[22],另一位富于创造力的书信作家——弗朗索瓦·德·格拉菲尼迅速地记录了当时设计领域的每一个微小的改变,并将她的梦想家园搬到巴黎。尽管格拉菲尼出身并不低微,但是与一个挥霍无度的男人的悲惨的早婚使她变成一名现代的职业女性,她需要靠写作来维持生计。1751年,她获得了一定意义上的成功[23],虽不是大富大贵,但也能够养家糊口。她的新公寓证明,在18世纪中叶,一个朴实无华的单身女人也可以过上几十年前难以想象的富裕生活。例如,格拉菲尼的卧室(或套房)带有一个独立的卫生间,一个有着超大储藏空间的更衣室,还有一个书房(或闺房)。她有许多舒适的座椅,有两个让人"赏心悦目"的沙发,有用亚洲进口的纺织图案装饰的墙壁,当然还有镶木地板。

我们永远不会知道新的价值观会以多快的速度在多广的范围内传播。当1774年路易十五去世的时候,法国已经不再是欧洲唯一的时尚创造者,统治者将重心转移到了封建统治中。从18世纪50年代末到60年代初,法国在设计和时尚领域的影响力逐渐衰落。这是因为"英法七年战争"削弱了法国的政治和经济实力，这使得英国成为世界上拥有最多殖民地的国家。法国大革命不但摧毁了许多大大小小的舒适的纪念物和有着便利功能并被巴黎人所依赖的基础设施，也终止了法国在舒适历史上的绝对优势。在法国，保存得最完整的住宅成为公共纪念物，例如国家档案馆。在这个进程中，他们小巧的私人房间和奢华的便利设施都被销毁并变成了公共空间。

由舒适引导的生活的某些方面逐渐消失：例如19世纪的女性服饰比17世纪的宫廷服饰更加约束女性的身体。装饰并不是锦上添花，而是烦冗拖沓。在19世纪，像冲水马桶这样的日常的便利设施在英国被重新构思，使它们变得外表简单且功能强大，而18世纪法国前辈的手工和设计标准完全消失。使日常设施真正舒适而非功利主义的理念在20世纪的最后几十年再次出现，这也是继18世纪之后首次出现使大规模生产成为可能的客户群体。

然而从长远的角度来看，与其说是沙发、运动服装和浴缸的发明，倒不如说生活的这些改变都是舒适时代留下的遗产。首先就是私人生活的特殊概念。这个词组直到18世纪30年代才拥有它的现代意义。1769年，一位名叫"伟大的奥西"的法国历史学家总结出了第一部《私人生活的历史》。他声称他也构思了建筑、家具、服饰和休闲活动的历史，并解释了一个国家的民族性格；换句话说，我们之所以成为现在这个样子是由我们住的房子、穿衣方式和我们的休闲习惯所决定的。

把焦点从公共生活转移到私人生活的深远影响也可以从另一个微小的方面去解释：对个人生活和一切事物越来越多的关注已经延伸到对私密空间的探索。一些人认为私人建筑的开始不仅是公共生活的结束，也是对公共生活所展开的公共空间和正式环境的合理使用。

然而从短期来看，人们清楚地发现了令人振奋的新焦点。18世纪见证了各种形式的个人文学的发展。人们在每一个室内房间都摆上新式的小型写字台，因此无论何时何地只要灵感来袭，他们都可以用纸和笔记录这一切。因此在18世纪这个私人通信的黄金时代不仅出现了最有代表性的私人信件，也产生了第一人称小说、回忆录和早期的自传文学。

随后出版的许多回忆录清晰地描述了一种新的经历，即了解公众人物背后的私人生活。其中最有趣的是对法国公众生活的中心人物路易十五的关注。这些都是由在王宫担任要职的人员记录的，他们都赞同凡尔赛宫没有新式私人房间这一观点，因为他们谁也没有见过这些保存完好的外墙的内部结构。国王的私人房间被看做是他的"私人套房"（内部公寓）。关于这个善良的私密男人的每一件奇闻逸事，无论是让他高兴还是令他悲伤的事，都有一个关键词：内政部，就是说在他的私人套房或者国王自己的私人空间内发生的事。

在他具体的口述回忆录中，凡尔赛宫的内部人士达福特·谢弗尼伯爵经常使用"内部"这个词的双重意义：建筑物的内部和个人的内部，也就是人的精神生活。他暗示那些内部的房间使国王的精神生活变得更加丰富多彩，也因为它们，路易十五发明了一个达福特·谢弗尼从未使用过，而我们现在却广泛使用的一个词：个性[24]。这个词1776年出现在《百科全书》的附录里，被第一次以现代意义使用。直到那时，人们才把目光转向各种各样的术语，其中的许多术语都是由达福特·谢弗尼和"伟大的奥西"一起提出的，例如便装或者休闲服饰。因为新式建筑、家具和服饰的产生，人们在这个舒适的时代既能够发掘他们的内心世界、了解未知的自己，也可以使他人了解组成人们性格的那些特征和本质。

在18世纪初的法国出现了一种新的景象，艺术家描绘了人们如何享受在家中的休闲、自在的生活，看起来确实非常舒适。它是一种不同于以往所见的现象。在18世纪20年代和30年代，让·弗朗索瓦·德·特鲁瓦特别地以油画的方式描绘了舒适时代的创新和舒适时代到来以后人们生活方式的改变。其中最能成功代表舒适时代精神的莫过于一幅名为《爱的宣言》的油画[25]。

油画中一位女士的微笑与她随意弯曲的臂膀和双手暗示了她非常开心，她的生活也一定很富裕。这幅油画表明她非常幸福，首先从她的衣服可以看出来：她典型的法国服装轻轻地将她裹住，松散而随意地交叠垂下，她的身体既没有被束缚也不受限制；睡衣的领口巧妙地解开，就像是一个偶然的疏忽，吸引人们注意到她柔软的内衣。闪烁鲜艳的布料增添了几分优雅，丰富了她的内涵，同时也增强了人们对舒适的印象。油画中没有粗糙和僵硬，只有最平滑的天鹅绒、最轻薄的丝绸和最柔软的棉布。柔软的棉布也是这位女士漂亮圆润的胳膊下面的靠枕的原料。画中的两个人都打扮得非常休闲。

家具也是他们安逸状态的必需品。很难想象一件家具可以比人们放松休闲所用的沙发更柔软宽大。女士在细致填充的沙发上尽情享受她的衣裙自由摆动的乐趣，并沉浸在舒适中。她背靠在沙发上，两腿向前伸直；男士从她的斜对面温柔地向她走去。沙发巨大的靠背将他们遮住，就好像一件家具给了他们这样的感觉：他们被隐藏在只属于自己的小小世界里。

我们也会瞥见这个房间中小小沙发世界以外的部分，这是一个小空间，私人家具保护并支撑着他们的封闭生活，房间的装饰也很精致。女士的鞋尖从她的裙底迷人地向外窥探着，就好像要指出镶木地板的美丽图案。沙发错综复杂的雕刻和旋转弯曲的线条与悬挂的油画和房间的镶板交相辉映。装饰的这种协同作用也明显地应用于纺织品，男士的天鹅绒外套与窗帘融为一体；女士长裙的颜色与垫子相匹配；丝绸的图案与沙发和墙壁的图案和谐一致。我们的脑海中留下一幅个体的外在与他们的本质合二为一的图像。

与此相反，在德·特鲁瓦1725年画完他通过精心的室内设计表现的人类亲昵的图景20年后，阿瑟·德维斯在1747年创作了一幅对那对男女和他们与房间之间互动的看法完全相反的油画：英格兰没有怀抱舒适。这个空间比受人喜爱的舒适的私密房间要大得多，但这只是问题的一部分。尽管出现上等织布和昂贵物品，但这个房间看起来刻板奇怪，没有精心装饰。并且画中那两个人的关系也稍显生硬：看起来他们好像并不是情侣，而是出现在同一个空间里的两个独立的个体，毫无亲密可言。

事实上，德维斯的油画描绘的是在刚刚装修完的新家中的一对新婚夫妻——理查德·布尔夫妇。布尔夫妇的图像反映了《爱的宣言》中推崇的法国轻松自在的风格在18世纪40年代从许多方面对英国产生越来越强烈的影响。例如它的注解中指出：房间内两幅油画的框架异想天开地采用不规则的弯曲设计；这些旋转的形状表明法国的洛可可风格已经开始侵入英国，并很快被英国家具设计家托马斯·齐本德尔冠以"现代品位"之名，这个词源自法语。一进门就能看见的可以提升房间亮度的大玻璃窗也是法国的发明。甚至理查德·布尔先生的姿势的创意看起来就像是在摹仿法国的艺术家：他从侧面凝视他的妻子，双腿在膝上交叉，并悠闲地拿着一本书。

然而，这对英国夫妇当然不能把法国风貌展现得淋漓尽致。无论布尔夫妇的室内设计，还是他们的内心世界都与真实的法国印象相距甚远。画中的他们看起来相当拘谨，像是与这个房间和他们身边的物体相互分离。这并不是因为他们没有穿华丽的服装，不是因为他们没有美丽的物品，也不是他们的家具没有被精心地排列，而是因为他们没有与周围环境融为一体。

他们的物品似乎只是纯粹地为了展示，为了给他人留下深刻印象，而不是使他们的主人感到舒适。例如，布尔夫人典型的英式服装以及坚硬的紧身束胸的设计是为了保持挺拔的姿态，这也是对她的社会地位的证明。她受礼仪规范的制约，不得不笔直地坐着。没有人愿意在这对夫妇选择的座椅上休息，因为在他们优雅的双腿和绸缎衬垫的下面，直靠背座椅呆板而坚硬。显然布尔夫妇毫不关心沙发昂贵的价格、设计精致的外表以及随着这些家具的产生而出现的人类活动——那些被英国人谴责为"懒散"的活动。

　　接着我们来讨论一下房间的装饰，虽然这些装饰都经过精心的设计，可是却一点也不和谐。例如，墙板的垂直线条和方形墙脚不但没有与桌椅的弧形腿和弯曲的框架相呼应，反而与它们产生了冲突。他们的服饰、装潢和地毯中纺织品的图案也不一致。壁炉架上的东方瓷器和两侧托架上的半身像等装饰物品死板的排列方式也没能使空间变得更加柔和、更加人性化。而且朴素的木质地板也使房间显得更加古板。总之，德维斯所描绘的英国室内场景中的各个部分并没有产生一个整体效果。难怪画中的这对男女看起来并不那么亲密，更别说墙板和画框的统一了。这幅油画所暗示的色彩鲜艳且富丽堂皇的正式装饰风格和建筑设计都只是为了展示，而不是为了舒适。硬座椅和材质同样坚硬的服装共同表明房屋主人不仅坐得不是很舒适，而且彼此也不是很亲密。

　　人们认为德·特鲁瓦的油画也证明了私人空间较为舒适的装饰方式使室内生活的发展变得更加容易。确实，旋转的装饰布料、雕刻品以及柔和、夺目的色彩，所有这些室内装饰的组成部分构成了一个统一的整体，让我们明白为什么这对夫妻表现得非常高兴。他们不仅与彼此紧密结合，又与周围的环境融为一体。德·特鲁瓦的这幅油画像是一首颂歌，歌颂在一个设计和装饰得非常舒适的房间内，两个高贵的人之间的亲密举动。事实上，人们深信舒适而富有魅力的室内场景暗示了这对夫妻彼此相爱，因为建筑、家具、服装、纺织品和室内装饰使他们看起来如此轻松。

　　1723年，一个新词被引入到法语中：tomber amoureux，意思是坠入爱河[26]。这个词立刻被公众接受，并在1726年被编入法语字典。这个词也引申出许多有着相似意义的词，如coup de foudre，字面意义是一束闪电[27]，用来表达一见钟情。当然，在德·特鲁瓦画出这幅既证明早期沙发的舒适又宣布这对夫妻爱情的油画之前，人们就曾体会到相爱的感觉。然而这对夫妻却是第一代勇于大声说出"坠入"爱河（早期的字典将它比喻成"中风"来袭）和其他兴奋经历的人。

新的室内建筑和室内装饰真的能够促进一个全新的、生动的室内生活吗？许多现代作家和艺术家建议：像德·特鲁瓦的画中描绘的那样，法语需要一个新的词汇来表达强烈的爱情这个事实。因此1725年，在法国，一个新的舒适概念开始施展它的魔力。男人和女人开始大胆接触，他们深情地凝望着对方的双眸并牵起彼此的手。这些都要归功于围绕着他们的华丽的室内世界。

接下来就是其他各个领域的故事。从建筑到室内装饰，从精致的家具到舒适的顶级时尚，德·特鲁瓦的画中描绘的姿态和气氛在当时逐渐发展起来并创造了这个舒适时代。

第一章　现代舒适生活简史

现代舒适生活的发明是一个耗资巨大的新计划。它首先在王室成员中出现，随后影响到巴黎的城市居民。它迅速产生，并迅速在那个时代发展起来，就好像被施了魔法一样。

然而，就在这个巨大的转变刚开始时，我们发现了一些改变高档房地产世界的动机：孩子们确信自己的父母和祖父母开始利用增加现代便利设施的方法来改进自己的房子；有钱和有权势的男人，他们的妻子、爱人、儿媳极力说服他们建造新家，这个新家并不象征他们的地位，而是一种艺术的享受。贪婪的土地掠夺者——高档房地产商，因为内部的交易信息而一夜暴富。在现在看来，这些都是正常的交易。

俗话说：自寻烦恼。这再真实不过了。一些有品位，特别是有舒适品位的两位皇家夫人——蒙特斯庞侯爵夫人和庞巴度侯爵夫人非常喜爱舒适的生活。这两位夫人分享了她们对建筑装饰、室内装饰和时尚的热情，并提出了一些促使几者互相协调的建议。一些渴望全新生活方式的女士促使了这个新时代的到来，她们见证了路易十四是如何沉迷于奢华的。

弗朗索瓦·雅典娜·罗什舒瓦尔，即蒙特斯庞侯爵夫人，和其他的皇家夫人一样非常漂亮。那个时代的人都不停地称赞她完美的身材和发式，以及她优雅的举止和雪白的牙齿（在17世纪并不是人人都拥有）。与其他皇家夫人一样，她也长期影响着路易十四的生活。1667年，26岁的她进入王宫，那时的路易十四29岁。在她将近40岁时，即1680年，她与国王的关系结束。最后，在1691年，50岁（显然她仍然可以回头）的她离开了王宫。当然，她也和国王一样非常奢侈。

然而，从另一个角度来看，这位侯爵夫人也对很多新领域的发展作出了贡献。大部分的法国国王都有许多皇家夫人，她们都非常有魅力。然而，只有少数的皇家夫人有足够的能力和人格魅力发挥真正的影响力。蒙特斯庞侯爵夫人就是最特别的这少数皇家夫人中的一员。她在王宫中度过了将近25年的时光，尽管她不是最美的皇家夫人，但她却可以轻易地令羞怯和没有衣着品味的西班牙王后黯然失色。蒙特斯庞侯爵夫人给了国王一个真正意义的家，并让他过上了一种更为真实的生活———一种在很大程度上独立于公众视线的生活。此外，从时尚到建筑，再到室内装饰，蒙特斯庞侯爵夫人发展了一个个新的领域：这位皇家夫人成为了时尚的开拓者。

圣·西门公爵说，所有人立刻把路易十四看做是一个"爱好建造的国王"①。他在凡尔赛宫生活的长篇自传的确记录了许多有趣的细节。（圣·西门公爵也说过："国王的脑海中有个标准，他对建筑师非常严格，直到他脑中的标准告诉他这些建筑已经非常完美地结合在一起。"）路易十四与他的重孙路易十五一样，当他和一位女士欢快地骑着双座自行车时，他会充分表达自己的热情并争取做到最好。他与蒙特斯庞侯爵夫人的伴侣关系是随着凡尔赛宫中的特里亚农宫的建成而开始的。

起初，蒙特斯庞侯爵夫人被迫与先于她入宫的路易丝·弗朗索瓦夫人和瓦利埃尔公爵夫人一起分享国王的爱。这样的状况结束于1670年的冬季，这时，蒙特斯庞侯爵夫人的第一个儿子也刚出生不久（那时国王已经有了四个合法的子女；王后在1672年生下了她最后一个孩子）。特里亚农宫是专门为蒙特斯庞侯爵夫人而建造的，这被看做是对她新地位的庆祝。很快，特里亚农宫就竣工了，因为开工到竣工的时间非常短，所以当时的人们称它为"神话般的宫殿"。春天到了，特里亚农宫百花齐放，人们首次看到了"神话般的宫殿"。后来，瓦利埃尔公爵夫人进了修道院，蒙特斯庞侯爵夫人将国王占为己有。

因为国王坚持②与蒙特斯庞侯爵夫人商量每一件事，当时的人们立刻把他们优美精致的爱巢视为精美设计的开始。虽然国王制定了在奢华装饰中所使用的黄金比例，但是在特里亚农宫，蒙特斯庞侯爵夫人成功说服这个男人不再使用奢华的装饰。例如，用朴素的白色天花板代替了复杂的湿壁画和石灰墙。这些改变解释了为什么人们会将特里亚农宫说成是具有现代品位的室内装饰的开端。

在不到十年的时间里，蒙特斯庞侯爵夫人为国王生下了八个孩子，其中有四个存活了下来。1673年，路易十四做了一件令人意想不到的事，他宣布这四个孩子中的前两个（虽然不能继承王位，但是他们被证实可以与法国最有权势的家族联姻）是合法的。随后，蒙特斯庞侯爵夫人决心争取象征她身份地位的宫殿，所以克拉涅城堡的工程开始了。

蒙特斯庞侯爵夫人全权负责建筑场所的施工并管理1200个工人，在凡尔赛宫，只有极个别的皇家夫人拥有这项权利。因为克拉涅城堡好像在一夜之间就被建造出来，所以塞维涅侯爵夫人讽刺说："这就像是在看建造迦太基的恶作剧。"而当时的其他人仍然把克拉涅城堡视为"迷人的""神奇的"宫殿③。很快，建筑师们就宣布这是建筑领域的新开始④。在他们看来，克拉涅城堡是首个舒适而不奢华的住宅，它为日常生活所设计的房间形成了一种新的艺术形式。他们也赞扬了蒙特斯庞侯爵夫人的这些创新设计，克拉涅城堡的建筑师朱·阿杜昂·芒萨尔解释说：早期的居民只重视住宅的雄伟壮丽，并且完全缺乏舒适性，几乎无人居住，那些住宅仅仅是一个"美丽的监狱"。

克拉涅城堡的新设施产生了许多影响。首先，它影响了国王的生活方式。路易十四把这里看成一个特定的王室休闲场所，他邀请客人享用非正式的晚餐和美味可口的小吃。期间，他引起了公愤。因为他根据个人表现而不是社会地位来列出客人名单⑤，并省略了繁复的礼节与客人同桌进餐。这在传统的王宫中是不可思议的。

蒙特斯庞侯爵夫人不断地让画师为她作画——这些画都是同一个姿势，

画中配上了她带给国王的完美的非正式生活的插图。在每幅画中，她总是在坐卧两用的长沙发上伸展着身体，这种长沙发是她参与设计的一种时尚家具。在这幅画（见右图）中，她展示了她既时尚又休闲的用品——奢华的座椅。画的背景是一个画室或者说是一个密闭的通道，这也是克拉涅城堡最显著的特点之一。在她周围是弹性的坐垫和柔软的织物。画中的一切都非常优雅、舒适和轻松。

路易十四非常喜欢克拉涅城堡的大画室，他完全有拥有更好画室的能力：凡尔赛宫的大画室，它是我们现在所知的镜厅的前身。他也非常喜欢克拉涅城堡的私人内室。1678年，作为重建的一部分，镜厅的建造是非常重要的。他命令特里亚农宫和克拉涅城堡的建筑师芒萨尔为他建造一个"petit appartement du roi"，就是一个小型的公寓或套房。"小型套房"这个词，很快被用来代表一个房子中的私人生活区。因此，1678年的这个命令也标志着建筑在私密性上跨出的第一步，这一步也发生在最为恰当的时间。

1678年8月，《奈梅亨条约》的签署结束了困扰欧洲六年之久的法国与荷兰的战争。接下来的十年是法国金融复苏的一段极好的历史时期。随后，急剧膨胀的财富被广泛地用在建筑和装饰艺术领域。首先，这是建造法国顶级的奢华建筑——凡尔赛宫——最重要的十年。其次，这十年也是非常重要的时刻，它见证了现代休闲服饰的制作、沙发的发明以及棉纺织品首次成为服装和装饰的标准原材料。因此，舒适时代的房屋和奢华时代的房屋一样，开始迅速流行起来。没有什么能比这两种生活方式的对比更为明显。随后，凡尔赛宫建造小型套房的五年之后，室内设计开始在路易十四的生活中扮演重要的角色。

1683年7月30日，法国王后逝世。据最早的史料记载，同年9月，国王再婚。这次婚姻因为新娘几乎没有一个合适的身份地位而一直被保密。新娘是蒙特斯庞的旧识弗朗索瓦·奥比尼·曼特农侯爵夫人。在现在看来，曼特农进入王宫是一个奇妙的故事（这就像一个浪漫的爱情故事入侵凡尔赛宫）。王

■ 这是一幅蒙特斯庞侯爵夫人的画像。在这幅画中,她展示了随着新式家具的出现而产生的一种休闲方式,这种休闲方式被她那个时代的人看做是引起公愤的举动。在这张画像中,她坐在克拉涅城堡的前方,克拉涅城堡也是发明了众多休闲风格的地方之一。[1]

室子女通常有一位正式的家庭女教师。因为蒙特斯庞与曼特农是旧识，所以她把曼特农指定为国王合法子女的家庭女教师。也就是因为这样，在17世纪70年代中期，当蒙特斯庞监督建造克拉涅城堡时，曼特农指导蒙特斯庞的孩子们学习。就这样曼特农认识了国王和他的合法子女。这些到最后造就了一个更大且更复杂的家族，不仅震惊了王室的评论家，也产生了有趣的影响。例如，当曼特农从蒙特斯庞手里将国王抢过来之后，她仍抓住她所教育的孩子们的弱点，使他们在公开场合表现出对自己的喜爱。然而，这些孩子显然都希望曼特农早一些去世（因为她比国王大三岁），希望他们的母亲能够重新得到国王的宠爱[6]。

公众很快就知道了国王再婚的消息，就像查尔斯和卡米拉一样，他们的婚姻没有得到王室的支持。鉴于曼特农不能在正式场合履行王后的职责，路易十四就把更多的时间花在了他们的小型套房上。建筑的私密性在改善基本的日常活动的过程中产生了一连串的反应。国王专门为曼特农订购的第一件家具——史上第一个沙发[7]，在他们结婚不到一个月的时间里就被送到了凡尔赛宫。这个沙发的靠背特别高，保证她坐在上面能够非常舒适。

随后迎来了马尔利宫殿，它是凡尔赛宫改造自我的全新建筑。在这里，所有王室家族的成员可以在哀悼或是并肩反对外部世界的时候摆脱一切[8]烦恼。这个宫殿在曼特农取代蒙特斯庞侯爵夫人之前就已经被设计好。然而，只有在王后去世之后，马尔利宫殿才开始被当做一个能把所有王室成员聚集在一起的场所。

在马尔利宫殿的装饰中，随意是最重要的。当然，这在凡尔赛宫是无法想象的。只有在1686年[9]，棉花才被大量用作装饰材料。马尔利宫殿的六个卧室用明亮的印度印花棉布装饰，色彩搭配也很完美。它所有的装饰都给人以轻柔的印象——很多装饰都用到白色，一种新的浅色色调几乎无处不在。曙光、黎明被描绘成光艳的黄色，为了展现出黎明时分大气的阶段性变化，细微的差别也被描绘了出来。换句话说，这些装饰就像蒙特斯庞给人的感觉一样：明亮和活泼。这种室内装饰的改变是如此的强烈，对于熟悉蒙特斯庞侯爵夫人画像的人来说，尤其如此。国王的妹妹⑩很快就抱怨说："在马尔利宫，社交礼仪和宫廷礼节完全消失……在休息室，任何人，即便是出身最低微的官员都可以在沙发上伸展身体。这个场景实在令人作呕。"

17世纪80年代末期，路易十四生活在一大群年轻的两代王室成员之间，对于房屋和家居生活方面，他们中的大部分人都有非常现代的观念；路易十四力图创造一个能让他们感觉到家的气息的环境。例如，他拒绝芒萨尔重新装饰梅拿里宫殿的建议，因为他发现风格"太严肃"了。"为它们重新设计，"他命令道，"给我画一张新的设计图……⑪我想看到各处都有年轻的气息。"在所有表现年轻活力的元素中，路易十四强加给梅拿里宫另一种颜色搭配。他模仿了蒙特斯庞侯爵夫人的风格：一种拥有着温馨的白布窗帘以及许多舒适座椅的装饰风格⑫。接着，许多年轻的贵族都在自己的住宅内重新建造了相同的"年轻"风格。

首先对自己的房屋进行改造的是王位继承人。圣·西门公爵宣称王储完成了一件不可能的事情："尽管他将来要继承王位，但他仍然坚持私人生活。所以，我们知道的有关他的事情都是一些细节。那些让我们印象深刻的许多有利的细节，都与殿下有关，他在创立时尚方面发挥了重要的作用。他一次又一次地走在设计的前沿。例如，我们都知道他对沙发的发明起了至关重要的作用：每个标志前进的新模型都是为他创造的。他也是第一个设想把沙发放在房间里的人。1685年，当新式座椅刚刚被发明的时候，他就买了一个七英尺长⑬的沙发模型和四把扶手椅。这些家具都是用蓝色的天鹅绒装饰，它们是第一批现代起居室的家具。"

路易十四非常重视自己的隐私，因此他用另一种重要的方式推动家具设计向前发展。1686年，他委托当时最伟大的家具设计师安德烈·查尔斯·布勒为他设计一个保险箱⑭，这个保险箱配有复杂的锁的秘密抽屉正面必须要对着墙，从而保证它可以达到真正保密的效果。这个将秘密部分单独锁起来的早期的存储型家具，对个人和时代来说，都是完美的设计，因为它树立了真正的私人空间的观念。

路易十四喜欢建设；他的儿子喜欢家具设计和装饰设计。他与最优秀的设计师们一起工作，他最喜欢让·海尼。因为他是他们之中最优秀的设计师[15]，许多人都把他视为最早的现代室内设计师。殿下不断地将他的居住空间更新成最新的风格。他与妻子玛丽·安是非常完美的一对，因为她也非常喜欢室内设计。塞维涅侯爵夫人用与法国皇室完全不相关的词组形容说[16]："她是一个真实且纯朴的人。事实上，她有时表现得过于纯朴，几乎动摇了路易十四的威严。在一个皇家仪式中，他无法让玛丽停止对一个东西的傻笑——她认为这个东西是非常荒谬的。"但是国王非常喜欢她，并在后来对此事一笑置之。毋庸置疑，当她相继生下三个孩子之后，她的傻笑就更容易被人原谅。

1687年，国王的私生子与纯朴的王妃委托皮埃尔·米格纳为他们画了一幅画像，以纪念他们不寻常的生活。在当时，王室成员的画像是一个王朝的象征，因此所有的王室成员都聚集在一起，以便向世人展示王室政权的稳固。他们选择了一个家庭场景，与被他们称为核心的家庭成员聚在一起，三个男孩围绕在父母的身边。所有这一切都非常地温馨：王妃穿着休闲服饰坐在一张最新的小型沙发上；王子为宠物狗抓背，这只狗极力想跳进王子的大腿间。如今这个场景却显示出淡淡的忧伤，因为王妃在三年后就去世了。

路易十四仍保持着室内装饰中欢乐的元素。在某种程度上，这无疑是一种保持王妃风格和活力的尝试。这最开始是为了她的儿子们，后来是为了这些儿子的新娘，特别是为了玛丽·阿德莱德·萨沃伊。她1697年嫁给路易十四的长孙勃艮第公爵时只有12岁，公爵那时15岁。当时的评论家们[17]特别是圣·西门公爵，都对王宫内的恶作剧和一些令人难以置信的奇异事件很痴迷。这个活泼的女孩被认为是一个时髦的少女。评论家们描写说：她"跳"进路易十四的怀抱中，把她的双臂"抛"向国王的脖子，向王宫里一位熟睡中的严厉女士"扔雪球"，甚至还请求她的丈夫（王位的第二继承人）帮她在这位女士去凡尔赛宫花园的必经之路上放鞭炮。并且自始至终,所有人都非常喜爱她。国王和曼特农也被她"施了魔法",把她当成洋娃娃。她成为王宫的核心和灵魂人物。

王妃和她儿媳的这些行为,在她们为了成为欧洲最强大的国家——法国——的王后时,全都消失了。在这段时间,私人空间开始成为建筑的核心,而舒适的座椅也是在这段时间被发明出来的。事实上,王室家族并不排斥她们的行为,相反,这种行为在王室还很受欢迎。这也证明了舒适时代的人们已经准备好将开销很大的盛大仪式转变为不那么正式的仪式。不久之后,事情就发生了很多变化,因为路易十四期望的好运并没有突然降临。

从1688到1697年,国王使他的国家陷入了混乱。在这场冲突中,巨大的人力和物力被毁灭性地消耗,史称"奥格斯堡联盟战争"。到了17世纪90年代中期[18],气候的改变更使整个国家雪上加霜:据现代资料记载,这几年的严冬使饥荒不断蔓延。路易十四首次被迫节省开支,例如,他关闭了王室家具制造工厂,直到它成为创新设计的核心,才再度被开放。

总有一些人可以在最艰难的时期获得高额利润。在17世纪90年代,武器承包商和金融家在战争中获得巨大的利润。新兴的富人把大笔的金钱花费在建造豪华的房屋上,并且在这一过程中完成了建筑交易方式的转变。直到18世纪初期,凡尔赛宫才成为所有高品位的源头。突然间,从前只能由王室成员或贵族来回答的,由谁创建时尚风格和大众品位这样的问题,现在能够用一种全新的方式回答:任何能够为昂贵的住宅提供资金的人,现在都可以成为时尚的开创者。在此后的40年间,人们开始在风格与设计领域你争我夺。金融家、女演员、暴发户、有钱的外国人都有话语权。

城市的发展推动了一个具有决定性的转变,即新式豪华房间开始拥有一个展示的机会。1697年的《赖斯韦克条约》宣布了一个短暂的和平时期的到来。也是借由这段时间,巴黎最后一个最伟大的国家性建筑工程竣工。不管怎么说,这项工程很早以前就开始了,但在金融危机爆发时被推迟施工。这三个工程把凡尔赛宫充满建筑智慧的水塘应用到城市布局中，它见证了巴黎变成社会大熔炉的这一过程。这个转变同时蔓延到建筑、设计和装饰领域。巴黎一直在完美的室内设计领域中扮演着重要角色，随后出现的一个机会证实了这一点，当然，它再一次证实了：巴黎是前卫艺术发展的中心，是西方世界的文化之都。

征服广场、路易大帝广场和旺多姆广场，被路易十四视为巴黎最伟大的建筑。当战争结束时，国王想重新铺砌旺多姆广场的地面，但大臣们建议他采用一个折中的解决方案。结果在1699年，一个矩形空间展示在了众人面前。这块场地中间摆放着一个华丽的骑手雕像，三面都被炫目的外墙包围，但是围墙内并没有房间。这只是一个巨大的舞台布景，仅仅是为了展示，并没有什么实际意义。当所有的住宅被规定必须顺应时代的居住标准时，即使是那些大型的围墙也很快被拆除。因为无论怎样改造，作为过时的住宅，它们都不能符合人们的要求。

最后，所有的一切都圆满结束了[19]。国王把那个广场给了巴黎，并将它变成一个由广场设计师芒萨尔管理的私人投资项目。外墙被重建，而且这一次在外墙内部建造了房间。再次建成的巨大的八角形广场是巴黎建筑方式转变时期的一个标志性建筑。首先，在它新的外墙内侧有明显的现代建筑：许多房间（特别是皮埃尔·布雷设计的）因为展示了私密空间的室内布局而闻名于世（17世纪90年代初期，布雷发明了一些新式房间中必备的一些让人赏心悦目的物品：室内水暖设备和早期的水冲厕所）。

随后就是巴黎市民的改变。在此之前，没有贵族头衔的富人住进像王宫一样舒适的房间，这样的现象在巴黎并不常见。然而，旺多姆广场是一个巨大的转折点，没有人能忽视它所发出的信号：人们所知的最奢华和最前卫的住宅在很大程度上都被金融家和投资银行家占有。现代资料首次记录了私营企业投资尖端的建筑项目。例如，住在17号大厦的金融家安托万·克罗扎特就是平民出身，但他后来成为法国最富有的人之一，人称"富有的克罗扎特"。

没有任何一个公共场所是这样的奢华和招摇,并由新近的有钱人掌管。新兴的金融精英也从未如此紧密地与法国王室住在同一个时尚圈内。这个广场不断地改变着法国人的生活方式,其改变的速度就如光速一般。没过多久,最高贵的法国王室就融入了这个广场所创造的氛围里。

和那时的其他年轻人一样,亨利代·拉图尔·奥弗涅,也就是埃夫勒伯爵的品味很高,此时的他被债主逼着还债。在这种绝望的时刻,他采取了极端的手段。目睹了整个转变过程的圣·西门公爵说道,"伯爵选择了错误的婚姻,在国王的帮助下,与克罗扎特的女儿生了一个小公主,而克罗扎特曾经只是一位普通的商店职员"。 当然,之前也有过类似的错误结合,但这却是整个世纪的错误。

1707年4月13日,这对夫妇在克罗扎特大厦(旺多姆广场17号)完婚。为了显示贵族的荣耀,克罗扎特负担了所有的开销。这位贫困的新郎得到了一笔10万里弗[20]的巨款,用以偿还他的债务。(整个巴黎都在拿伯爵的母亲为她的儿媳起的"一块小金条"[21]这个昵称来开玩笑。)新娘得到一笔额外的现金作为零花钱。此外,克罗扎特愿意承担伯爵一家人六年的开销,甚至还为他们建造了新的住宅。当然,伯爵同意了这个安排并用"符合他高贵身份"的方式来装饰房间。没过多久,这对新婚夫妇搬到了19号大厦——就在同样是由布雷设计的雄伟的帕帕大厦隔壁。(克罗扎特大厦成为现代的豪华住宅丽兹酒店的一部分,而伯爵家现在是一个银行。)女孩找到了她的王子,但这场婚姻并不是一个童话故事:伯爵无情地背叛了她的新娘。他生性风流,并在股票市场成功地做成一笔大交易之后,与他的妻子正式离婚,将"一块小金条"送回她的父亲身边[22]。

旺多姆广场见证了法国一个极其悲惨的时代的前夜:从1701到1714年,路易十四时期破坏性最强的战争——"西班牙王位继承战",大量消耗了法国的资源,使这个国家筋疲力尽。路易十四被迫放弃他最后仅存的乐趣[23]。换句话说,他甚至无法支付重新装饰已有建筑的费用。在这段时间,特别是在最悲惨的1708年，国王曾尝试结束这场战争。（到了1709年，一群群饥饿的巴黎市民冲进面包房疯狂地抢夺他们见到的每一片面包。[24]）直到1711年春天，尽管国际关系暗淡，法国君主制的未来却依旧坚如磐石。几乎没有哪个国王能比路易十四更加平静，因为当时他的三代王位继承人都住在凡尔赛宫。

接着，一个真正的多灾之年来临了。1711年4月14日，50岁的法国王储死于天花。不到一年，即在1712年2月18日，王储的儿子勃艮第公爵死于某种麻疹，而就在前几天，敬爱的勃艮第公爵夫人也命丧于此。勃艮第公爵夫人去世之后，圣·西门说："王宫的灵魂人物离开了[25]，没有哪位王妃能像她一样如此受人爱戴。"然而，悲伤并没有停止。勃艮第公爵去世还不到一个月，在1712年3月8日，他的大儿子布列塔尼公爵成为这种疾病的又一个牺牲品。

在不足11个月的时间里法国失去了三位王位继承人，而下一个王位继承人昂儒公爵还不满两周岁，他也得了这种病。因为他的家庭女教师认为，那些御医过度放血和清理伤口的方式医死了其他的王室成员，所以拒绝将他交给御医。这个孩子最终活了下来，而且很长寿，他就是路易十五。这个新的王位继承人是建设者路易十四的重孙，是对室内装饰特别感兴趣的王储的孙子，是一个曾身着一件由印度棉布制成的晨衣去参加凡尔赛宫的舞会的女人的儿子。最后，当路易十五汇集了已故的三个王位继承人的热情，并使法国王室重现生机的时候，他向他们证明了自己是最有能力的王位继承人。然而，这时的凡尔赛宫很落败，它的居民逃到了生活方式更舒适休闲的城市，在那里，风格和设计正在发生革命性的变化。

18世纪早期，现代建筑开始在巴黎尤其是旺多姆广场及其周边范围迅速发展。一个全新的区域——圣奥诺雷向邻近地区开放，因为其内的大部分精品住宅都由新近的金融精英建造，所以人们将其称为金融区。安东尼·克罗扎特的弟弟就是一个例子，当他成为法国的财务主管后，便在1704年开始筹建一个首都最奢华的娱乐场所。这种无法想象的极度奢华就像一场战争一样，要将整个法国的血液榨干。

自从安东尼·克罗扎特的财富超过了皮埃尔·克罗扎特之后，皮埃尔就被大家戏称为"贫穷的克罗扎特"。然而皮埃尔仍是一位很富有的金融家、财政顾问和王室顾问。这位白手起家的男人在新的金融区中心拥有大量的土地，这些土地如今发展成为了许多城市街区——仅仅是他的花园就有八英亩。他在这块土地上建造了一个富有乡村风情的住宅，一个真正意义的市郊住宅。这也为收藏当时伟大的艺术品提供了空间。在那里，克罗扎特收集了19000幅画，其中的四百多幅被叶卡捷琳娜二世的代理人——法国文艺评论家德尼·狄德罗购买。在这幢住宅里，几乎所有的房间都有壮丽的花园景色；餐厅和画室是其最著名的空间，因为它们提供了一个草木浮动的景象（这个布置是为了每月一次为纪念尼古拉斯·朗克雷[26]而举行的著名音乐会）。克罗扎特一生都没有结婚，他对艺术的热情始终占主导地位。他不但收集已故大师的作品（有伦勃朗、鲁本斯和凡·戴克的作品。他的书房中就有两幅拉斐尔的作品），也是在世的艺术家的主要赞助商。例如，他的餐厅展示了四个完美的门头装饰，这是由克罗扎特多年赞助的安东尼·华托设计的。

为了使巴黎不断发展，像布雷和芒萨尔一样明智的建筑师[27]通过召集赞助商和收购特朗普广场周围的土地，鼓励当时的其他金融家加入到他们的行列。热尔曼·博夫朗成为一个高级房地产开发商。1718年5月，他以28500里弗的价格买下了旺多姆广场22号，并在围墙内建造了一个房屋。在不到两年的时间内，他就以153000里弗的价格将它卖掉。这样，他就获得了一笔可观的利润。同样地，他后来又买下了22号旁边的24号。那些为博夫朗的创造支付大笔金钱的人得到了最新的建筑发明，而一股解开金融区束缚的能量也快速沿着河岸扩散开来。这些逐步引入巴黎的新的装饰布置是受到新的横跨塞纳河的大桥的影响，它是路易十四统治时期的第二大城市项目。

直到17世纪早期，卢浮宫附近唯一的一座桥就是新桥，它位于西堤岛的上方。后来，路易十三为它添加了端庄的木质结构，并将它刷成红色，因此它又被称为红桥。它通过杜乐丽花园横跨河流，曾被破坏过，也被重建了几次。当1684年疾病再次侵袭时，路易十四采取适当的措施对它进行了最后的改造：在1689年，王室建筑师开始建造一座雄伟的石桥，并为它起了一个壮丽的名字——皇家桥[28]。

顷刻间，皇家桥闻名遐迩。作为第一个以单一跨度横跨整个河流的桥，皇家桥特别宽，它巧妙的设计可以使豪华的四轮马车顺利通过。这就意味着当时附近最昂贵的圣奥诺雷区的土地已被房地产投机商人抢购。按理说，他们的下一个目标应该是穿过这座新的大桥到达圣日耳曼区的区域。荣军院完成于1690年，它是路易十四统治时期的最后一个公共项目。这个镀金的建筑为受伤的退伍军人提供了一个住所，它既是都市风景中一个引人注目的焦点，又是新领域中第一个伟大的纪念碑。

事实上，那时巴黎的邻近区域已经不再代表传统的威严。就在河的对岸，一个明显的象征——卢浮宫时刻提醒我们，这座城市已经从宫廷中独立出来。开发商立即着手购买皇家桥和荣军院之间的土地。他们接连不断的购买促成了巴黎地区最昂贵土地的产生，它们是波旁街（在法国大革命之后改名为里尔街）、维尔纳叶街、学院路、圣多米尼克大道和格内尔街。

圣奥诺雷区和圣日耳曼区这两个名字解释了为什么活跃在这里的注重舒适的建筑师能让住宅展现如此多的现代特征，也解释了为什么这里的居民建造的房屋可以如此宽敞。18世纪初，建筑浪潮出现在较少受到巴黎传统影响的一些郊区。建筑师将以往建造城市住宅的经验水平向平民传播，这改变了以往只向贵族传播的状况。在这些新生区域中，他们着手创建了第一个郊区。这里的每一个住宅都有一个私人花园，为城市生活增添了一些乡村乐趣。早期的郊区是每一位建筑师的梦想。这是有史以来巴黎的建筑师没有被以往的建筑束缚，并设计出了既能满足自身的想象力，又与客户的奇妙想法相吻合的住宅（从前，即使是旺多姆广场上最雄伟的住宅也不是独立的，而是需要合用公共墙壁）。

塞纳河左岸的发展速度相当快，以至于当时的地图制作者需要频繁地更新他们的地图来展示不断变化的城市风景。1675年，在茹万·德·罗什福尔的地图中，圣日耳曼区仍是一片被茂密的树林覆盖着的广阔的处女地。然而，1710年，它开始发展：一张由布雷和布朗德绘制的地图清晰地描绘了一个基础设施和第一个崭新的建筑。同年，建筑师亚历山大·勒·布朗描述他在荣军院附近施工的建筑时明确指出，对于新式的舒适建筑而言，每一块位于巴黎中央的空地都是一个完美的试验场地（他也许是第一位公开讨论尚未完成的项目的建筑师）。

现代建筑师工作的速度之快，以至于20年之后，这个值得注意的新区域已经成为城市风景的一部分。在最新的地图，如杜尔哥地图（1734—1739年）中，这个区域已经基本建成。塞纳河右岸，比如玛莱区，其中的住宅已经建造很久了，看起来拥挤而陈旧。而塞纳河左岸的那些新住宅，在青翠的花园和公园之间，显得异常的优雅。这段时期，为了帮助参观者找到巴黎上一版地图上还没有建成的一些地方，旅行指南每隔几年就要重新编辑。

在第一个郊区，舒适理念通过社会向这一区域传播。正因为如此，夏洛特·黛丝玛于1720年在这片区域得到了一块地，就是如今的瓦雷纳街78号。黛丝玛是18世纪早期最著名的女演员，无论是悲剧还是喜剧角色，她都能诠释得非常完美。当时最有名望的艺术家[29]华托和夸佩尔曾为她画过画像。她与法国最重要的两个人保持着暧昧的关系：一个是路易十五，另一个是路易十五少年时期的摄政王菲利普·德·奥尔良。她也是建筑界的一位新客户：一个没有贵族头衔的单身女人。然而，黛丝玛确实具有现代戏剧舞台的最高贵血统，她出生在一个与巴里莫尔或雷德格瑞夫相似的戏剧之家。她的外曾祖母、父母和姐姐都是著名的演员。她的姨妈——玛丽·尚梅莱曾是法国悲剧表演黄金时期最为著名的悲剧女演员，也是让·拉辛最喜爱的女演员。拉辛还特别在他的剧本《费德尔》中为她写了一个最著名的角色。黛丝玛在八岁时就成了一名童星，被称为"罗洛蒂小姐"。她的姨妈在她16岁时去世，当时，巴黎的法国喜剧团演员将尚梅莱的角色交给黛丝玛,并很快将她列入喜剧团终身演员的名单。

黛丝玛在许多方面都是一个不寻常的女人。首先是因为她以特权进入了王室交际圈。例如,当摄政王与她有了一个女儿之后,他认可了这个孩子,并将她许配给一个贵族——塞古尔伯爵(一些法国最著名的儿童作家将这位塞古尔伯爵夫人描述为摄政王和黛丝玛的玄孙的妻子)。黛丝玛的另一个不寻常之处在于她是一个习惯于以工作谋生的女人,并且她的工作收入颇丰。股票市场繁荣之后,她离开了舞台。(尽管如此,她依然可以继续获得由法国喜剧团提供的可观津贴。)1721年,她的个人财富[30]已经达到40万里弗,对于处在她那个阶级的单身女人来说,这是一笔相当大的数目。显然,她已习惯了奢华的生活。她主动参与到奢华房间的设计中,她的方案得到了当时最著名的建筑师的赞赏。她按照最新风格装饰房间和摆设家具,而现代的舒适和便利也就这样呈现在了整个房间中。

同样地,在圣日耳曼区,一种前所未闻的财富体系为住宅提供了资金,这得益于一种投机买卖,也就是如今我们再熟悉不过的股票市场。

约翰·劳是这段历史时期的代表人物,他是一位苏格兰经济学家,也是一个挥霍成性的人。那些差点毁掉整个法国的鲁莽的投机商人蔑视他,而现代经济学理论的创始人和在西班牙王位继承战之后的混乱时期稳定了法国资产的改革家却赞扬他。可以肯定,是约翰·劳很快赢得了路易十四的侄子菲利普·德·奥尔良的信任。奥尔良曾于1715至1723年间治理朝政,这时的路易十四刚刚去世,而路易十五还未正式接手政权。约翰·劳的事业飞速发展,1717年,他负责管理密西西比公司及其巨额贸易业务;1718年,他被允许创建第一家私人银行——皇家银行,银行的票据由国王担保。(这两件事对法国来说都是第一次。)

1719年,当密西西比公司垄断了海外贸易的时候,由皇家银行担保的股票价格迅速飙升。投机买卖立刻流行并炙手可热。这段时期是令人兴奋的:各行各业的人都沉迷于一种全新的体验,玩起了投资游戏。1719年12月,一位王室官员的夫人在歌剧院的包厢[31]中见到一个衣着华丽且钻石缠身的女人，她很快认出这个女人是她的厨师玛丽。玛丽站起身，向全体观众宣布她成为了一个有钱人，并可以买她想要的一切服装和首饰。事实上，几个月的时间内，法国人已经学会了预测每一件绝对的事。白银升到天价？那么，为什么不卖掉家族的银器[32]？还是说我们要在价格下降以后买更多的白银？密西西比公司的股票价格在18世纪20年代早期达到顶点。1720年夏季，"股票泡沫"首次破裂，这也许是投资者突然对股票失去了信心。灾难即将到来的谣言令投资者匆忙撤出资金。约翰·劳在年底之前就逃离了这座城市。

许多人都严重地受到了这个史上最惊人的"繁荣—萧条"经济周期的影响。然而，有的人及时地收手，并创造了财富。有的人则重新确立了最初的投资观念。1721年，一种新的表达方式——暴发户[33]已经出现在法语中，它明确地代表了那些在股票市场受益的人。很快地，财富观念以我们非常熟悉的方式迅速膨胀。一位评论员（作为旺多姆广场所发生的一切的见证者）嘲笑说："以千为计数单位的说法已经过时，如今，所有人都以百万[34]为财富的计算方式，你现在只能听到某个项目花费几百万资金这种说法。"百万富翁产生了。

许多新富翁花钱购买广阔的土地和壮丽的新式房屋。这些新式房屋容纳了建筑师、室内装饰师和家具设计师所能想到的全部物品。当一切都结束时，约翰·劳在威尼斯记录了这个辉煌的动荡年代，并声称巴黎能够重建[35]要感谢他建立的体制。这个舒适时代的许多伟大的建筑成就都有力地证明了约翰·劳的声明：它们都是约翰·劳建造的房屋。

当时的一位评论员[36]皮加尼奥尔这样形容："在巴黎，从未有过比约翰·劳的时代更多的新式建筑。人们尝试着一步一步地去创造他们的新财富。"对于约翰·劳个人而言，他也因自己建立的体制而富有。1718年5月，他攫取了旺多姆广场的最后一块地。这里还有两个其他的例子，其中一个就是这些房子都是建在新的郊区，毋庸置疑，它们都是由约翰·劳建造的。

1718年，埃夫勒伯爵在皇家银行的早期投机买卖中赚了一大笔钱。（毫无疑问地，他通过内部交易信息获利。从1717年以来，他的岳父终止了自己的一切职业活动，与约翰·劳一同打拼。从那以后，埃夫勒就从债务中摆脱出来。在1753年他去世的时候，他的年收入已经达到八万里弗。）在建筑方面，伯爵是一位传统的人。但是，他并没有用祖上留下的钱购买他的郊区城堡，而是采用了一种完全现代的方式。他立刻在一幢雄伟的新式建筑上投入一笔巨款，这个建筑比旺多姆广场的小型住宅更加雄壮和耀眼。它位于圣奥诺雷区的外围区域，是由当时的建筑师阿尔芒·克劳德·莫莱特别打造。1720年1月，也就是股市泡沫破裂的前几周，为了能够舒适地居住在贵族的隔壁[37]，约翰·劳买下了邻近的小区。

那时的埃夫勒酒店是一个住宅（伯爵在1720年与他的妻子离婚之后一直住在那里）。1720年12月14日，摄政王出席了伯爵在这里举办的盛大的乔迁派对。埃夫勒酒店也是新式建筑的里程碑。1727年，玛丽特在《法国建筑》一书中描述了它的三个房间[38]。布赖斯称赞它拥有完美的设计方案和大量的新式便利设施，说它是家具和建筑完美的结合。学校建筑的创始人以及最早的建筑历史学家、设计师雅克·弗朗索瓦·布隆代尔研究了这个住宅的房间及其装饰，并将它作为一个建筑典型推荐给他的学生。

毋庸置疑，这些特色深深地吸引了它后来的主人庞巴度侯爵夫人。庞巴度侯爵夫人被当时的人称为舒适建筑的行家。为了让这个建筑更加现代和更加舒适，她请她最喜欢的建筑师拉苏汉斯对它进行重新改造和装饰，花费高达10万里弗。1753年，埃夫勒酒店处于被改造为庞巴度酒店的进程中，设计师布隆代尔参观了这座酒店。他特别喜欢里面的很多房间（卧室、起居室，甚至浴室）都有花园景观，也赞扬[39]了这座建筑能够对外开放。它是唯一一个直达香榭丽舍大道的住宅，香榭丽舍大道是一个广阔而葱郁的区域，它被人们称为"极乐世界"。这种感觉就像你可以将香榭丽舍大道当成你的私人公园，并尽情地享受它。（这个森林布景似乎唤醒了埃夫勒酒店的一位天文学爱好者的热情。因为在他去世的时候，他已经拥有至少六个望远镜。)换句话说，它是新式郊区城市建筑的一个典范。布隆代尔可能还称赞了这座大厦为周围散步的人提供了相当迷人的景色，现在的人们仍能感受到这种乐趣[40]。在经历岁月变迁之后，它成为了现代的爱丽舍宫，也是法兰西共和国总统的官邸。

几乎就在河对岸，矗立着另一个现代法国伟大的纪念性建筑物——波旁宫[41]。如今，波旁宫是国民议会的所在地。从一开始，这座宫殿就被建筑师看做是一个重大突破[42]。它完全实现了以舒适为主的室内设计，换句话说，舒适开始成为特里亚农宫和克拉涅城堡的设计中首先考虑的因素。这也正是在背后创造它的那个女人的愿望。

路易·弗朗索瓦·德·波旁是一位公爵夫人（她是已故的勃艮第公爵的遗孀），她完全继承了母亲蒙特斯庞侯爵夫人对建筑和室内设计的偏爱。路易十四非常宠她，她同父异母的哥哥与她的关系也非常亲密。因此，她也非常有建筑和室内设计的天赋。1696年，当她23岁时，为了使她获得更多的室内装饰经验，路易十四把凡尔赛宫中的一间小房子作为礼物送给了她。后来，他看到了非常明显的效果，这个小房子被装饰得非常漂亮。这个女人被称为"永远快乐的女王"，她总是聚会中的核心人物。她很擅长金融，是在新的投资艺术中获利最多的人[43]。

从1720到1729年，路易·弗朗索瓦·德·波旁将注意力集中在通往圣日尔曼区的一块巨大的地皮上。东西方向上，它从勃艮第大街一直延伸到荣军院；南北方向上，它从学院路一直延伸到塞纳河岸边。为了设计出理想的房屋，建筑师提出的很多方案都被她拒绝了，所以他们都很担心与她共事。为了这个项目，她连续请了三个建筑师（贾尔迪尼、拉苏汉斯和让·奥伯特）。后来，她终于得到了她想要的设计：一个华丽且带有花园景观的椭圆形客厅，有着许多明显用途的内部房间。比如，为人们熟知的带有浴室的大套房和一个让人印象深刻的水冲厕所装置。换句话说，当巴黎的股市经历了最初的繁荣之后，舒适时代开始快速发展并被公开地展示出来。

与此同时，我们再看看这一切开始的地方——凡尔赛宫。一个新纪元即将开始，陈旧的凡尔赛宫也即将被取代。多灾之年使曾经辉煌的王宫走向衰败。1715年9月1日，路易十四去世之后，王室撤出了凡尔赛宫。摄政王更喜欢在自己的家中执政，当然，他的家在王宫（房屋的装饰和家具设计都融入了最新的时尚元素）。鉴于国王的家人都曾在这里丧命，摄政王决定把年幼的国王送到别的地方抚养。起初，他把年幼的国王送到了巴黎以外的温森城堡，后来又将他送到杜伊勒里宫。杜伊勒里宫与旺多姆广场和皇家桥之间的距离非常近。直到国王（他在1722年加冕并在1723年宣布成年）回到凡尔赛宫，巴黎仍是唯一一个人们想要居住的城市，此时，"法国王室"这个词几乎失去了所有的意义。

在战后通货膨胀和野蛮投资的混乱时刻，年轻国王的宝座仍然稳如泰山。的确，他过着一种受庇护的生活。大家把他看做一个内向的、沉默寡言的[44]，并且有很多秘密的人。尽管如此，这个男孩用他的一生证明了自己对建筑的热情，这份热情远远超过了他的曾祖父。因为从新式郊区到他家的步行路程还不到五分钟，所以他能轻松地得到那里的第一手资料。尤其是大部分的郊区房屋都由他的至亲修建时，这些资料的获得就更加容易。（路易十四本能地涉足建筑领域，是受到他的内在的指引；然而，路易十五事实上却是在钻研建筑——每天制订几小时的学习计划，与负责设计的建筑师讨论这些研究成果，甚至亲自绘制设计图。庞巴度侯爵夫人评价他说："当他对设计方案产生灵感的时候，他活力四射。"[45]）

因此，在加冕仪式之前，他于1722年6月的一个温暖的日子回到了凡尔赛宫。这位年仅12岁的国王不仅仅开始学习建筑理念，还将其牢牢地记住了。回到凡尔赛宫的第一天[46]，他就开始仔细地打量着眼前的一切：他在花园中游览了几个小时，晚上，他平躺在镜厅中，解读查理·勒·布朗建造的天花板，这可以让他深入了解路易十四在位的那个时代。

年轻的路易十五从法国的近代史中获得了许多宝贵经验。他在位期间，法国在很长的时间内都避免了军事冲突。没过多久,他就开始制定稳定的货币政策。1726年,这一政策得以完成。这一政策在立法年的货币动荡之后带来了巨大的心理效益,而它带来的持续繁荣也激励着他继续钻研建筑和设计。在1774年路易十五去世的时候[47],他作为一位带给法国前所未有的和平、光辉和富裕的君主,被永载史册。

对于不断增加隐私的室内时代来说,路易十五也是一个完美的君主。庞巴度侯爵夫人的侍女康庞夫人注意到,路易十五是一个在生活中具有双重人格的人:一个是他作为法国国王这个公众人物,另一个则是私下里的路易·波旁。正如凡尔赛宫的内部人士达福特·谢弗尼所说:"他运用自己对当时建筑的理解,去寻找国王这个角色之外的[48]另一种生活方式。"因此,路易十五始终保持着这座宫殿的双重标准:一方面,他使这座宫殿的房间恢复了曾祖父时期的奢华;另一方面,为了可以过路易·波旁的生活,他也不断地在凡尔赛宫建造新的房间。

起初,路易十五似乎极力寻找建筑学在某种程度上的隐秘性:享受一个快乐的家庭生活,这对国王来说是罕见的。1725年,当他与几乎大他七岁的波兰公主玛丽·列辛斯卡结婚后,他似乎公开了他对婚姻和新娘的喜爱(见彩页)。公主为他接连生下十个孩子(虽然只有一个男孩)。后来,国王厌倦了居家男人这个角色,人们为这种情况提供了多种解释。一些人责备王后是一个古板的天主教徒;另一些人说这是因为任何女人都不能满足一个性功能过于旺盛的男人;然而,还有一些人暗示,这或许是一桩缺乏沟通的错误婚姻,它导致王后封闭了自己的感情,因此才出现了这个结果。

刚开始时,国王的婚外恋都很短暂,但是当时的长舌妇还是会说三道四。1737年,状况开始转变:路易十五非常重视王室的第一情人,他将凡尔赛宫的一套套房送给她居住。在1745年,王室第一次见到了让路易十五最重视的情人,一位独特的王室情人(见彩页)。

珍妮·安托瓦内特·泊松·伊托瓦尔说,之所以把这位女士称为波旁国王的情人，首先是由于她的出身：国王赐予她侯爵夫人的封号，但是所有人都知道，她来自金融领域，并且半个世纪以来，她的财富一直备受瞩目。起初，为她写传记的勒邦夫人认为她应该主动追求国王。从她的幼年时期起，勒邦夫人就鼓励她相信，成为国王的情人是她的宿命。（这位王室第一情人的遗嘱[49]中包含着一种渴望和对与国王接触的一种好奇感，并留给勒邦夫人600里弗的遗产，因为在她九岁的时候，勒邦夫人曾经预言她有一天将会成为国王的情人。）

那段时间，国王最喜欢的户外活动就是打猎。因为，国王在不久前巧遇了一位非常漂亮的女子，据说，她是那个年代极为漂亮的一个女人。（王宫内部人士达福特·谢弗尼特别详细地描绘了她的魅力：她的容貌、她的皮肤，以及她丰满的线条。并且总结出："任何一个男人都想把她变成自己的情人。"）不久之后，一个非常漂亮的女人就出现在歌剧院的王室包厢中。这个神秘的金发碧眼美女很快就揭开了她的面纱：她搬进凡尔赛宫，并在王宫中出入；她作为庞巴度侯爵夫人出现在公众面前，内部人士称她为"正式公开的情人"[50]。

这位新的正式情人的地位保持了将近二十年。她是一个完美的艺人，从事表演、歌唱和舞蹈老师的工作，她还为国王表演。在凡尔赛宫和其他城堡的私人舞台上，她都获得了大家的赞赏。然而，她最想扮演的角色是两位最成功的前辈：蒙特斯庞侯爵夫人和曼特农侯爵夫人。她阅读她能够收集到的关于这两位夫人的所有资料[51]，其中包括我在这一章引用过的一些当时的回忆录中的段落。（例如，在圣·西门的回忆录手稿刚刚完成时，她就抄写了一份有关材料的副本。）在随后的表演中，她再一次获得了巨大的成功：在扮演曼特农的角色中，她是国王最亲密的顾问；许多王宫的内部人士也证实，国王的每个重大决定都会同她商量[52]。

在扮演蒙特斯庞侯爵夫人的角色中，对热爱建筑的国王来说，她是最完美的伴侣。在买下埃夫勒酒店之后，她用"为建筑而疯狂"[53]这个词组来描述自己，在有关她的记录中，也记载了这样的事。1746年，国王和庞巴度侯爵夫人开始不断地购买城堡——克雷西、梅纳尔和香榭丽等十余个城堡，他们也在建筑、家具和室内装饰方面花费了大笔金钱。曾经的华丽完全被舒适、私密和惬意取代。他们俩甚至让古老的凡尔赛宫有了现代建筑的气息。

庞巴度侯爵夫人是定居于城堡的路易十五的第四个情人，她搬进一间已经装饰好的房间——这个房间是国王为以前的情人准备的。到1764年庞巴度侯爵夫人去世的时候，她已经在那里居住了近二十年。在那段时间，她成为蒙特斯庞侯爵夫人的继承人：一个创造时髦风尚的王室情人。不久，庞巴度侯爵夫人的个人风格就出现在了凡尔赛宫。她不仅添置新式家具，还改变了原有装饰。为了改善室内布局和获得更大的舒适空间，她甚至拆除了墙壁。

然而，这些还远远不能满足这位"为建筑而疯狂"的侯爵夫人。1749年晚期，她得到了她最大的一处房产。之前，公主们在寻找著名的套房时，通常都被其他的王室成员抢先一步；当国王把这个套房送给他的情人庞巴度侯爵夫人时，还引发了一场丑闻。（国王有一群女儿。直到1749年，她们中的五个仍住在王宫，且年龄都在12～22岁之间。庞巴度侯爵夫人有非常熟练的外交技巧，她最大的技巧就是能够同王后和国王的孩子们保持亲密的关系。）不论是现代建筑最主要的评论家，还是发言人，他们都不得不承认这位侯爵夫人将她的新套房变成了舒适建筑的陈列室[54]。

它确实是一个陈列室。作为国王最信任的顾问，庞巴度侯爵夫人把许多新式的现代房间向凡尔赛宫最杰出的访问者展示。然而，她也严格控制着访问者[55]的进入，因为它既是进入路易·德·波旁个人世界的通道，也是庞巴度侯爵夫人为路易十五精心设计的一个有着真正意义的生活的入口。例如，在一个特别的夜晚，客人们聚集在路易十五小套房外的楼梯间里，等待侍者拿来允许进入套房的人员名单。只有名单上有名字，他们才能被请进门。一旦进入国王的私人世界，他们就会发现国王的另一面。这里没有庄严的统治者，只有一位热情的主人：他和客人开玩笑，戏弄女主人庞巴度侯爵夫人。

他围在圆桌旁边，直到最后一位客人离去，他会亲自煮咖啡。他也会在庞巴度侯爵夫人的耳边窃窃私语："时间到了，我们该上床休息了。"一位经常出席这种小型晚餐的客人评论说："这与路易十四时代是多么的不同啊！"

然而，这并不是问题的关键。路易十五的生活与路易十四的生活非常相似——当然这指的是他和蒙特斯庞侯爵夫人在一起的时候，蒙特斯庞侯爵夫人就是庞巴度侯爵夫人扮演的角色的原型。因为国库支付了路易十五和庞巴度侯爵夫人共同设计的建筑和革新项目的费用，所以他们非常清楚国家的财富是怎样被花出去的。此外，在侯爵夫人去世之后，她的遗产清单由一位公证员起草，在清单上，她列出了她的财产的明细表，上面清晰地记载了她住所内曾经用到的每一款家具、每一块装饰布料、每一个窗帘和每一个垫子。这些官方文件证实：从1670到1764年间，舒适生活取得了很大的进展。然而，这些文件也表明：路易十五和庞巴度侯爵夫人的主要影响就是让人联想到特里亚农宫和克拉涅城堡的室内装饰风格——柔软、轻薄、明亮，以及将棉布印成渐变的蓝色、白色、绿色、淡黄色和紫色。

接下来的几章将要介绍一些有着舒适品位的人，也会讲述他们通过购买新式发明来提升住宅的舒适感的故事。他们中的一些人是王室的支柱，尤其是那两位特别的王室情人——蒙特斯庞侯爵夫人和庞巴度侯爵夫人。然而，他们中的许多人是从未涉足过建筑和家具行业的高端客户。传统的客户，如公爵夫人和埃夫勒伯爵，她们与金融家皮埃尔·克罗扎特和女演员夏洛特·黛丝玛一样，利用全新的方式来对自己的生活进行投资。即便不是贵族，他们的房屋也能够被重新装饰，这些细节为我们展示了舒适时代的各个方面。

巴黎建筑业的兴旺有利于增加公共建筑的热爱者——不仅是它的基本客户，还有许许多多建筑景观的追随者。随后，在法国出版的大量建筑作品中，不同类型的读者都被考虑了进去。他们包括专业的建筑师，当然，也包括门外汉。许多作品现在仍有阅读的价值。这也证明了所有的人都想了解房屋的设计方式，他们甚至想去看新式住宅的平面图。

重建巴黎及其城市住宅这一计划，与文化运动和政治变革是紧密相联的。当舒适在法国成为生活中必不可少的元素的那几年，启蒙运动兴起。像伏尔泰（启蒙运动的核心人物）和庞巴度侯爵夫人一样热情支持新生活方式的人，他们也坚定地支持着这个重要的启蒙事业——法国大革命。反过来，法国大革命也促进了杰出的法国工匠的发展，这个时代最伟大的创新设计就是由这些人负责的。虽然我们很少了解这个时代伟大的建筑师和工匠的哲学或者政治倾向，但显而易见，他们中的许多人都明白，现代建筑和便利设施不仅能够帮助我们树立新的个人意识，还能提高我们的生活质量。启蒙运动的支持者和舒适生活的创造者在很多方面都有着共同的目标。

不论是《百科全书》还是当时出版的最杰出的工匠的作品（如家具设计师胡伯的作品），它们都明确地指出舒适时代很可能是建筑及装饰家具的第一个伟大时期。许多新式家具被发明，房间里比以前多出了许多家具——即便在一般的住所中也是如此。宏伟的住宅也与从前不同，它们里面基本都摆满物品。这意味着，从画家到旅行指南的作者，他们都渴望为他们的读者展示巴黎住宅的新面貌。这也意味着，很多人在去世后留下了大量的遗产，公证员会为他们起草一份正式的列有所有物品的清单。对于我们即将介绍的每一位屋主的住宅来说，出版物中所描绘的他们舒适的住宅和漂亮的家具设计，都能让我们感受到住在其中是多么美好的一件事。这不仅可以让我们了解他们卧室的数量，还可以帮助我们精确地了解每一个卧室的家具摆设——座椅靠背的布料、壁炉架上的小装饰物，以及床单的颜色。

下面的章节将要按照从外到内的顺序介绍1670年到18世纪中期的舒适的创造，我们先从建筑开始，然后介绍内部的墙壁，接着介绍便利的发明，例如：从浴缸的管道到它的固定装置。再接下来，介绍新式房间使用的家具，然后介绍使舒适看起来更加完整的装饰。最后，我们看一下与我们的皮肤关系密切的舒适用品：布料和纺织品。

第二章 舒适的建筑

在18世纪初,有关这座城市的一种新的写作形式出现了:巴黎的旅行手册详细地描述了当时的建筑,甚至是仍在施工中的建筑。这个出版业新领域的出现是为了回应快速转变的巴黎城市风景。正如1717年日尔曼·布赖斯在他的城市指南中提到的[①]:"如果你有几年没来巴黎,你将认不出这座城市。因为在新的街区,商业界的人花费大量的金钱去建造奢华的房屋,所有的人都认为,这座城市每天都在进步。"

在1724年[②]让·艾马尔·皮加尼奥尔出版的城市指南中,他明确地描述:"如今的巴黎向各个方向延伸。"在巴黎有许多奢华的私人住宅,有的甚至高达七层楼。"(他的描述超过23000字,不包括那些留作商业用途的建筑。)他记录了巴黎新的规模和复杂性的一个明显的标志:1728年的前三个月,在巴黎的九百多条街道上,工人们在每一个角落都贴上用大号黑体字写的建筑的名字。

这个信息非常明确:18世纪初期的建造热潮已经将巴黎变成一个充满生机的繁华都市,也将它变成了当时的设计和建筑领域的新的世界之都。当时,私人的住宅不只是国家赞助的公共项目,它还可以被出版留念。如今,一座城市不仅可以为历史悠久且光辉显赫的古老帝国而庆祝,还可以为现代有权势之人的财富而喝彩。

城市指南仅仅是冰山一角。那个时代最著名的设计师迅速地采取行动,并开始接连不断地出版资料集——建筑论文、建筑手册、当时著名住宅的建筑平面图集以及室内装饰的范例合辑，这些都是名副其实的出版物。在那之前，一个时代的建筑和设计成就从未被如此详尽地记载，它们也从未像那时一样在被创造出来的那一刻就被记录在史料上。事实上，这些与建筑有关的作品的出版和再版，暗示了一个新的读者群体的出现：对建筑景观感兴趣的读者，他们对建筑景观的兴趣也正在改变着他们的住所。

在解释是什么使住宅变得特别时，新的城市指南认为，即便游客到过巴黎，他们也很难相信眼前的景色，这些景色深藏在城市的新式住宅中。一些住宅因为现代便利设施而被挑选，而其他的则是由于新颖独特的平面图而被挑选。布赖斯在1717年版的指南中，甚至鼓励外国游客去玛丽·苏珊娜·戈多新近完工的卧室套房，参观它精美的家具和装饰，这位女房主的套房位于旺多姆广场，她的丈夫是金融家布瓦莱。他最近被人诬告偷税漏税，而被关押在巴士底狱。显然，这些信息不能随便向游客透露。

从某种意义上说，布赖斯引导读者的这种方式，解释了为什么说巴黎的新式建筑是前所未有的。因为，这时的巴黎不仅是一个熙熙攘攘的公共大都市，还是一个极度重视隐私的城市，在这里，现代意义上的隐私首次产生了意义。毫无疑问，这些回应了巴黎新式建筑的发展。著名的建筑师首次避开了公共外观（或者说是围墙）——它们是历史悠久的重要建筑工程的标志。建筑师把注意力转移到在建筑年鉴中常常不被担保的那些工程种类上：一张简便且想象独特的平面图，一个吸引人的新型餐厅，甚至是一种能够使自然光照进无窗房间的独特方式。在这小半个世纪，住宅的发展日新月异，当喜欢建筑的人开始抱怨③街道的普通时，法国建筑师才开始考虑同住宅相关联的建筑。他们的首要目标就是：使人们的日常生活变得更加舒适和便利。

纵观18世纪上半叶，法国出版物所记录的每一个建筑和设计，即便是旅行指南，都是西方建筑的缩略史的一部分。这些作品常常以相同的方式描述这段历史：人们最崇敬的是伟大的历史遗迹，其次是哥特式的教堂，最后是意大利文艺复兴时期的建筑。这也为这件事揭开了序幕：意大利式的建筑时代已经正式结束，现在，法国建筑师主宰着一切。权力的转换开始了。18世纪初，法国建筑师认为，以往最著名的住宅几乎无法居住，这一观点得到了所有评论员的赞同。皮埃尔·帕特这样评价："直到那时，所有住宅的设计都只是为了向公众展示，没有人知道怎样才能使住宅变得舒适，没有人为住宅中居住的人着想。他们也从未考虑自然光，在住宅中，甚至没有一个放床的好地方。"因此，在这个职业中，法国设计师是最早优先考虑伟大住宅的可居住性的人，即他们是以可居住性为信念的人。因此，他们"发明了祖先完全不知道的一种艺术形式，他们将其称为分布，这是一种专门设计住宅布局的艺术"。

事实上，住宅的基本设计在几个世纪都没改变。富人的住宅和穷人的住宅一样，基本上都采用同一个模式。它们都包含着几个形状和大小基本相同的方形房间，所有的房间都互相连接。因此，整个空间都是公共的，或者说基本上是公共的。这些房间有着许多功能——人们可以在同一个房间里吃饭、睡觉、洗澡和烹调；他们经常在工作或者睡觉的房间内娱乐。当睡觉时，他们就会把床铺好；当娱乐的时候，他们就会摆上座椅。此外，因为住宅内几乎没有家具，而且家具都不会固定放在某个地方，所以，室内空间几乎没有固定的安排。

不过，在16世纪的时候，一种有效的方式开始改变室内设计。最初设定只能进行单一活动的小房间，为工作和学习提供了空间。接着出现了微型储藏室和试衣间。大房间仍然是多功能房间。例如，在冬季，人们睡在壁炉旁边。家具仍然根据不同的需要而被不断地挪动，它们没有一个固定的放置地点。换句话说，在这个时期，隐私观念或个人行为并没有真正的意义。

在舒适时代的进程中，多功能的集合体——完全公开的房间演化为现代住宅。重要的客户和有着突破性进展的工程，例如克拉涅城堡和凡尔赛宫的小套房，都有助于这个进程的创建，而它的启动则是由具有远见卓识的设计师完成的。这个伟大的设计时代之所以能够出现，就是因为这个时代拥有许多伟大的设计师。在这段时期,由建筑师专门设计的住宅式建筑的理念开始形成,建筑的透明度也开始增强;它是建筑业的一个重要的历史时刻。

到了18世纪中叶,王室最常接见的人就是建筑师。例如,雅克·弗朗索瓦·布隆代尔,他将18世纪20年代晚期到18世纪70年代早期的所有成就都写入了编年史,并将其出版。他写编年史的本领是他的叔叔让·弗朗索瓦·布隆代尔传授的。(皮埃尔·布雷是18世纪所有建筑师中最实际的一个人,他曾向另一个布隆代尔学习过建筑方面的知识,即尼古拉斯·弗朗索瓦·布隆代尔。)1740年,雅克·弗朗索瓦·布隆代尔(在后文中,我将他的名字缩写为"布隆代尔")建立了最早的现代建筑学校——艺术学校,这所学校在1743年得到了皇家建筑学院的批准。这标志着规范化的建筑培训迈出了重要的一步。布隆代尔开始培训法国和国外的建筑师(他的学生中包括18世纪末期具有远见卓识的伟大设计师布雷和勒杜),后来,这些外国学生将法国学校的风格带回他们的祖国。因此,布隆代尔成为那个时代最有影响力的建筑理论家。工匠和非专业人士也会去听布隆代尔的讲座。布隆代尔甚至向工匠们讲授如何把普通人引领到由建筑所展现的神秘世界中的方法。例如,他向他们讲授家具设计大师胡伯的雕刻品,胡伯曾经创作出一系列有大量插图的设计手册。

现代住宅的产生,得益于设计和习惯之间复杂的相互作用。一方面,由建筑师和顾客磋商而产生的新式设计使新的生活方式成为可能;另一方面,设计界也对影响着整个社会的行为举止和风俗习惯作出了回应,建筑师博弗朗称其为"这个世纪的生活方式"④。在18世纪初,一种新的生活方式需要一个新的环境;而新式的住宅也重建了动荡社会的秩序。在那时,法国的建筑师开始把焦点重新集中到住宅的内部,并回应和鼓励不同的新课题,其中最明显的就是对隐私的渴望。

隐私权的范围和渴望隐私的程度,都是随着时代而不断变化的。一代人认为在电话中交谈是隐私,所以他们会在电话亭这个密闭的空间内把门紧紧地关上;然而,下一代人却把电话带到公开场合。在18世纪初,对一些可以被称为渴望隐私的社会行为来说，建筑与它们在某些方面会相互影响。在这些相互作用中，出现了一些享有最高特权的人。他们也可以在独处或多人的活动中自由地选择空间。事实上，这样的情况也同时出现在了其他国家。在不同情况下，人们用不同的带有文化意义的特殊名词来表示对私人空间的需求。在英国，随着清教徒价值观的传播，私人空间开始被人们所重视：在一个严格控制入口的小房间内，女人们可以自由地展现自己，她们能够避开窥探的目光，远离危险的外部世界。

没有哪个国家对一种全新生活的渴望能在建筑方面产生比法国更加强烈的影响。然而，在法国，从隐藏和保护贪污腐败的方面来看，限制访问空间的出现根本不合理。在17、18世纪之交，法国建筑师建造出避免他人打扰的房间。他们认为这样的空间很重要，因为这时出现了一种新形式的隐私；因为这个创造可能让很多男人利用"宝贵"时间来陪伴自己的爱人，也可能会让他们学习如何去爱一个人，这在从前公开的房间内是不会被轻易看到的。建筑师也把它同个人的享受联系起来：在私人空间中，人们会因少一些正式而感到轻松；因此，私人空间为自我的放纵提供了场所。这些建筑师创造出真正的私人空间，并创造出了所有权只属于自己的房间的概念。在这个空间里，你只属于你自己，同时还被鼓励进行自我发现。

1690年，词组"vie privée"，也就是私人生活，首次被字典收录："公共生活的反义词，当……没有公职，并且不涉及商业行为的时候，一些人过着私人生活。"一年之后，达维勒的《建筑教程》说明了专属空间的重要性，因此它也成为了最早提出这一概念的专业建筑指南，达维勒称其为"生活"。因此，在1690年，没有人知道被称为"生活"的新式私人生活的具体含义。这半个世纪以来，人们相信达维勒最早出版的指南。他们认为，习惯和设计之间的相互影响包含在私人生活领域中。在18世纪下半叶，当这个进程结束的时候，人们才开始接触这种拥有限制访问房间的住宅，私人生活被描述成在住宅的私人房间中进行的活动。新的私人生活中包含了丈夫与妻子之间的关系、父母与子女之间的关系，以及房屋主人和他们的密友之间的关系。

世界上最先使用"私人的"这个形容词的人，就是18世纪的法国建筑家。他们经常把它当做⑤那个时代的流行词"commode"，也就是"舒适的"的同义词。因此，私人房间都被认为是舒适的。实际上，他们设想的私人空间，为使用"私人生活"这个词的第一代人解释了私人生活的实际情况。当时最早的且真实详尽的建筑平面图，就是最重要的住宅出版方案。建筑师记录了平面图中每一个房间的用途。伴随着特殊功能房间的增多，他们也不得不这样做。通过这些平面图中不同的浴缸和午睡房间，我们可以重新描述这些给个人带来舒适感的新家具。我们也能够了解到，在私人空间发展的早期，哪些顾客钟爱这些新式的便利物品。（例如，第一个豪华的洗浴设施就是为富有的女士打造的；男士们钟情于极其昂贵的建筑小配件：水冲厕所。）通过反映这一过程的论文，我们能够了解这些影响着设计世界的新行为，也能够知道为什么建筑师和顾客会感到重新改造他们住宅的时间已经到来的原因。

对于奢华时代的精英来说，相连房间的设计是完美的，因为它们将日常生活变成一个财富和权力的永久性展览。住宅的设计主要围绕着一个或几个并排的房间进行，每个房间的门都直通另一个房间；我们把这种方式称为"横向排列"。每个房间的门都准确地对齐，以便在所有的门都开着的时候，到访者可以很清楚地从第一个房间看见最后一个房间。因此，人们能够一眼就看到主人的财富和地位，以及主人家中的全部物品。这并不能断定什么：它只是人们想象出来的对室内设计最直接的炫耀。同样地，对住宅的排序也变得非常直接。在所有房间的顺序中，最里面的房间是最重要的，这个房间只有最尊贵的客人才可以进入，普通的客人永远都没有进入这个房间的权利。然而，无论是主人和仆人，还是居民和到访者，如果想进入这个房间，他们都必须依次穿过它前面的所有房间。因此，所有居住在这些横向排列的房间里的人都处于不断的公开展示中。

毋庸置疑，鉴于凡尔赛时代把所有的资源都消耗在卖弄和炫耀上，因此，建筑师和顾客都厌恶了这种连续的设计方案。建筑师开始用一种新颖的方式划分居住空间，而后来的人证明，每一个居住空间对私人生活的建设起着关键作用。我将要描述的所有的原则和理念都影响了这半个世纪。达维勒在1710年版本的建筑指南中首次注意到这些原则和理念；它们都出现在了布隆代尔1737年和布里瑟1743年的著作中，它们也在18世纪最流行的⑥建筑指南中得到更多的关注，当然，这些建筑指南是由达维勒编写并连续再版的；到1752年⑦，当布隆代尔出版他的代表作《法国建筑》的时候，人们已经对新的设计理念不再陌生。

倡导舒适理念的建筑师开始设计出双倍的室内空间。雄伟的纵向排列的房间被正式命名为"parade"，或者称为正式的套房。这些房间的设计是为了在生活中最为正式的时刻使用。它们非常正式，并对所有人开放。因此，在这个范围内，舒适和隐私仍然毫无意义。在17世纪晚期，建筑师才首次在住宅中设计出人们在日常生活中使用的房间，这些房间不对任何人开放。

接下来，从18世纪20年代40年代的这段时间，一些建筑师甚至认为这样的设计也不够完美，并引入第三种房间，"société"，也被称为"社交房间"。这个房间的设计不那么正式，主要是为了私人的娱乐，所以是一个半开放地带。你可以请来你最想要交流的朋友，你们之间的交往是由你们的个人地位决定的，而不是根据你们在正式场合中的身份（最重要的商务伙伴，或是你认识的最有影响力的人）。当然，最亲密的朋友也可以进入到社交房间。（一些人，特别是最伟大的路易十五，发现这种程度的分离还远远不够：克罗伊公爵描述道，直到1747年⑧，他才意识到他眼中最受限制的凡尔赛宫的房间只不过是第一个私人地带，国王甚至在凡尔赛宫内部有更多的私人房间。）

对室内空间的划分与重新划分产生了一些影响，这些影响在现在看来是非常荒谬的。例如，最重要的住宅都有两种卧室：一种是表现雄伟和庄重的卧室，另一种则是有实际用途的比较舒适的卧室。（在一个公共仪式上，路易十五睡在他正式的卧室内；然后，他转到庞巴度侯爵夫人的卧室，并在那里度过一整夜。）另一些影响我们更为熟悉：例如，后来的人们把凡尔赛宫的两个会客厅称为"沙龙"。并且从那时起，它们有了各式各样的名称（客厅和休息室）。其中的一个专门在最为正式的访问时使用，这些访问都在早晨进行。第二个会客厅位于社交地带，它成为家庭成员在下午和晚上接待亲密好友的场所，他们可以在那里喝餐后咖啡、听音乐，或者围坐在一起聊天。现在的住宅更趋向于只有一个房间：一个简单的起居室。起居室是19世纪产生的新名词，如果18世纪的设计师看到它，他们也一定会非常高兴。然而，起居室的功能经常徘徊在向世人展示房间的豪华和让主人感受到舒适（最好的家具对抗舒适的座椅）之间，它是有着双重性质的空间；早期的沙龙都包含这两种性质。

然而，三重体系也有显著的优点。它最明显的作用就是：那些舒适的、被限制进入的私人房间几乎是专门为家庭圈子而准备的。布隆代尔直截了当地宣布很少的客人能进入到这类房间。因此，对空间的详细划分帮助人们创造了一个拥有现代理念的家庭生活。

在法国，每一个套房都被称为一个"单元房"，这个术语是在现代建筑产生后才出现的。最初，公寓指的是一组房间在家中结合成一个整体，即主人的公寓或者套房。1691年，当达维勒首次提到"舒适公寓"的时候，公寓的概念仍然很模糊。半个世纪之后，公寓被整齐地归类：公寓的类型（正式的或非正式的，公开的或者私密的）、它所包含的房间类型，甚至是公寓中房间的排列顺序都已经被规定好。最重要的是在模范公寓中发现的房间，它们是达维勒在1691年的住宅中随意挑选的房间，它们有准确的名称，也有着明确的功能。

在那半个世纪，我们现在认为的公寓和住宅的必需品首次成为一种标准选择。在之前随着不同的需要而不断转移位置的某件家具——一张床、一个马桶，或者一个浴盆，几乎都会被转移到一个单独的房间，在那里，你可以不被任何人打扰。因此，就如1751年弗朗索瓦·德·格拉菲尼居住的公寓一样，一个18世纪标准的私人公寓应该包含一个卧室、一个厕所和其他的房间。换句话说，随着现代建筑已经接受舒适和隐私观念，人们也用这种熟悉的方式来定义居住的空间。

在狄德罗[9]和达朗贝尔编写的《百科全书》中，布隆代尔举例说明了被他称为"豪华的住宅"的底楼（见下图）。它表现了真正意义上的舒适生活景象，它是由法国设计师于18世纪中期设计的。布隆代尔的平面图展示出新

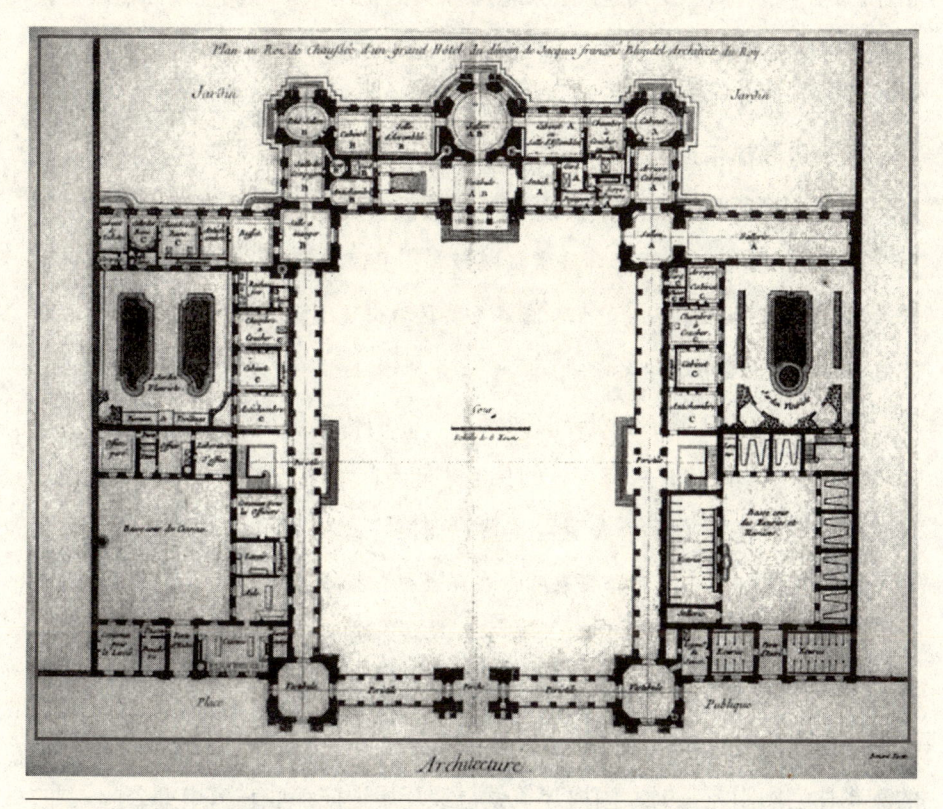

■ 这是雅克·弗朗索瓦·布隆代尔为一个非常豪华的住宅绘制的平面图。它突出了18世纪的法国建筑师为了使不同种类和程度的私密成为可能，而将室内空间细分的方式。因此，前面的大房间对所有来宾开放。然而，只有同主人关系更为亲密的人才能被允许进入半私人房间，例如餐厅上方的小型会客室。在平面图的左下方，是一个只属于房屋女主人的更为私密的房间；平面图右侧是主人的套房。[2]

式建筑的灵活性，也表现出如何顾及不同程度的独处以及独处与隐私的不同组合。

在他的平面图的顶部，我们看到了一个正式的套房：它记录了门的排列方式，并给了我们一个可以从房间的一边看到另一边的清晰视野。套房的中间是一个巨大的圆形沙龙——18世纪的法国建筑师将异形房间作为打破单调的箱式房间的另一种方式。在最明显和最突出的位置，也就是沙龙的右侧，是一个仅仅以展示为目的的正式卧室。这就是这个住宅的整个公共地带，除了家庭的内部结构，正式建筑物和奢华家具的范围从未因其他东西而改变。这个住宅的整个左侧部分展示了两种"生活"。第一种是半私人的生活，亲密好友和家庭成员之间的娱乐。这些社交房间包括一个小型会客厅、餐厅和与每一个房间都相连的私人厕所，这种厕所在18世纪前半期逐渐兴起。此外，每一个厕所都拥有一个使现代建筑师最为自豪的技术创新——冲水马桶。（布隆代尔和其他设计师经常提醒顾客：应该把厕所当做半私人娱乐区域中最基本的便利设施。因为它们从未在公共区域出现过。据推测，只有与主人非常熟悉的人才能借用这种设施。）

平面图左侧的部分被划分成双套房，它们构成了房屋女主人真正的私人领域。在奢华时代，只有少量的住宅才能专门为沐浴提供一个房间。布隆代尔的模范住宅致力于个人卫生装置。而浴室套房和用于睡觉的第二个私人套房是相连的。（多种证据表明：在18世纪，很多精英家庭的夫妇在一起睡觉；但是，他们却保留着可供单独睡觉和梳妆打扮的房间。更多的介绍见第十章。）

平面图的右边同样地被划分为半私人房间和私人房间。当为金融家建造的豪华住宅刚刚完工时，国内建筑就已经开始适应那些在家中办公的人[⑩]的需求。因为贵族不需要工作，所以他们在这方面几乎没有任何需求。布隆代尔的平面图还标明了第二个半私人地带，这可以被称为商务套房。它包括一间可以让主人招待顾客的会客厅、几间供房主工作的办公室以及一个小型的

"serre-papiers",即为商业文件准备的档案室。会客厅直通画室和走廊。

如果房屋的主人收集艺术品——许多对巴黎建筑业的繁荣有突出贡献的金融家是当代艺术品最主要的收藏者——那么，他可以在画室展示他的收藏品。这些最新展示的收藏品（这就是"艺术画室"这个词的起源），还可以给他的伙伴留下深刻的印象。当时最有谈论价值的画室位于皮埃尔·克罗扎特的大厦；它不仅展示了152幅由诸如伦勃朗、鲁本斯和凡·戴克这样的艺术家绘制的画布，而且画室内部由查理·德·弗斯装饰的天花板也非常具有欣赏价值，这个天花板描绘了智慧女神密涅瓦的降生。这个画室也有一个更为私密的功能：经过了漫长的一天之后，房屋主人可以独自待在那里，就像布隆代尔所说的"理清他的思路"，并从紧张的一天中"解脱"出来。最后，商务套房直接引起了更大范围的主人卧室套房的私密性。

布隆代尔的样板房集中关注新近发明的房间和新式套房中新的房间排列方式。然而，因为人们渴望住在一个私密的房间内，所以这个模范住宅也列举了另一种具有较少公共用途的房间。为了更好地实现住宅内部房间之间以及楼层之间的通畅，并控制不同区域的使用权限，新式住宅依赖于各种各样的通道装置，它们被称为"dégagements"，即屏蔽设置或间隔装置。

最开始，这个术语指的是灵魂出窍，即离开这个世界，并把自己奉献给上帝的一种愿望。在17世纪90年代初，它成为一个建筑术语，被用来指代服务性场所的所有应急出口。事实上，它以各种方式出现在住宅的私人和半私人空间周围。布隆代尔为样板房所绘制的平面图列举出两种间隔装置。第一个间隔装置在平面图的右上角，是一个独特的微型房间。它为商务套房提供了一个私人入口（出口）。第二个间隔装置在平面图的左上角，它为半私人会客厅和洗浴套房提供了一个通道。被称为通道的这些相关装置都被包含在每一个卧室套房中。

通道装置发展成最后的一种形式——petits escaliers，即小型楼梯。小型楼梯的确没有辜负它们的名字，人们惊讶于它们所占据的小空间。例如，当路易十五为了转换公共生活和私人生活时，他选择在凡尔赛宫使用楼梯。人们似乎很难想象，这个在王宫中花重金建造大理石楼梯的人，竟然可以在狭窄的木制台阶上小跑——这种举止对维多利亚时代的仆人来说都很不恰当。当然，这才是问题的关键。世界上的富翁都拥有足够多的建筑，这也迫使普通人融入他们的行列，因为他们被私人空间的使用方式深深吸引了。精心设计的通道装置能够使人们在不同的区域活动，他们也不用担心会被人发现。例如，据说当路易十五在隐蔽的楼梯上小跑时，他可以不用顾及国王的身份。同样地，据说在1764年，庞巴度侯爵夫人弥留之际，他发誓再也不使用这些连接他们二人套房的专属后楼梯。

通道装置也同样证明了房屋的主人出现了一种仆人的生存意识，这在奢华时代是从未有过的。因为精心设计的房间需要持续地展示给众人，也因为住宅的这种公共结构，仆人总是会出现在房间的每一个角落。因此，在很大程度上，他们并不引人注意。正因为如此，他们也就理所当然地融入到房间的装饰中。我们来举一个尤为极端的例子，即经常有成千上万的仆人在凡尔赛宫中走来走去；然而，对王室的成员来说，他们也许不会注意到这些仆人。一本记录1674年王室特别盛大的节日的账目说明："没有人注意到……无数的仆人；你甚至根本看不见他们。"

直到18世纪初，这个问题才得到解决。房屋的主人发觉，他们的仆人更愿意自由选择他们出现的时间。因此，建筑师找到了保护他人隐私的方法[11]。他们在主人套房的后面修建了一条与套房长度相当的通道；他们将通道的门布置在卧床后方或者卧床旁边的墙壁上；当需要铺床时，女仆不必穿过一个或几个房间，她们只需要进入床边的通道就可以把床铺好，这可以减少对主人的打扰。

事实上，卧室刚被重新定义为私人空间之后，最勇于尝试新建筑的法国住宅中就出现了呼叫仆人的电铃。在一本1755年出版的小说的图解中，我们看见一个在卧室中的女人正在拉长绳末端的穗，这个从墙上垂下的长绳是

■ 这也许是对人们使用电铃召唤仆人的最早描述。这个场景是在一个小型私人卧室中。卧室中摆着一张有多个床垫和枕头的舒适的床，以及一个摆着蜡烛的床头柜。[3]

用来召唤仆人的（见上图）。这样的电铃作为一种常见的装置，已经出现在1736年出版的一本小说中。这本小说的作者是马里沃，他的叔叔就是为工艺而疯狂的建筑师布赖。1746年，女演员夏洛特·黛丝玛的房间中有十个这样的电铃。到18世纪中期，庞巴度侯爵夫人在许多住宅的房间中安装了丝绸拉绳的电铃——每个房间的电铃通常有好几个。这说明了法国的住宅是多么先进：在18世纪70年代，英国的住宅中才出现电铃[12]；而直到19世纪30年代，德国的住宅中仍没有安装电铃。

这是建筑创新促进隐私发展的典型例子。在1736年出版的那本小说中，一个女人通过拉电铃来召唤女仆，显然，那位女仆跟她之间有一段距离；当女仆还在路上的时候，房间中的三个上层人物敞开心扉，向彼此吐露自己的隐私。很明显，这个充满感情的场景不会发生在女仆在场的时候。仆人的生活也因拥有新的自主权而得到改善：从18世纪20年代开始，仆人的居住区开始出现在建筑平面图中，他们在史料上的隐形时代结束了。

小型楼梯、小型套房、小型房间——舒适建筑和传统建筑最主要的一个不同点，可能就在于规模的不同。整个奢华时代都受到了越大越好这种思想的控制，住宅的尺寸被看做是身份和地位的主要证明。因此，人们普遍认为超大型的住宅是最富丽堂皇的。后来，所有的小住宅如暴风骤雨般席卷了世界。那些富翁的品位也在顷刻间完全改变，他们不再需要之前的大型建筑。到了18世纪中期，越大越好已经过时，当时最有阅读价值的报纸——《法国美居》[13]制定了一个评估人们身份的新规则："最高贵的人都住在最小的房间里。"

小型房间确实很小。在正式的套房中，天花板[14]至少有18英尺高，大多数的天花板通常是20英尺，甚至是22英尺高；房间的规模也与它的高度相匹配。在新式的私人房间中，天花板的高度不超过13英尺，通常是9~10尺高。即便是奢华时代的内部密室——沙龙或者最宏伟的会客厅，也缩小了规模。

在17世纪，沙龙从意大利引入法国。最初，它以超大的面积为主要特点，这在现在看来简直不可思议。当时的字典和建筑著作都指出：沙龙的天花板应该比其他房间更高；事实上，在多数情况下，沙龙有整整两层楼那么高。在18世纪，只有王室家庭成员的住宅仍然以华丽、圆顶和两层楼高的沙龙为特色。其他住宅的沙龙规模更加人性化，它被描述成可以让人们聚集在一起的漂亮的小沙龙。正如建筑师布里瑟所说："当你只款待几个客人的时候，一个小型的空间更合适。"⑮（艺术家让·弗朗索瓦·德·特洛伊的作品中描绘了一群朋友聚集到一起分享读一本好书的乐趣，这个场景就发生在这样的沙龙里——见彩页。）到18世纪中叶，会客厅完全被物以稀为贵的观念所征服。在谢弗雷特城堡（卢梭的《忏悔录》就是在这里完成的），路易·德·贝勒格德安装了隔板。只要轻轻按下开关，一个大沙龙就会立即被分隔成两个小沙龙。

一些人抱怨说，与重要人物的住宅相比，建筑师正在建造的内部房间看起来更像是"老鼠窝"⑯——虽然是"极其昂贵、高雅的"老鼠窝，但终究还是老鼠窝。然而，这样的批评者非常少。人们开始接受现在的这种规模。例如，在凡尔赛宫，路易十五将路易十四眼中的"小型"套房中天花板的高度降低了整整三英尺⑰。

由于新规则的出现，最高贵的人只追求更加私密的、个性化的空间。例如，在18世纪60年代早期⑱，为了表现自己的身份，达福特·谢弗尼伯爵夫妇把他们的城市住宅换成了一座雄伟的城堡，伯爵非常钦佩伯爵夫人的这种泰然自若的牺牲精神，他说：虽然这是一座被公认为极其华丽的城堡，可是在它雄伟的外表下并没有舒适的内部结构。相反，他们在巴黎的住宅拥有最新的便利设施，从沐浴套房到冲水马桶——所有这一切都在一个私密的氛围中。 至少有一个新式住宅的房主从字面意义相信了物以稀为贵这个信条，这个人就是夏洛特·黛丝玛。当时，她特地请弗朗索瓦·德比埃·奥布里将她在圣日耳曼区的新住宅打造成一幢三居室建筑。尽管现在看来，这是一件稀松平常的事，但是在那个以奢华为首选标准的年代，它确实是一栋舒适惬意的住宅，或许它也是唯一一个与现在的住宅标准相同，并由建筑师建造、设计的住宅。（1746年，黛丝玛的小房子被维耶罗伊公爵扩建，现在是法国农业部的所在地。）在布隆代尔对伟大的现代建筑的摘要中，它是迄今为止最小的。（他说这个小房子拥有一个能够想象出来的最好的设计。）

新规模的影响远远超出了人们的娱乐方式。在习惯和设计之间的另一种高度互动中,对小型住宅的偏爱推动了这一过程的发展。这就导致了现代家庭生活——也可能是现代家庭的产生。当私人空间没有在住宅中发展以前,孩子们几乎不会被这些建筑吸引。历史学家了解到, 在18世纪,现代父母与子女关系和现代童年的概念第一次被广泛接受,这与室内建筑的发展是同一时期。它们的发展以一种重要的方式相互交叉在一起。

1715年10月[19],帕勒泰恩公主像往常一样抱怨着新的生活方式:"现在的生活方式和以前完全不同。"现在,住在同一个屋檐下的王室成员就像"陌生人":他们不再一同进餐,他们也不会每天都到凡尔赛宫的"大房间"中与大家见面。换句话说,到了1715年,小套房的发展使法国王室对家庭有了新的定义。每一个独立家庭,或者说是核心家庭,现在都希望能够拥有自己的生活,而不仅仅是行使王室家庭外部的职责。

1737年[20],布隆代尔发表了许多平面图,并评论了一系列的单户住宅。(这些平面图被详细说明,并用一种特别平易近人的风格编写,明显地想要引起外行读者的注意。)每一个例子都解释了那时的家庭生活与新式建筑是如何互相适应的。为了炫耀自己的住宅,人们都会使用类似冲水马桶和浴盆这些附加的装饰物。从广义上来说,他描述的第四栋住宅,也是一个家庭住宅。布隆代尔将他的客户描述为"一些很重视家庭生活和子女教育的人,他们希望能够亲自监督所有事情。因此,他们为家里的孩子腾出了一半的空间:规划了一间教室、一间书房、许多间儿童房,并为孩子的老师提供住宿。为了让孩子们在放学后有休息的地方,他们甚至还修建了一个供孩子玩耍的私人花园。这就是豪华的家庭学校"。

这也完全打破了当时的社会现实。在奢华时代,在孩子还很小的时候,那些能够负担孩子教育费用的人,就会将小孩送到寄宿学校。只有在家人准备将他们送往别处时,他们才会回到家中,而这时就是他们步入婚姻殿堂的时候。在1737年的住宅中,布隆代尔首次记录了被明确指定为儿童活动区的房间；它标志着建筑正式将家庭关系列入考虑范围。的确，在大约十年的时间里，建筑平面图中开始出现儿童卧室[21]。1780年，尼古拉·加缪·德·梅济耶尔[22]编写了第一本关于儿童房间的室内装饰指南。儿童房开始被纳入设计范畴。

在18世纪，对于促进法国民主化的文化和知识来说，新式建筑公开地认可了它们的传播方式。在奢华时代，读书也是一件庄严的事，少数人为之沉迷。很大程度上，读书的地点被限制在了大型图书馆这样的正式空间。在18世纪的住宅中，少了一些雄伟壮丽，多了一些存放书籍和开展阅读的现代空间。在现在被称为"阅览室"的房间中，它们只是用书的编号和华丽的装饰去吸引读者，书籍没有被正式地展示出来。相反，它们被储存在固定的橱柜中，这些橱柜隐藏在滑门的后面，它们的隔板非常高雅。用布隆代尔的话说，"这些房间想把每个人都引诱进去读书"[23]。无论是人们滑动橱柜滑门，还是从橱柜中拿书，这个空间都能让人感到非常的舒适。在一些房间，卧床两边的墙壁也可以放置很多书架。显然，人们已经开始在床上读书了。

在18世纪的住宅中出现阅览室和存储综合图书的房间，是新式建筑对（贵族男士和学者）圈子之外的文化传播的回应。这个圈子控制着传统的图书交易场所（见下页）。在这段时间，越来越多的人能够阅读，也开始阅读，并且他们用一种全新的方式进行阅读。例如，由于印刷的发展导致图书的价格下降，人们开始拥有大量的书，他们不再需要重复地阅读相同的几卷书。他们在闲暇时间读书，并且比以前更加随意。他们通过读书来充实自己并拓宽自己的见识，当然，读书也是一种消遣娱乐的方式。为了让人们能够放松，阅览室配备了圆形的座椅和沙发，它的创建是为了鼓励人们进入图书的世界。

文艺复兴时期出现的最早的私人房间是某些欧洲精英的小型书房，它们是主人学习和写作的地方。为了扩大小型书房的规模，18世纪的建筑师建造了"写作房间"[24]。写作房间配备了书桌和所有必要的设施，作为社交区域

■ 在18世纪，越来越多的人开始阅读，人们拥有越来越多的书。因此，现代图书的存储变得非常重要。这些高雅实用的橱柜提供了足够的货架空间，并以精美雕刻的滑门为主要特色，所以，它们与房间的装饰融为一体了。[4]

的一部分，它是半开放空间。写作房间在那个时代是完美的，几乎每个人都深深地迷恋上自我表达的另一种发展形式：书信写作。

其实，在18世纪之前就已经存在少量的信件了。但是，从各个方面看来，它的数量并不多；其中真正意义上的私人信件就更少了。相反地，在18世纪，似乎每个人都留下了一些与司法内容无关的私人信件。最私密的书信类型——情书的黄金时代到来了。在这段时期，欧洲最有影响力的国王也会把时间花在写情书上。1745年7月，当路易十五与庞巴度侯爵夫人之间的故事刚开始时，吕纳公爵报道说："国王每天都为庞巴度侯爵夫人写信[25]，每天至少写一次，经常是一天写几次。他已经为她写了八十多封信。信中加盖一个可爱的印章，它的周围写着：'谨慎和忠诚'。"

新式建筑促进了一个地区个人生活的发展，直到现在，全世界的人仍然认为这些建筑是法国特有的一种魅力。诱惑和舒适相互依存。显然，室内建筑也证明：法国人渴望更加纯粹、更加文雅、更加奢华和更加私密的调情、求爱和性生活。曾经，法国人创造了舒适的卧室、厕所和浴室，他们可以穿着更舒适的衣服坐在精心设计的家具上。在西方的现代史中，他们首次拓展了实至名归的诱惑的艺术。18世纪的油画和文学作品——无论是小说还是非虚构类的散文，都致力于描写大量的性行为、求爱行为、快速的调情和一些步骤十分复杂的事，即怎样去引人注意，怎样去诱惑人，甚至是怎样被人诱惑。

当床不再随意地出现在住宅中的任何地方，而是被固定地安放在新式的私人卧房中时；当装饰客厅的大量新式家具出现时；当法国人确保仆人无法听到自己的隐私时；当他们处理私事不被打扰时，法国充满诱惑的艺术就开始出现了。在那个时代，许多难忘的回忆录都是由男人创作的[26]；事实上，与当时的许多小说一样，这些回忆录常常描述相同的场景。（顺便说一下，它们都是精彩的瞬间——生动的回忆与幽默的渲染。那一代人也用这种方式记录了当时人们的生活方式。）当年轻男子遇见漂亮的、有点成熟的女性时，他们仍然会手足无措。她会追求他么？他是在勾引她么？诱惑的舞蹈能够吸引她么？当然，我们很清楚，这种事并不是时时都会发生，它只出现在人们独处的时候。

18世纪的这种诱惑的场景开始成为多情的冒险故事中的情节。这些诱惑往往发生在卧室中，而建筑、家具和设计的综合效果加深了这种诱惑的出现。因此，当这一切全部结束的时候，年轻的男子会离开这个充满诱惑的地方，而回到现实世界中。他也会忍不住去想：或许这并不仅仅是一个诱人的美梦。这位女士确实有魅力，但是不知何故，似乎每个男人都被新出现的私人区域和舒适的饰物所吸引，而且他对它们的喜爱程度不亚于对他女友的喜爱。

如今，18世纪上半叶的建筑风格和室内设计被称做洛可可。洛可可这个术语在那时并没有出现，它过度的装饰且轻浮的内涵使人们忽略了建筑革命所带来的这些改变，而室内空间和舒适生活的现代概念正是由这些改变带来的。当新式的室内建筑仍处于改变人们的住宅和生活方式进程时，它并没有一个确切的名称。在由布赖斯编写的1706年版的城市指南中，他用一个词组 "gout moderne"，即现代品味或者现代风格，来描绘那时开始在巴黎异军突起的更加舒适的建筑。18世纪20年代，库尔托纳也谈论到"gout moderne"；布里瑟将他的文集简单地命名为《现代建筑》。1737年，布隆代尔交替使用"现代品位""这个世纪的品位"和"这个时代的品位"这些称呼。在1752年出版的《法国建筑》一书中，他终于将这三种称呼合成了一个术语，并将新式建筑作为法国建筑的同义词。

在布隆代尔1737年[27]出版的一本产生了重大影响的书中，他将新式建筑介绍给了普通的读者。我们根据这本书的官方标题，把它叫做《乡间别墅的修筑与装饰》。然而，在这本书的初版中，扉页的前面加入了很特别的一页，它用黑体字印着一行文字：关于现代风格[28]的建筑的论文。这本书展示了从阅览室到儿童房，从水冲厕所到沐浴套房的创新发明。以前的标题页证明了布隆代尔不仅仅把它当做一本建筑指南，还认为它是现代建筑的宣言。因此，现代的法国建筑被看成是私生活的建筑，它促进了新的物质享受的出现，并满足了人们的要求。

《百科全书》是启蒙运动时期最伟大的作品，它由狄德罗和达朗贝尔编辑。布隆代尔被邀请帮忙编写有关建筑和家居的部分。《百科全书》的读者从叶卡捷琳娜二世到腓特烈大帝，遍及整个欧洲。当狄德罗和达朗贝尔为布隆代尔的样板房绘制平面图的时候，他们向世界宣称：建筑规定了法国的现代生活方式，它为西方人想要的生活设立了标准。房屋的主人可以随意地选择正式或休闲的生活。他们可以用多种方式款待客人。如他们可以使一些客人有受重视的感觉，也可以使一些客人感觉像在家一样无拘无束。他们可以尽情地享受家庭生活和精神生活。他们能够在想要独处或需要独处时不被外界所打扰。在新近设计的私人领域中，他们可以进行一些特殊的活动，例如沐浴。作为公众必须去做的事，这些活动的地位一直在提高。而这些私人领域也不再只是在私下使用，它们还可以作为一种奢华的布景，而这些布景在现在看来仍然很吸引人。（当然，那时并没有淋浴设备。）每一个活动都有属于它自己的地点——一个特别为它准备的房间。这些房间可以是欢乐的、专业的、整洁的、安静的、浪漫的、奢华的，也可以是休闲的。因为现代住宅的设计不再是为了展示家庭的富有，它以"有价值的生活"为目标，力图使主人生活的每一方面都能够舒适、自在。

到《百科全书》（1751—1772年）出版时，舒适时代的成果——从新式建筑到新的便利设施——已经被展现出来，或者正在被展现。它们已经在大量出版物的72000篇文章中被详细地列举了出来。在法国大革命之前的几十年里，那些因智力和哲学的发展而促进启蒙运动进程的人，他们的价值观改变了这个社会。现代法国建筑为提倡现代生活方式的人提供了完美的住宅装饰。它不仅出现在雄伟壮丽的住宅中，还出现在了普通的大众住宅中，这增强了人们改善生活环境的决心。

因此，在启蒙运动之后，新式的法国舒适建筑席卷了整个欧洲。它用一种以舒适、便利和私密的价值标准为基础的新样式，取代了意大利的帕拉弟奥建筑风格。当时，巴黎存在着大量的记录当地最醒目的新式建筑的出版物，它们协助法国建筑师建立全国性学派，并为法国建筑师赢得国际奖金提供了帮助。不久之后，杰出的法国建筑师——从波夫朗到勒·布隆，从让·弗朗索瓦·布隆代尔到罗伯特·德·科特——的工作范围就延伸到了国外。他们不仅为日内瓦的富人修建私人住宅，也为丹麦和俄罗斯的最高统治者修建宫殿。另一位名叫帕特[29]的建筑师赞扬道："现在，法国正在为其他国家提供艺术家。"很快地，欧洲的大部分国家都受到法国建筑和法国"现代品位"的影响。（英国是唯一一个值得注意的例外，因为它深受古典主义的影响，所以，对舒适的追求几乎没有影响英国。只有当18世纪60年代末期，新古典主义接受了现代风格的时候，英国建筑才真正地开始受到现代建筑影响。[30]）

与此同时，法国人对舒适的追求也越演越烈。例如，回到"现代品位"开始的地方——旺多姆广场，那些将舒适介绍给世界，并为自己创造私人空间的人，也许很快就会意识到，他们新颖炫目的住宅已经吸引了所有人的目光。因此，当18世纪20年代中期，"富有的克罗扎特"[31]从法律事务中获利不少时，他兴奋得几乎将他在1704年还骄傲不已的大厦重新设计。（例如，他为了最近才回家的女儿添置了一间套房，这个女儿刚刚与埃夫勒伯爵离婚。）新的住宅以更小的房间、更低的室内高度、更小的后楼梯，以及两个新式厕所为特色。

在克罗扎特去世以后，他的继承人延续了他对现代建筑的热情。在18世纪40年代中期，他们翻新了这座大厦，并添加了多种隔间：迷人的小型娱乐空间，包含着一个微型"咖啡间"的正式餐厅，更大更好的卫生间装置，和许多额外的私密空间。他们也重新修建了隔壁的19号——这里曾是埃夫勒伯爵的家，他们在这栋住宅中安放了最豪华的水冲厕所和浴室。这一切都取决于当时最新式的建筑设计标准，在布隆代尔1737年出版的关于现代建筑的书中，曾明确地记载了这些设计。

在再次改造来临之时，建筑师布里瑟在他1728年出版的书中描述了人们对舒适的渴望："一切用金钱可以买到的舒适正在被其他圈子的人接受——它原来的圈子只包括富有的金融家和主要的贵族。我们能够了解这些，主要是因为舒适建筑的一个不朽的遗产——房地产广告。"

巴黎房地产的现代营销始于18世纪40年代，它证明了人们对住宅建筑的兴趣已经在法国社会传播开来。因为精英可以继承家族的房产，所以那些通过报纸寻找住宅的人并非受益者。然而，最初在法国新闻上出现的广告非常简洁（它们一般都只说"大型房屋""漂亮的住宅"）。为了使广告奏效，其所提到的术语必须是报纸的一般读者能够看懂的。18世纪40年代产生的第一个建筑广告证明，普通的老百姓还没有直接地体验过舒适的建筑。

然而，到了18世纪50年代，当小说家弗朗索瓦·德·格拉菲尼在描述她参观一个出租的公寓的经历时，我们能够明显地发现，那些容易被广告所吸引的读者已经对室内装饰的最新趋势了如指掌。这些广告清单上一般会列举出：硬木地板、大理石壁炉以及足够多的小房间——在格拉菲尼的住宅中，这些都是她引以为傲的特点。18世纪60年代和70年代，读者对室内空间的装饰方式已经非常熟悉，他们知道，广告中的独特房间应包括：餐厅、精心装饰的小房间和女士化妆间。然而，一直以来，舒适只在模糊的术语中被提及——"每一种舒适""所有能够想象到的舒适"，这很难使高端的住宅客户理解它们所要表达的含义。

1789年，这种情况出现了180度的大转弯。在法国大革命的余波中，首次在建筑指南中出现的属性一词开始进入市场。从那时起，高端住宅与新式风格和新近描绘的室内设计一起，同时出现在定期出版的高档装修类的报纸上。1790年夏季，在世袭的贵族爵位被废除后不久，和水冲厕所一样，房地产广告开始在舒适时代最昂贵的创新发明中起作用。1790年7月，圣日耳曼区附近的一栋公寓在登记时就包含着一切配置：正式的餐厅、小规模客厅（公司沙龙）、化妆间、水冲厕所、标记着暗道的平面图——这个暗道可以使房屋的主人自由地出入所有的房间、用国外的木材制成的硬木地板、人造的大理石绘画，以及许多小房间——人们可以随时入住。

当贵族开始逃离法国时，社会上出现了大量展示旅行指南的广告。1792年夏季，当断头台开始在巴黎街头创造出一种新景象时，周日版的报纸不但记录了杜伊勒里宫的一场人群骚乱的风暴（在新成立的国民议会的保护下，王室在杜伊勒里宫中避难），也为一个大型的漂亮住宅打了一个广告，这个大型的漂亮住宅中至少包含了十一个配备齐全的套房和一个私人剧院。

当然，在舒适的历史中，也有少数含有讽刺意味的时刻。有多少顾客想要一直在某个城市寻找一栋豪华且昂贵的住宅？在那里，人们对骚乱和断头台着迷，他们没有被旺多姆广场和埃夫勒酒店（庞巴度酒店）这样的建筑作品所吸引。

第三章 浴 室

18世纪以前，即使在最豪华的欧洲住宅中，也没有人提及浴室一词。但那时的确存在少数浴室。在很大程度上，它们只是一种装饰，而没有实际的用途。对当时的人而言，沐浴是一件特别的事。而后，大约在1715年，一种新型浴室在巴黎的住宅中出现。事实上，这种浴室是可以长期使用的。仅仅在半个世纪以后，对住宅中洗浴设施的渴望就开始传遍整个法国。由浴室、浴缸和沐浴组成的现代生活开始了。

与个人生活的其他方面一样，沐浴的发展也经历了曲折的过程。在克里特时代，一个用赤陶土修建的复杂的管道系统将水输送到克诺索斯宫的房间。许多古老的文明发展了一种共同的文化，即将沐浴作为一种公共体验。罗马的沐浴就是一个有力的证明，它们并不像现在的沐浴一样，以清洁身体为目的，而是一种复杂的复兴仪式。

从中世纪到18世纪初，沐浴不再是日常生活的核心[①]，沐浴设施也非常少，这恰恰说明了为什么我们对它们的存在了解甚少。显然，一些人在私人住宅中沐浴；一些少量的描述表明人们仍然是坐着沐浴，他们与其他人共用一个浴盆。大部分的沐浴都在公共浴室里进行，在那里，不同性别和不同社会背景的人混杂在一起；有些人共用一个圆形浴盆，他们坐在浴盆里，享受蒸汽带来的乐趣。在中世纪晚期，大部分的人都怕水。因为他们相信水能够打开毛孔，这会提高疾病的传染率。也许就是这个原因，欧洲才经常遭受瘟疫的侵袭。从那以后直至17世纪，人们可能会经常更换麻布衣服，也可能会在河中游泳；在路易十四统治时期，人们还可能会用湿巾清洁脸和手，但是他们几乎不洗澡。

一些文艺复兴时期的宫殿拥有一些被描述成浴室的奢华房间②；在舒适时代到来之前，这些浴室以展示为目的。它们没有被记录下来，所以我们只能去猜想它们的样子和主要功能。例如，据说伊丽莎白一世每月只让她的仆人为她的浴盆换一次水。这个浴盆本身看起来像是一个蒸汽浴盆：外表看起来不太牢固，人们坐在圆形浴盆中央的小凳子上，盖上遮罩以防止蒸汽外流；蒸汽从浴盆的顶部自上而下地浸袭他们全身。

评论家会不时地提起那些喜欢沐浴的伟人。路易十四的父母就都属于这个特殊的群体。他父亲小时候的医生就记录了最早的橡皮鸭子的小故事。故事主要讲的是一个喜欢在浴盆中玩耍的小男孩。他的日记从1611年7月12日开始，记录了未来的国王路易十三（这就是在后来渴望把法国疆域扩大到印度群岛的人）在浴室中玩了一个小时的事③："他命令他的小船，他将红玫瑰撒入水中……然后再将玫瑰装到船上，并宣称它们是刚刚从印度群岛和果阿返回的船只。"

路易十四没有遗传父亲对水的热爱，他只遗传了父亲对喜欢沐浴的女人的热爱。这也再次证明了，蒙特斯庞侯爵夫人是最能改变路易十四生活的女人，她也可能是第一个为沐浴准备单独房间的人，是她使沐浴设施成为克拉涅城堡的一部分④；在凡尔赛宫，路易十四为她准备了一个豪华的沐浴套房，里面有一个由大理石雕刻而成的超大的浴缸和大理石装饰的墙壁。当蒙特斯庞侯爵夫人切实考虑私人空间的舒适设施时，她的王室情人路易十四已经沉醉在了这种奢华的享受中。1680年4月，即他们的关系即将结束时，为了迎接儿子的新女友进入王室，路易十四在沐浴套房添加了一个迷人的八角房，并精心安排了几十人的聚餐⑤。蒙特斯庞侯爵夫人即将离开王宫，她没有理由会浪费这些奢华的室内装饰。

当巴黎的新街区快速地修建现代建筑时，浴室有了装饰以外的其他用途。随后，修建中的沐浴设施经常因达不到人们的要求而被迫中断，而纯粹的奢华已不再是这些设施存在的目的。18世纪早期，巴黎的居民开始把沐浴看做是个人清洁的必需品，是一种在家里定期进行的既能让人愉快又能让人享受的活动。为了沐浴，人们不仅需要将水引入住宅并将其加热，还得引进其他具有类似功能的新技术。当然，这些技术非常精密，也非常昂贵。18世纪早期，这种技术首次在西方得到了快速发展和大规模运用。相反，在1730年左右的英国[6]，虽然大家都承认了这一理论的可行性，但是，直到18世纪晚期，沐浴设施才开始被修建在住宅中。因此，在1787年，一位去法国参观的英国人评论说法国人都有自己的净化器[7]。当法国人在奢华的浴缸中愉快地沐浴的那几十年间，在英吉利海峡的另一边，人们仍然沐浴在冰冷的斯巴达式的浴缸中，他们认为这样有利于健康。

现代建筑的支持者鼓励人们去体验沐浴的乐趣。在新式的私人套房中，合理的布局是非常必要的。浴室作为卧室的一个必要补充，首先出现在了住宅建筑中（见35页）。与舒适时代的其他现象不同，它并没有在一夜之间被采用。勒·布朗是《达维勒》1710年版的编辑，他讨论了他在圣日耳曼区刚设计出的一处配备了所有的最新设施的"超级住宅"。在勒·布朗所描述的细节中，沐浴设施没有像卫生间一样被详细描述，而只是在平面图中被简单地标注了一下，也并没有介绍它的用途。只有在《达维勒》1738年版建筑指南——18世纪标准的建筑指南中[8]，才开始把与浴室有关的基础设施介绍给建筑师（这本极具影响力的建筑指南在作者死后的再次印刷都是由不同的编辑完成的。这个版本的责任编辑是玛里埃特）。

因此，现代浴室[9]不仅是舒适品位的又一个成果，也是现代建筑学派的又一个发明。然而，如果不是早期的股市繁荣创造了新的百万富翁，浴室也许永远都不会成为现代建筑的标准选择，而沐浴也一定不会成为一种奢侈的享受。实际上，在18世纪的建筑学论文中，对浴室的所有解释和讨论，只有两个早于立法年，而且这两个关于浴室的讨论都与某段风流韵事相关。

现代浴室首先出现在德米埃尔酒店的女性区（1715年）：德米埃尔公爵的家族财富和贵族头衔为建造这座奢华的住宅提供了可能，它由德米埃尔公爵夫人负责管理。当路易十四允许德米埃尔公爵将他的头衔传给他"非常讨路易十四喜欢的女儿"时，沐浴就发生了变化。这位"漂亮的女儿"用他父亲的金钱在现代建筑中开创了一个先河：首次由女性顾客来支付浴室的费用。尽管公爵夫人的新浴室很小，但是，它却成为了第一个现代卧室套房的一部分，这个卧室套房包括卧室、浴室、卫生间，以及有记载以来的最早的化妆间。

同一年，在政府部长弗里利埃侯爵的新住宅中，浴室与卧室相隔很远。他的这个住宅很快就被年轻的王室成员——康蒂公主买了下来，这位公主刚刚在股票市场赚了一大笔钱。用圣·西门公爵的话说："就清洁而言，这位新主人也许是最仔细的人⑩。"在住宅的其他地方，公主作了轻微的调整，但是，她对浴室的改动却非常的大。为了创造三个宽敞的房间（除了浴室之外，还加一个卫生间和一个更衣室），公主在原始的结构上添加了大量的设备⑪。当然，这个套房里面也有卧室跟卫生间。随着淋浴市场的繁荣，这位法国最整洁的女士开创了18世纪法国的沐浴传统和现代浴室：沐浴是在一个被限制进入的空间内进行的；是在一个只为沐浴而准备的空间内进行的；是在一个将精美的装饰和沐浴设备完美地结合在一起的浴室中进行的。沐浴是新式的私人享受。

在波旁宫，公主同父异母的姐姐是一个从不服输的人，她刚刚退出股票市场。为了胜过妹妹，她让自己的沐浴套房的通道通向卧室。一方面，这恰好摆脱了大走廊宏伟的建筑模式；另一方面，通过这个普通的通道，浴室和她的卧室套房仅一步之遥。这些房间的内部大小（其中的三四个适合被用作一个公共房间）和装饰（灰色花朵和格子花纹的棉布，以及被粉刷成白色的木制品）证明了：对于公主来说，沐浴不只是为了展示，也是每天的一个娱乐活动。

百丽岛公爵是路易十四和路易十五时期的伟大军人和外交顾问。他的住宅正门口对着塞纳河和奥赛美术馆附近的奥赛码头。1721年，在他雄伟的住宅中，展示出了一些引人注目的设施，圣·西门公爵认为，这些设施表现了百丽岛公爵无拘无束的雄心壮志[12]。在被展示的设施中，最引人注目的是一个巨大的沐浴套房[13]。套房中五个巨大的凸窗带来了一种真正意义上的独特体验：慵懒地躺在浴缸中，观赏着沿河漂动的船只。然而，在观赏完美景之后，你必须顺着小楼梯爬上一层楼才能到达卧室。

1737年，当布隆代尔出版《现代建筑的宣言》时，巴黎已经有了大型浴室，但它们却远远没有其他新式的室内房间普遍，例如私人卧室和卫生间。布隆代尔是第一位把浴室写入建筑论文的建筑师[14]，他为体验现代沐浴树立了好榜样。

布隆代尔将沐浴定义为一项在金属材质的浴缸中进行的活动。它并不需要仆人往盆里添水，而是用一边控制热水、另一边控制冷水的水龙头添水。并且，在浴缸的底部有一个可以将水全部放出的塞子，这在一个房间中是不可能做到的。你必须有一个完整的沐浴套房：一个房间用来把水加热，一个房间用来将亚麻织物烘干（在棉纺织物尚未出现的那些日子里，亚麻布被当做毛巾来使用），还有一个房间用来放置多个浴缸。布隆代尔发表明确声明："如今，只有极少数的浴室只有一个浴缸。"对此，他给出了两种解释。一个沐浴者也许会想要交替地在不同的水温中沐浴，或者两个人可能愿意在一个房间沐浴。当然，还有其他的解释：一个房间用来在热水浴后小睡一会儿；一个房间被用作仆人的等候区，以便主人需要时，他们能够及时出现；当然，还有一个房间被用来安放冲水马桶和一个供人们洗手用的贝壳形的水槽。

从那以后，法国的所有建筑师都将"沐浴套房"这个术语挂在嘴边。在1743年，布里瑟提议[15]：在经济允许的情况下，我们可以在厨房旁边附加一个单独的房间，这两个房间可以共用一个水源。当然，它的前提是顾客有能力购买一间套房。到18世纪中期，《百科全书》中规定[16]："私人住宅中的浴室应该由多个房间组成。"这也标志着，它正式向全世界的读者宣布：在法国为现代生活所设计的蓝图中，出现了新的组成部分。在1744年，这幅版画（见下图）也向全世界的读者展示了这些浴室设施是多么的奢华。（大床单用来擦干身体。）1765年2月，在香榭丽舍的一则代售住宅的广告中，这个住宅被描述成拥有一切现代的便利设施的住宅。其中，明确地指出了被称为"沙利德班"的便利设施。从此以后，这个术语在法语中就表示浴室。十年之后，一个关于巴黎用水量的研究正式表明："一个想要租公寓的人，他会把浴室看做是最基本需求。"因此，在对舒适时代至关重要的这半个世纪，浴室从可有可无变成不可或缺。

■ 这个版画展示了一个奢华的早期浴室和一种现代的沐浴体验。这位女士在尽情地享受着浸泡在一个大浴缸中的乐趣。她在进入浴缸前先脱掉了衣服。[5]

第三章 浴室

Baignoire vue en face

■ 这个由设计师专门设计的浴盆证明：当沐浴成为一种更大众化的体验时，浴缸作为浴室中的一件舒适的家具，也有权利成为被精心装饰的物体。[6]

是科技的进步让这一切成为了可能。所有的一切都始于浴盆本身。早期的浴盆都是圆形的，通常以木头为原料。为了便于加热冷水，它们经常被放置在厨房里。在18世纪早期的沐浴套房中，浴盆被重新改造成一个现代家具。新式浴缸[17]由镀锡铜制成，尽管它们有六英尺长、三四英尺宽、但标准的模型却是4.5英尺长、2.5英尺宽、26英寸深。因此，传统的圆形浴盆被首款专门设计的浴缸所取代，这样人们就能够在水中伸展身体并充分享受沐浴的乐趣。

在早期，浴盆的表面图案与房间的装饰图案是相匹配的，就如公爵夫人的豪宅。在舒适时代的末期，它们的装饰性大大地增强了。甚至出现了与沙发相类似的模型，并效仿了沙发完美的弧形设计（见上图）。

如果在现代住宅建筑中，没有首个供水管道系统的出现，即便是最豪华的浴缸，也是无法使用的。这个供水管道系统曾被详细地记载并出版（见右图）。这幅1732年的版画的下半部分是最早的新式装置关系图：在右下角的两个浴缸（1）——就规模而言，长六英尺，所以可以算做是标准尺寸——通过第一个导管（6）连接冷水槽（5），并通过第二个导管（7）连接热水槽（3）以及火炉旁边的灶台（2），并负责将水槽中的水加热（4）。每一个浴缸中添加热水和冷水的水龙头也都被标示出来。在关系图的上半部分，描绘了与浴缸的设计相匹配的高雅的壁板和管道后面厚厚的墙壁。

当然，这些只不过是很小的问题，更大的问题是水的供给。这些水穿过水管和水龙头，流向那些漂亮的浴缸。起初，装满两个大型的浴缸需要很多水，而且花费很大，只有特别富有的人才能够体验到沐浴的乐趣。1710年版的《达维勒》指南[18]说：在18世纪早期的巴黎，经常用非常大的水槽或贮水器来收集雨水。（例如，在皮埃尔·克罗扎特住宅的庭院内就有一个这样的水槽[19]。）在18世纪中期，《百科全书》中指出：当沙子被当做过滤器使用时，这些水槽为人们提供了最好的水。据估计，一个一般的家庭每年能够收集2200立方英尺的雨水，这些雨水可供一个有25人的家庭每人每天使用8品脱（一品脱比现在的一升稍微少一点），足够一人使用。（如果将家庭中的仆人也计算在内，每个人的可用水量将会减少。）水泵被安装在储水槽旁边[20]，为了扩大用水范围，它们提高了水的高度——《达维勒》在1755年出版的字典中用一个图表具体说明了水管的必要高度取决于水槽的高度。

1779年，人们的日常用水量猛然增长，从8品脱上升至20品脱（从长远的角度来看，根据美国政府提供的数字，1979年，华盛顿特区人均用水量的最高点是677.5升，纽约人均用水量的最高点是757升）。在整个18世纪，巴黎极力满足大约七十万居民的用水需求[21]，主要依靠的是公共喷泉这样传统的应对措施（水的供应量虽然大幅度增加，可是水仍然不够用）。1698年访问法国的英国物理学家马丁·李斯特对巴黎的需水量感到非常的吃惊[22]。人们逐渐开始依靠多种水源。例如，1790年的一则销售广告[23]描绘了一个用于收集雨水的水

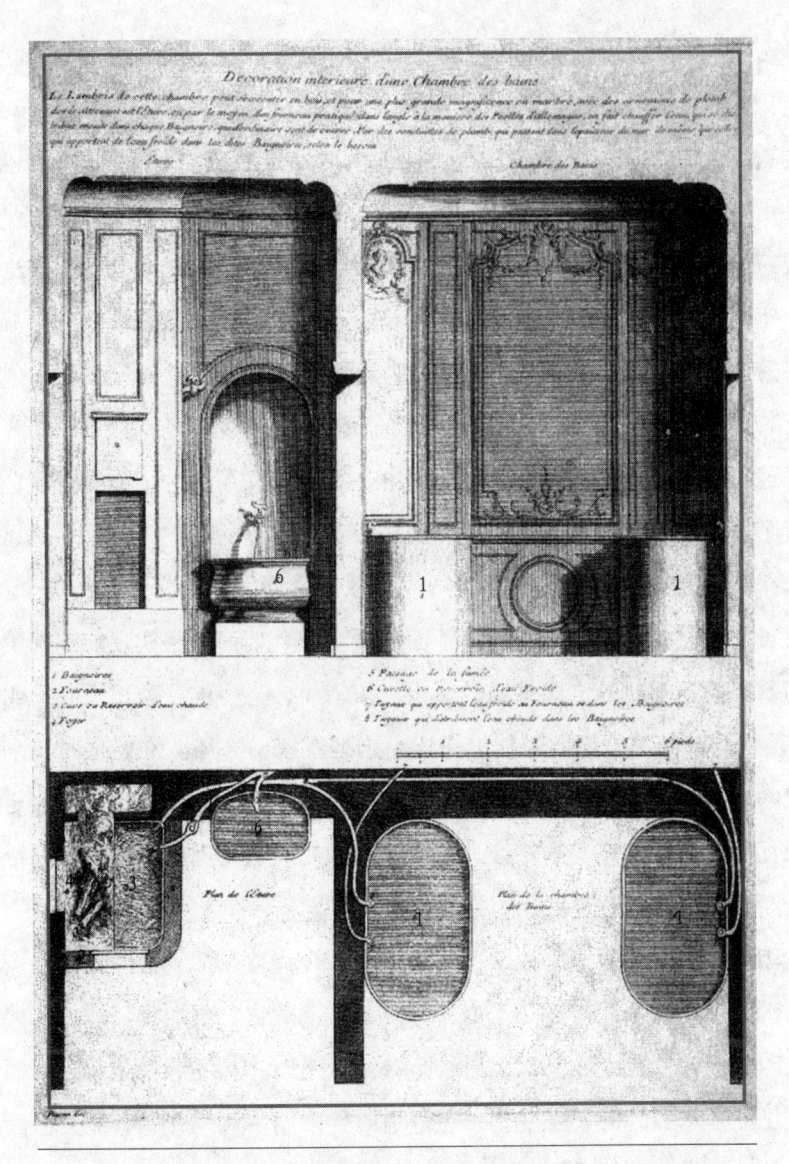

■ 这个版画展示了这个精心设计的浴室的室内装饰——壁板、照明，甚至绘画，在早期的现代浴室中，它们是用来表现浴室的奢华舒适的。这个关系图也第一次对现代浴室中需要安装的水管设施进行了描述。[7]

槽，这个水槽同样可以接收来自市政抽水泵的水。但是，水仍然不够用。

因为政府当局没有解决这个问题，市民就开始自己想办法。在1723年，巴勒鲁瓦侯爵夫人听说要在12个不同的街区修建一个大型水泵房[24]，以使巴黎的所有住宅都可以从塞纳河获取水源。在1778年，这个梦想实现了[25]。佩里埃三兄弟是无可争议的管道技术大师，他们创建了自来水公司，这个公司在十年后被国家接管，并重新命名为皇家自来水公司。佩里埃三兄弟修建了夏悠管道系统和开鲁管道系统，分别为巴黎的右岸和左岸供应水源。

1781年10月13日，佩里埃三兄弟的新公司开始运营[26]，寻找原始客户成为了他们的首要任务。他们的办公室设在德安廷大街，为了吸引顾客，他们举行了促销活动：只要同他们签约到1782年2月1日的客户，佩里埃三兄弟将会承担拆除人行道的费用，将客户住宅和市政管道连接在一起。这个72000英尺长的市政管道从巴黎的街道下面传送水源。他们承诺实现能够满足人们一切需要的不间断的水源供给的愿望。1765年，当时的一位用水专家明确指出[27]，三兄弟的第一愿望是能够无忧无虑地在家中沐浴。在舒适时代末期，浴室的出现引发了一场水资源供给和需求的革命。它也是舒适时代和启蒙时代相互配合的一个完美的例证。这项技术的发展也受到了一些贵族的推动，并逐渐被应用在一个更广泛的公共服务领域。

因此，从另一方面来说，巴黎也是一个现代城市。人们开始将舒适和幸福与水的供应联系起来。对于穷人来说，这就意味着更加频繁地去公共喷泉打水，或者对水的运送者（挨家挨户推销水的人）产生更大的依赖。然而，许多人见证了水源的突发性变化。在舒适时代末期，人们开始有能力去考虑用水问题，认为这一切是理所当然的。佩里埃三兄弟在广告上刊登的年度费用是：每天一桶水，全年50里弗；25个人每人20品脱水，全年50里弗。这个费用在公众的承受范围内，因此，人们评价说：沐浴也因此变得不再昂贵[28]。

我们不知道有多少现代浴室和浴缸是供水便利的结果[29]。尽管在1782年，一位专家曾经声明公众对频繁沐浴的新偏爱意味着现代的每一个新式住宅都拥有一个浴室[30]。但是，作为伟大的沐浴爱好者，庞巴度侯爵夫人的新式浴室是最高档的。

在侯爵夫人到来之前，凡尔赛宫就已经体验了这种现代舒适的形式：路易十五和他最有影响力的情人的一个共同爱好就是热爱清洁。在1728年，国王已经把最新的体验——全套的水槽和加热装置带入凡尔赛宫[31]；在1731年，供水管道更新。从1747年开始，侯爵夫人利用一年的时间在凡尔赛宫建造了她的第一个浴室[32]。这个浴室由绿色和白色的大理石瓷砖打造而成，它拥有一个单独的浴盆以及位于楼上的水槽和加热装置。为了能够与浴缸相匹配，1748年9月11日，一位名叫马丁的金属制造大师为它打造了一个貌似天鹅颈部曲线的水龙头。从那以后，无论庞巴度侯爵夫人去哪里，她都会拆除旧的浴室。因此，当接管了埃夫勒酒店之后，她将沐浴套房搬到了一个靠近美丽的花园且远离她卧室的地方[33]。

在庞巴度侯爵夫人精心打造的住宅中，她可以在浴室中尽情地表现自己的风格。在梅纳尔酒店[34]，为了与镀铜的浴盆相匹配，她安装了光彩夺目的镀金水龙头。（这个房间也包括了一个小型写字台，因为侯爵夫人想时常动手写字。）在贝尔维尤酒店，她打造了一个最好的沐浴套房[35]。它的室内装饰品用的是带有立体效果的特殊布料：从侯爵夫人最喜欢的棉布上截取一块带有花纹图案的棉布，它是一块最高档的棉布，在法语里被叫做"perse"，即波斯布料（事实上这种布料是印度制造的）。这块布料用织带和绳绒线镶边，因此，它看起来比以前的长度更长。门两边的壁炉上挂着一对弗朗索瓦·布歇的油画[36]：《梳妆中的维纳斯》和《沐浴中的维纳斯》（如今，《梳妆中的维纳斯》藏于纽约的大都会博物馆。然而，它的"姐妹"《沐浴中的维纳斯》却挂在华盛顿的国家美术馆中）。

当庞巴度侯爵夫人脑海中对绘画有了明确的构思时，她经常会委托他人为她画像。布歇为她构思了一个捕捉新式沐浴体验灵魂的场景：一个最容易与水上活动联系在一起的女神，她在各个方面都是一个完美的18世纪女性，她有柔和的面部轮廓和蜜桃般的肌肤，有玫瑰般娇艳的面颊与双唇，她迷人的金色长卷发不规则地垂下。事实上，这位女神与在浴室的浴缸中沐浴的这个女主人非常相似。在《梳妆的维纳斯》这幅画中，这位女神甚至斜倚在一个弧形沙发或坐卧两用椅上，毋庸置疑，这是一件18世纪的法国家具。

时代在进步，那些无法拿出多余的钱来画画和设计奢华的水龙头的人，以及没有安装自来水管的人们也都沉浸在新式沐浴的快乐中。在18世纪60年代，杰出的家具设计师胡伯发明了浴椅（见右图）。和嵌入式浴缸相同，浴椅也是一个弧形结构，人们可以斜靠在里面。（平面图中也举例说明了便携式的半浴盆。）

在那时，有些人已经安装了自来水管，但他们既负担不起连续供应自来水的费用，也无法承受自来水加热设备的费用。因此，另一种新式浴缸产生。它比大型的浴缸小一些，里面安装了自来水加热装置——当时发表的一篇文章解释说：这种设计节省了将近40%的自来水。1768年，为了将水温加热到人们想要的温度，锅炉制造大师勒维[37]发明了一个模型，他在浴缸下方安装了一个酒精燃烧炉。两个月后，勒维在他的发明中用煤炭取代了酒精，这不仅提高了浴缸的性能，还大大降低了加热的成本。

这种新式浴缸[38]很快就开始向平民推广。但是，出现于1767年版画（见64页）中的这个装置还不能与庞巴度侯爵夫人的浴缸相比，它只是实用，并没有什么装饰。这个在外形上十分现代的浴缸是一个新式的小型浴缸，长3.5英尺、宽2英尺、深21英寸，但它不漂亮，这个住宅也没有配备自来水加热装置。相反，位于图左侧的这个设计非常奇怪的铜制装置（I），被称为"汽缸"，它里面装满了烧红的煤炭。为了加热自来水，它被安装在浴缸的中心位置——这些管道（K）使蒸汽散发出去。

这个平面图证明：在舒适时代末期，沐浴是一件很平常的事。显然，它能够让人非常愉快——一本当时的字典解释说：人们沐浴首先是为了快乐，其次才是清洁。这本字典还举例说明，沐浴就是长时间躺在浴缸中。正如1767

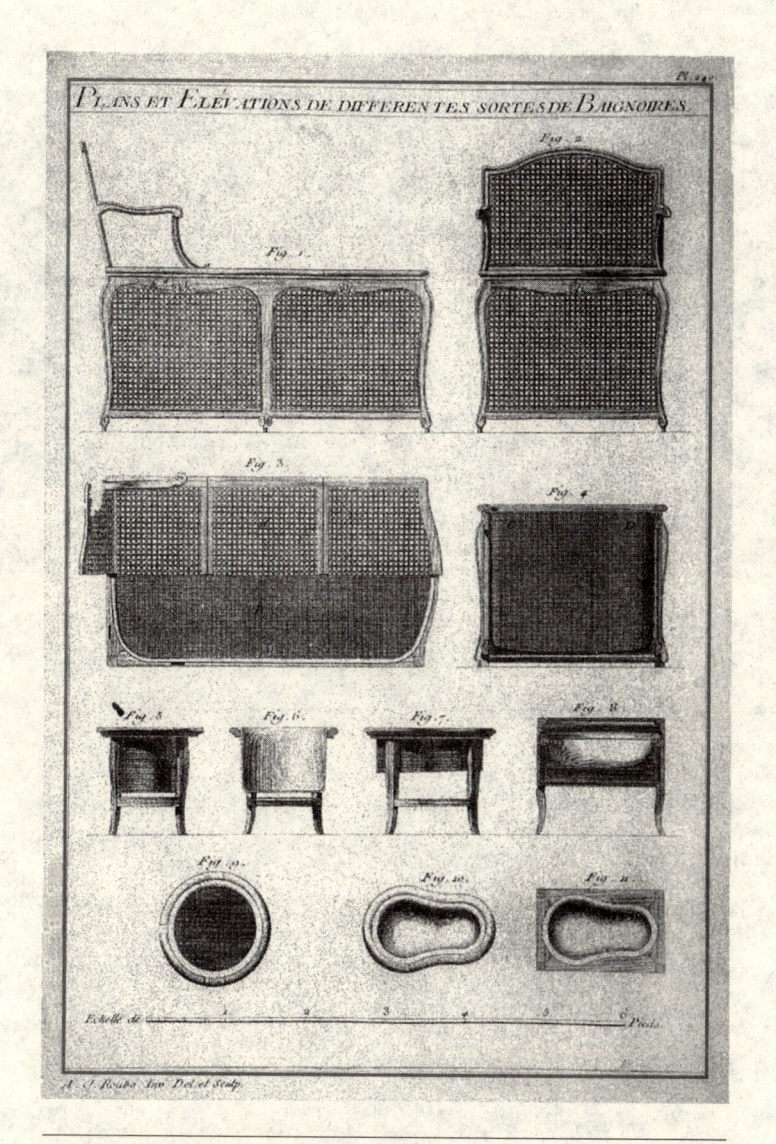

■ 那个时代最伟大的家具设计师安德烈·雅各布·胡伯，为那些想要分享新的沐浴体验，但无法承受室内管道费用的人创造了一种浴缸。为了避免老式的浴盆中沐浴者只能笔直地坐着这种情况，他改装了一个扶手椅的基本设计，以便使人能够舒适地斜倚在浴缸中。[8]

■ 这幅画也许是最早描绘现代入浴者的作品。这个人完全地躺在一个浴缸中，这个浴缸的形状和我们现在使用的浴缸的形状相似。显然，他还想在浴缸中多待一段时间。并且，他正在尽情地享受一段放松的经历。[9]

年的快乐的入浴者所做的那样，沐浴成为一种值得去细细品味的快乐。那时的人们也和现在的我们一样：入浴者不再坐着享受蒸汽，而是躺下来，浸泡在与下巴齐高的水中。正如当时的另一本字典解释的那样，裸体成为最标准的浴室着装。入浴者甚至做了一些改进，例如浴帽、木拖鞋，以及与手臂等长的纯棉沐浴手套。正是这半个世纪的实验过程才创造了现代浴缸。

在法国大革命期间，许多最好的住宅成为公共建筑，里面奢华的沐浴套房显得很荒谬。拿破仑时代瞥见了大型浴室的转变，但是，复兴是短暂的。从19世纪30年代以来，沐浴不再是舒适生活的一种乐趣[39]。浴室再一次变得稀少；当它们再次出现时，它们的外观很普通，仅仅具有实用性。因此，舒适时代的浴室走到了尽头。

第四章　水冲厕所

在舒适年代，经历最坎坷的应该就是我们所说的厕所了。最大的困难就在于：人们总是拒绝表达他们的想法（如今，当我们想找厕所的时候，我们也通常去寻问洗手间的方位）。因此，在17世纪晚期，出现了一系列让人眼花缭乱的名称。在英国，这些称呼包括家庭办公室、马桶和私人房间；可是在法国，人们也许会问一些很少的名称，如chaise d'affaires（办公桌）、commodités（舒适或便利）、le lieu（地点），也可以被称为les lieux或者les lieux communs（一些地点或者常见的地点）。

之前，没有任何便利设施有如此多的称呼。当其他人在特定时间说这些词时，人们通常就很难理解他们的意思。然而，在18世纪以前，不同称呼之间的区别并不十分重要。至少，有一点可以肯定：在私人房间中几乎没有隐私，而且那时的"舒适"在现代看来是明显的不舒适。

在17世纪的最后几十年，越来越多的人开始表达增加私隐、加强清洁和提高舒适感的愿望。18世纪初，一种革命性的产品——水冲厕所被发明出来。和现代建筑领域中的浴室不同，它的出现迅速地得到了人们的支持，他们认为花钱安装水冲厕所是值得的。股市繁荣之前，伟大的巴黎住宅中就已开始安装新式的便利设施。在不到二十年的时间里，个人卫生发生了变化。以前，坚硬而发臭的座椅被放置在人们看得见的地方；后来，一个可利用的固定装置出现了，它与现代市场中出售的物品一样精致，人们把它安置在装饰得非常华丽的私人房间中。

在所有同时代的创新中，厕所可能是被记载得最为详尽的：它拥有最好的细节说明和最多的来源介绍，人们还从多方面细致地绘制了它的平面图，并对其作了详细地解释说明。显然，建筑师和当时的关注者已经迫不及待地要将这种新设备公之于世。

几个世纪以来，人们对废物的处理方式都非常原始。在18世纪以前，处理废物的方式非常少，唯一一个可供平民百姓使用的最基本的设备就是公共厕所（一个上面带有圆形的洞的木制架子，它被放在墙上的一个杆状物上，或者直接被放置在粪坑或深坑上面）。当时，已经出现了马桶，法语中叫做"chaises percées"，或者说是打孔的椅子、方形的凳子，或是未经设计过的椅子。

就隐私来说……一般情况下，公共厕所每排都有好几个位置，马桶又总是不停地在移动。18世纪初，大多数人开始希望自己如厕时能够有其他人在场。如果被人看见坐在马桶上，即便是伟大的贵族也不会介意。例如，路易十四首次注重自己的隐私是在1684年。当时，他将深红色的天鹅绒窗帘移到他办公座椅的前方[①]，对未移动过这个窗帘的国王来说，这或许是他对新妻子表达爱意的一种表现。1708年，当安廷公爵（蒙特斯庞的合法儿子）要求在他的马尔利城堡中安装一个新式厕所装置以便除去污物的时候[②]，路易十四在他的请求信的空白处写到："毫无价值的想法，厕所毫无用处，并且它的花费比你预想的要多很多。"17世纪末期，勃艮第公爵夫人[③]（也就是路易十四的孙媳）向圣·西门公爵倾诉：她再也无法像坐在马桶上与王宫中的女士们聊天那样公开地谈论事情了。

她不知道圣·西门公爵正忙于记录身边的变化，她也不知道这部回忆录的语言是多么的尖锐。当奢华时代结束时，他的回忆录是我们对个人卫生进行对比的主要信息来源。他用炫耀的方式来表达了自己的观点，他的回忆录似乎就是在用细节来描述一些18世纪初的生活小插曲。这些小插曲以旺多姆公爵[④]路易-约瑟夫为主要人物，他不仅是一位战争英雄，也是凡尔赛宫中的一位重要人物。例如，当帕尔马主教到达一个外交使馆时，他发现旺多姆公爵正悠闲地躺在椅子上。这位高级主教非常震惊，因为，在他们交涉的过程中，旺多姆公爵站起身，用圣·西门的话说就是"他竟然在主教的正前方拍了拍屁股"。旺多姆公爵在他的马桶上吃午饭，当吃饱之后，他的仆人会在清理马桶前将餐具清理好。

王宫中也有许多与旺多姆公爵志趣相投的女士，哈考特公主⑤就是一个代表。在丰盛的一餐结束后，她会偷偷溜出去，撩起她蓬松的裙子，在走廊中"方便"。当时，她并不是一个小孩儿，我们也从举办宴会的人的口中证实了她的这种行为。但现在所有年轻的王室成员不再认可这种凡尔赛宫的标准行为。（我们要对公主进行公正的评价，当客用设施还没出现时，人们在这时还能怎么做呢？据说，时常有一些内急的女士在凡尔赛宫的镀金走廊上"方便"，即便在法国大革命的主要领导者将王宫关闭了很久以后，王宫中仍然保留着少许不那么华丽的气味⑥。）

在行为改变的清晰描述中，圣·西门公爵集中描述了旺多姆公爵试图强迫孔蒂公主（路易十四和蒙特斯庞的女儿）承认⑦，"事实上，每个人更喜欢旺多姆公爵的举止行为，只是人们都不够真诚，没有将这种行为表现出来"。圣·西门清楚地说明了他的观点，他说公主是全世界公认的最干净的人，而对于旺多姆公爵，他用"极其肮脏"这个词来形容他。

当支持修建卫生设施的人开始委托建筑师建造现代的新式住宅时（快速建成且没有额外费用的新式住宅），圣·西门在回忆录中所描述的人们的态度已经发生了变化这种情况终于被证实了。这也使得建筑师在考虑建筑的设计的同时，也很注重人们的舒适感，建筑师很快就为他们优先制造出了卫生设施。在18世纪的前半叶，水冲厕所成为建筑现代化的一个确凿的证据，人们把这个建筑中最先出现的舒适设备看成是现代的标志。当然，孔蒂公主⑧也安装了一个水冲厕所。

要满足年轻的王室成员所渴望的隐私和清洁，拥有这三个方面是非常必要的：一个安装新式设施的独立房间、住宅中一系列的排污管道，以及一种全新的固定装置。在18世纪初，由巴黎各阶层的人组成的清洁狂热者联盟想当然地认为：在他们的住宅中，大幅地增加这些昂贵的装置是值得的。当然，建筑师也在第一时间赞同了这一新观点。我们知道，在1690年到1710年这段时间，建造这一类型的现代建筑是可能的。在达维勒最早出版的两个版本（1691年和1710年）的建筑指南中，他清晰地记录了这个变化的进程。

首先，是房间的变化。在达维勒1691年设计的一个住宅模型中，已经包含了供房主使用的独立小房间。通过主人的卧室和更衣室，我们可以直接进入这个小房间——1751年，弗朗索瓦·德·格拉菲格尼将这样的房间称为"套房"。（仆人们只能使用公共厕所——一间男厕和一间女厕，每一间厕所中都有几个蹲位。）

其次，就是排污管道。1691年，达维勒的指南中已经包含了现在仍在使用的标准的双向管道：一楼的平面图特别设计了用黏土或者赤陶土制成的排污管道。（指代排污管道的词"boisseau"它拥有一个非常新的技术含义，以至于当时的字典中都找不到这个词。）达维勒进一步解释了通风管道⑨的要求，现在通向屋顶并在屋顶装有小铅管的通气立管，不但为自来水的流动提供了空气，还可以去除异味。（这个机械装置被称为排污管道ventouse，在达维勒的论文发表的同一年，首次以它的技术概念出现在字典中。）

全新的名称代表了全新的技术，这些被设计出来的设施都是以实用为目的。达维勒在谈论一个舒适的座椅时，并没有描述它的装置。从这个平面图中，人们能够清楚地发现他所考虑的只是一个马桶，这个马桶没有与水管设施连接在一起，只是被简单地放置在旁边。

在达维勒最早的两本建筑指南分别出版的这二十年中，现代建筑的创造者尤其是皮埃尔·布赖⑩，也对现代建筑做了研究。1691年，布赖出版了一本建筑指南：他对排污管道作了详细的说明——什么才是最好的材料（光滑的铅或者赤陶土），以及如何才能紧密地连接在一起——但是，他并没有提及这个装置将同什么相连接。四年之后，即他将为欧洲最富有的顾客在旺多姆广场修建一系列的住宅之前[11]，他向公众宣布：他已经发明了值得安装的昂贵的新式管道设备。布赖宣称，这个新设备得到了王室的授权，它不仅比马桶舒适，而且也能消除家中的异味。他拒绝将它的秘密泄露在出版物上。但是，读者可以到玻璃大街一个名叫莱伊的厂家那里购买这种设备。

1710年，勒·布朗重新修订了达维勒的版本，这个装置仍然没有一个确定的名称（勒·布朗称之为"这种座位"）。但是，它已经存在。因此，勒·布朗对它进行了非常详细地描述，他认为这个装置非常新颖，所以人们没有见过它也是合情合理的。

他开始体验这个新设备带来的舒适：它的座位和靠背有软垫和软席。这种座椅可以与随后发明的舒适的新标准家具——沙发——相媲美。后来，这个座椅加了一个盖子：它能紧紧地关上，在它椅子的下面藏着一个嵌入铜器中的瓷盆。你只要拧一下水龙头，水就会从地板上的蓄水池中涌出，非常完美地将这个瓷盆冲干净。这一个水龙头使厕所成为坐浴盆（坐浴盆在十年后被发明出来，这是对这个构想最早的论述。）的前身，当你打开控制开关，你会被一个小的淋浴器冲洗干净，这个小淋浴器拥有冷水和热水，你可以根据不同的季节选择水温，还有一个水龙头控制浴盆中的水。

为了使人们认为"这种座位"在法国住宅中已经被广泛地使用，勒·布朗在指南中附加了装有这种设备的圣日耳曼区豪宅的平面图和巴黎住宅的平面图。他想明确地告诉大家：从现在开始，如果有人需要更加舒适的生活，他们就需要安装新式的便利设备。

这种观点征服了法国现代建筑的所有理论家。1728年，布里瑟宣布马桶已经过时，并断言现代人只用新式的舒适座椅[12]——他描述了他在摄政王的圣克劳德城堡所见到的一种便利设施。1737年，在布隆代尔为现代主义发表的宣言中，他首次为水管设施提供了详细的图解[13]（见71页），这个图解使现代顾客能够了解到水管设施的具体工作原理。布隆代尔的图示1展示了被固定在木制座盖（E）上的大理石板（A）。 D：提高座盖的控制手柄；F：开启装置的控制手柄；G：冲洗装置的控制手柄。图示2展示了这个装置的内部结构和它的冲洗功能。图示3是一个横截面，它展示了这个装置的管道。图示4说明了这个装置的喷水器的功能，这个喷水器由图示1中的手柄（H）控制。

1755年，达维勒的新版建筑指南说明了新系统从水槽到排污管道[14]，再到自来水的净化喷嘴这些要素的具体位置。指南中列举出已经应用了这个系统的巴黎住宅，并总结说巴黎所有的现代建筑都配备了水冲厕所。但是，这种说法既没有从1752年至1756年间布隆代尔出版的巴黎最漂亮的住宅的平面图集中得到证实，也没有从1757至1768年间让－弗朗索瓦出版的作品中得到肯定。然而，布隆代尔和让·弗朗索瓦的平面图中确实表明了人们使用的所有类型的家具，它们现在被安装在特有的房间中。不到半个世纪，圣·西门所希望的隐私取得了胜利。这些平面图也标示了水冲厕所，尽管它没有出现在每一个现代住宅中，但是很多家庭确实安装了这种设备。

这种新式设备最早出现在人们希望它出现的地方，即有建筑眼光的年轻王室成员的家中。在太子[15]位于梅登的新城堡中就有一个这样的装置，这意味着他的亲密爱人，也就是公爵夫人[16]，也可以为波旁宫定购这样的设备。

金融家酷爱水冲厕所[17]。例如，皮埃尔·克罗扎特在黎塞留大街的住宅中就有水冲厕所。人们重视这种设备不仅因为它能带来舒适，还在于它是一个能给生意伙伴留下深刻印象的小配件。因此，金融家是最先采纳布隆代尔建议的人。他们不仅在主卧附近安装厕所，在客人容易出现的地方他们也会安装厕所——远离餐厅，接近藏书室或者沙龙。住宅中首次拥有如此便利的装置，这让简单参观住宅的人都能体会到它改变了人们的日常生活。这个以给客人留下深刻的印象为主要用途的新式设备无疑是一个胜利者。1726年，它最先由米歇尔·汤内沃为法国商界的一个核心人物的住宅而设计。这个人就是印度公司的董事长——皮埃尔·卡斯塔尼尔。卡斯塔尼尔已经通过投机买卖和海外贸易积聚了大量的财富，他坚持卫生设备要与他的财富相匹配。

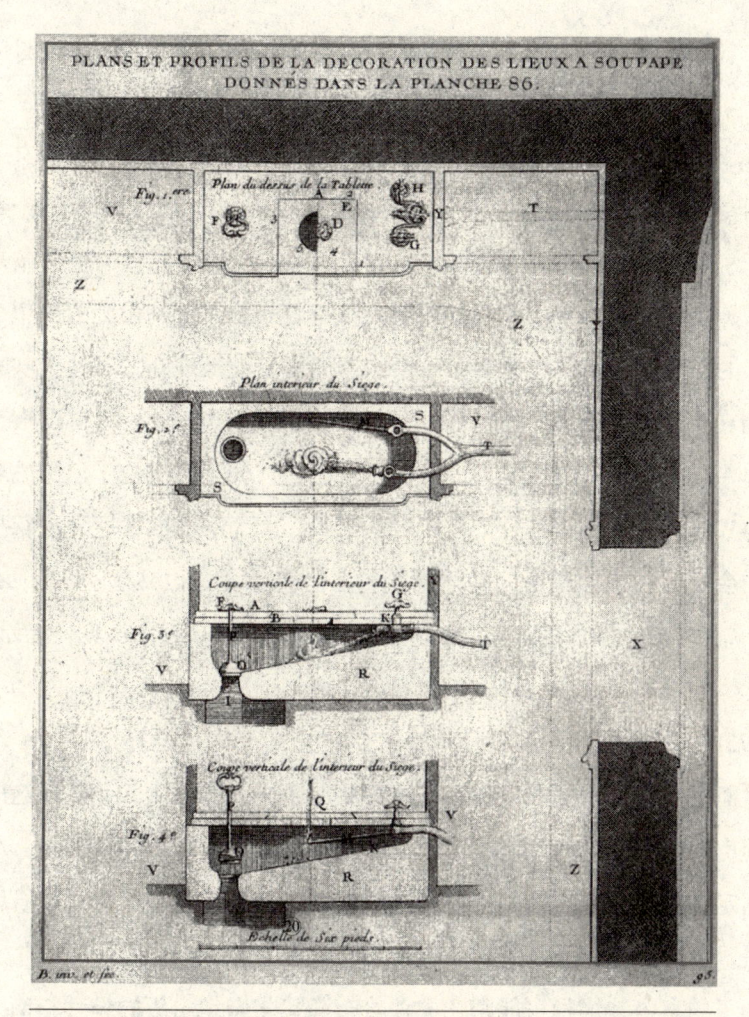

■ 这幅1737年的版画是最早描述水冲厕所的水管设施的平面图。所有的创新技术都被描绘出来——从厕所的座椅到控制水流的手柄,再到一个全新的理念。水流的旋转运动现在被称为"冲洗"。[10]

卡斯塔尼尔所有的卧室套房都拥有卫生间,一个典型的例子就是可以通过藏书室和它附近的书房进入的卫生间。在他的住宅中,一共有七个卫生间。

不久之后,普通的小康之家也开始迷恋新式的便利设施。夏洛特·黛丝玛不仅是一位才华横溢且收入丰厚的女演员[18],还是一位杰出的投资者。

1720年，她在自己的卧室套房中添置了一个卫生间。（在18世纪中叶，她的卫生间已经被住宅的新主人威勒罗尔公爵重新修建，而且在《百科全书》中被挑选出来，作为巴黎最著名的卫生间。）1760年，即使是名声非常差的女人也会从她们富有的钦慕者那里骗取一个最好的水冲厕所作为她们需求的一部分。玛丽安·德尚———一位舞蹈演员[19]，她在建筑方面的荒淫行为被看做是粗俗极致，她让18世纪50年代晚期的巴黎人保持着一分对便利设施的渴望——公爵夫人的一个孙子就曾为她买了一个水冲厕所。就像现在的某些人吹嘘一幅油画刚在拍卖会上开出天价一样，那时的人们炫耀着这些便利设施。达福特·谢弗尼伯爵是一位见证者，他回忆自己在1760年搬进位于巴黎胜利广场附近的、他婚后生活的第一个住所时的情景：因为华丽的餐厅，成行排列着镜子的会客厅和水冲厕所，他逐渐变得多愁善感。（达福特·谢弗尼伯爵，路易十五的外交使团的发言人，他帮助外交官熟悉所有法国生活的最新发展，他是一个对尖端设计和顶尖技术特别敏锐的情报者。）

1738年，现代设备进入凡尔赛宫。路易十五为自己打造了一个新的卧室，里面添加了一个更衣室和第一个带有冲水马桶的卫生间，这使这间卧室成为套房的核心。这间卧室同他建造的其他房间没有一点相似之处：冲水马桶被固定在一个镶嵌装饰箱上，它被安装在一个地砖是用彩色大理石镶嵌的房间里。白天，国王将他最喜爱的床头柜摆在他最新的便利设施旁边。

国王的室内装饰师可能密切关注着布隆代尔当年出版的设计指南（见右图），以便安装排污管道，他们拆除了凡尔赛宫的墙壁。这个装置（B）是嵌壁式的；布隆代尔详细说明了座盖应该由人造大理石和彩绘木料制成，以便与房间中的大理石瓷砖相匹配；座椅本身配有软垫，并用皮革装饰。一面大镜子（E）挂在墙上；布隆代尔建议有策略性地将镜子放在小房间中，来增强房间的亮度。在镜子的两边，精心雕刻嵌板（F）内部隐藏着一个储藏室，里面放着人们在使用这个房间时可能会需要的一切物品，从毛巾——小块的布料似乎被当成最早的厕纸来使用[20]——到浴室花露水。布隆代尔补充

■ 1738年，路易十五在凡尔赛官添置的他的第一个卫生间，这就是那个卫生间的装饰方式。这个新式装置是这个房间的中心装饰品，它被一个镶嵌装饰品遮盖，并拥有一个用皮革装饰的软垫。一面大镜子挂在门上，是为了增加房间的亮度，雕花嵌板将储存必需品的空间隐藏起来，这些必需品包括小块的布料和为浴室除味的花露水等。[11]

说：与国王的冲水马桶一样，储藏室也经常被镶嵌的装饰品覆盖着。

和往常一样，购买新式设备的欲望很快就失去了控制。1749年，法国国王被卷入有史以来第一次的"卫生间丑闻"。庞巴度侯爵夫人特别偏爱卫生设施，有的人说她拥有她那个时代最漂亮的卫生间。在这方面，她得到了她最喜欢的建筑师——拉苏朗斯二世的帮助和支持，这个人是新式装置的伟大支持者。然而，在庞巴度侯爵夫人1749年搬进凡尔赛宫令人羡慕的套房中的那段日子，这位侯爵夫人做得太过火了。

我们很容易理解它是如何发生的。不断地在凡尔赛宫增加排污管道并不是一件容易的事，而庞巴度侯爵夫人只想让自己的生活更加舒适。因此，伟大的家具设计师皮埃尔·米杰恩二世[21]提出了一个完美的方案：一个不仅华丽，而且与抽水马桶、水槽和冲水装置相匹配的转角柜。由于这个转角柜没有同排污管道连接在一起，所以我们很难想象它是如何投入使用的。（在米杰恩为庞巴度侯爵夫人创造的这个装置中，他用到了当时的法国人还很陌生的一种木料——红木，红木具有防腐防蛀的特性。）这种对现代卫生的幻想似乎达到了侯爵夫人的要求，因此，米杰恩获得了非常丰厚的报酬。或许是她的死对头——王室大臣阿尔让松侯爵向公众散播了这个消息，当公众知道庞巴度侯爵夫人的行为后，他们的批评声接踵而至[22]。（庞巴度侯爵夫人很快就得到了她所想要的[23]：1752年，一个水冲厕所被安装在她凡尔赛宫的卧室旁边；1756年更新了它。）

不出所料，这个丑闻使人们开始厌恶假冒的水冲厕所，而那些负担不起正品费用的人很快就有了其他选择，它也能使人们感受到王室情人拥有的那种快乐。在法国18世纪最伟大的作品中，安德烈·雅各布·胡伯编写的四卷《家居制造商的艺术》真正掌握了家具设计的理念。在主要描写"舒适悠闲的座椅"的章节，胡伯说明了人们不再满足于马桶[24]。他意识到并不是每一个人都可以负担得起添置排污管道的费用，因此，为了那些并不是很富有，却渴望享受舒适生活的人，他宣称已经发明了一个带有冲水装置的座椅。

使人们能够将它们复制下来,他还提供了准确的文件材料。这张版画(见76页)举例说明了建造这种座椅、瓷盆、水槽、座垫和冲水装置的不同阶段。图示展示了A:水槽中的管子(在他的图示4中也可以看到);B:一个手柄,当你转动它的时候,水就会流出;C:一个将水注入马桶的水管。

胡伯详细地说明:为了容纳一个引导水注入的水槽,这个装置必须要有三到四英尺厚的靠背。然而,他却没有看清读者都明白的问题:一个没有安装室内管道的水冲厕所对住宅来说是没有任何意义的。他详细解释了有的人需要用水来填充水槽,但是,对于座椅的使用者享受完冲洗的乐趣之后会出现什么,他却没有给出任何的暗示。

十年之后,为人们提供了"便携式舒适"的幕后发明家皮埃尔·吉罗终于告诉了人们这些装置的运转方式。这个装置(见77页)的组成部分包括一个椅背装有储水池的非常舒适的扶手椅,和在扶手椅下方的一个专门装排泄物的大箱子或者大桶。在图示Ⅰ中:a——控制水槽底部的塞子b开启的手柄;c——将水槽中的水注入瓷盆d的水管;f——与大桶h相连接的排污管道;g——打开f的手柄;n——水管的排气口。图示Ⅱ表明踏板i需要抬得很高才能够清洗大桶。图示Ⅲ列举了辅助程序:e——清洁喷头或喷嘴;f——放置清洁瓷盆用的小刷子的架子;h——海绵架。

吉罗声称水槽中所容纳的水足够冲洗十到十二次[25];箱子的正面敞开着,露出了里面的一个大木桶,这个木桶专门处理和吸收异味物质。据吉罗说,一般尺寸的大桶有三立方英尺,它足够让两个人使用三个月,或者是三个人用两个月。鉴于住宅的主粪池在地下室,因此,这个大桶的物质会被两个人抬到地下室倒掉。

吉罗的工作在那些需求得到了满足的顾客们的表扬信中结束[26],这无疑是个人公开地谈论卫生装置是如何改变他们的生活的首次尝试。以我们熟知的建筑师M.卢梭为例,他喜欢在家中和舒适的房间里接待顾客,他设计出一个穿过他的书房、会客厅,以及他的餐厅就可以直接进入的五英尺长、三

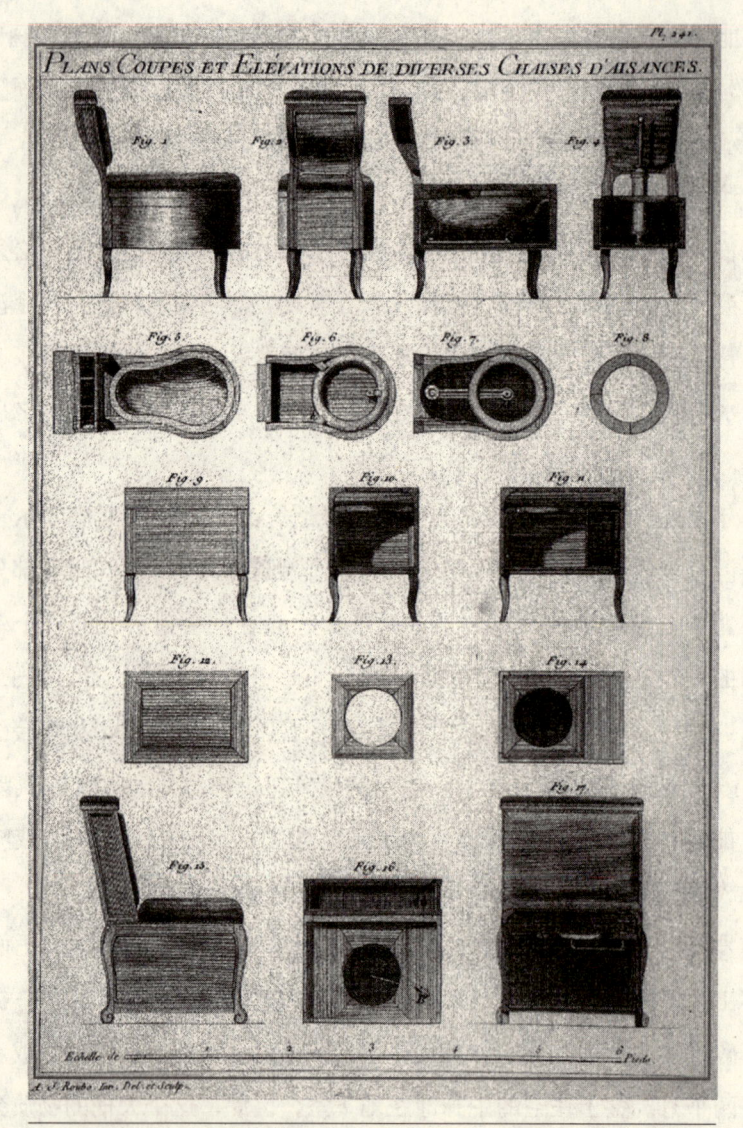

■ 非凡的家具设计师胡伯创造了冲水马桶，它是为那些负担不起在自己的住宅中安装排污管道的费用的人而创造的。这个平面图展示了制造冲水座椅的每一个步骤，这个冲水座椅含有一个人工填水的水槽。[12]

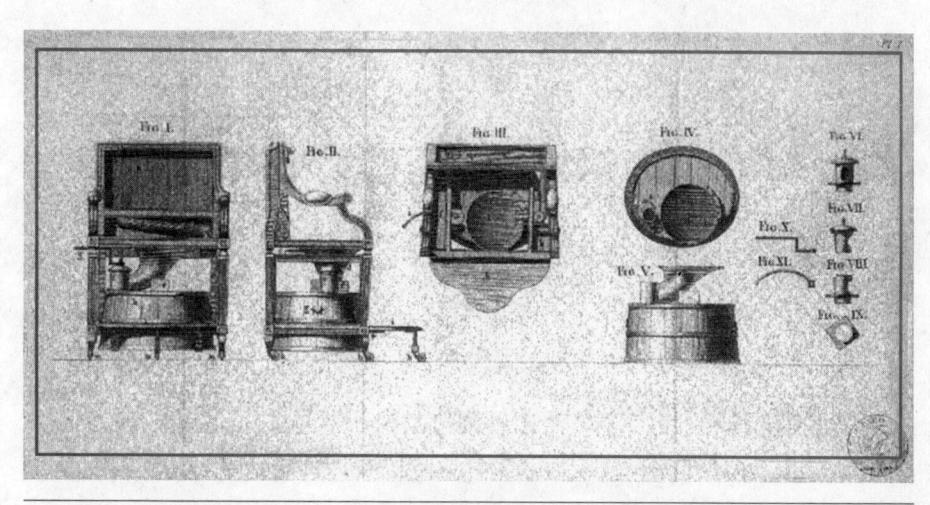

■ 冲水座椅通过为人们展示冲水之后的情况而将胡伯的概念进一步地发展。一个大桶被隐藏在座位的下方。这个木制大桶被用来吸收异味，据说它每次可以被保留在原地数月，然后被抬到地下室，桶中的排泄物将会全部被倒入地下室的主粪池中。[13]

英尺宽的房间。吉罗发明的装置的最大特点就是，即便已经被多次使用，它也能够保持无异味。一位工程检察员M.特雷古盖公开证明，自己使用吉罗的这个装置已经整整六年了。他赞扬了装置的功效，并补充说：它不会产生臭味。因此，他舒适房间中的那些精心设计的室内装饰，甚至是镀金的装饰，都依然完好无损。

顾客的表扬信表明：在孔蒂公主和旺多姆公爵之间的冲突发生不到一个世纪的时间，人们对隐私、卫生和舒适的渴望致使一个拥有水管设施和相关装置的新式房间产生了。新式房间的传播范围远远超出了社会名流。1739年8月，当巴黎想要举办一个巨型公众庆典时[27]，负责维持治安的王室特派官员决定修建一些公共卫生设施（我们不知道他选择的是哪一种装置）。他创建了两个房间，分别用"女士服装"和"男士服装"标示出来，并雇佣了一些负责打扫卫生的服务员。

然而，如何称呼这个已经成为现代建筑和室内装饰最主要部分的装置，是我们面临的一个问题。

我们必须说明的是，布隆代尔建议的名称并不容易被记住：lieux à soupape，即一个有阀门的地方。没有人知道他为什么要这样称呼，但是，人们很快就开始谈论lieux à l'anglaise，即英国人的地方。布隆代尔和胡伯发表了声明[28]：布隆代尔声称他向每一位英国游客询问这种称呼，可他们经常说这种装置在伦敦无人不知；胡伯也支持布隆代尔的说法，在被英国人知道之前，法国就已经使用"一个有阀门的地方"这种说法了。

事情就这样发生了，他们是正确的。

出现在法国以外的唯一一种水冲厕所是由法国的现代建筑师设计的。例如，18世纪20年代，当让·弗朗索瓦·布隆代尔在日内瓦附近设计出许多备受瞩目的住宅的时候[29]，它们都以这些"有阀门的地方"为特点，有时一层楼有两个甚至更多这样的地方。18世纪30年代，英国才有可能出现现代化的管道设施，但这样的情况没有发生[30]。然而，英国人时常把发明水冲厕所归功于自己。

没错，伊丽莎白一世的教子约翰·哈灵顿爵士现在被奉为这个装置的发明者。据说，他在自己的住宅中安装了一个这样的装置，或许也为他的教母安装了一个。1596年，哈灵顿出版了一本古怪的合辑——《埃阿斯变形记》（又名《夜壶的蜕变》，是一本厕所集）。在这本合辑中，他描述了看起来很像水冲厕所的发明，并配以图示，这个模型看起来相当的简单。哈灵顿反复强调这个装置的造价非常低廉[31]，复制起来也非常容易和便宜。但我们很难想象一个有效的模型能够如此便宜。虽然哈灵顿很明白这个水冲厕所的原理，可我们仍然难以想象他最终能将整个发明推向市场。

哈灵顿的发明是独一无二的。英国的专利权始于1617年[32]，直到1775年，英国都没有出现任何涉及废物清理装置的专利。1775年，亚历山大·卡明斯发明了一个"有阀门的小房间"（这个名字听起来难道不耳熟么），因此，他获得了这个专利。这也揭开了英国水冲厕所的序幕。19世纪60年代，伦敦的管道工托马斯·克拉普在万宝路工厂生产了成批的水冲厕所[33]。而法国人在19世纪90年代哈佛兄弟㉞开始生产出当时最新的模型的时候，才重新改进了他们的技术。

对于法国最出色的现代建筑师的这些发明，人们并没有迫切地宣布它们是多么的令人骄傲。对于这一点，我们不必感到惊讶。几个世纪以来，法国人和英国人都遵循同一个游戏规则，与敌人的名字相关的事物，他们都不愿提及。因此，"梅毒"在英语中被称为"法国病"，在法语中被叫做"英国病"。至于厕所，这个游戏也没有停止。法国将"英国场所"替换为"water closet"（抽水马桶）或"WC"。在英国对厕所的称呼中"Loo"（洗手间）源于法语单词"lieu"，"commode"（便桶）源于法语单词"commode"，"toilet"（厕所）源于法语单词"toilette"。

第五章　取暖设备

1708年12月，现代社会最雄伟的宫殿——凡尔赛宫的日常生活是这样的[1]：在路易十四的第二任妻子曼特农侯爵夫人的卧室中，这两个世界上最有影响力的人将奢华的扶手椅搬到一个大壁炉的旁边。在左手侧，国王正在同一位大臣交谈；而在右手侧，曼特农正在一张仅供一人使用的小桌子上进餐。

他们的亲近是和谐的。然而，为了使取暖设备在1708年的冬季成为传奇，这种亲近也是一种义务。"人类历史上还从未如此寒冷"[2]，即使是国王强壮的小妹——帕拉蒂尼公主也这样感叹。二月初，她说："仅仅在巴黎，就有将近两万五千人死于寒冷。"一天晚上，所有放在凡尔赛宫的优雅的梳妆台上的、散发着香气的可爱的长颈细口瓶都因水结冰而爆裂了。因为拥有极高的天花板和巨大的空间，凡尔赛宫是人们能够想象得到的通风最好的住宅之一。至少，从某种意义上来说，国王和他的人民都挤在炉火旁边以保持温暖。

如果这是舒适时代的另一些便利设施的故事，那么，现在我将要宣布：大约在十几年之后，在巴黎新式的现代住宅、特别是在凡尔赛宫之中，人们不会再经受这样的痛苦了。然而，这与其他设施的故事并不相同，尽管人们很难理解这一点。因为取暖设备是一种没有在舒适时代被现代化的设施。这种技术是在1713年被发明并投入使用的，这段期间人们正好需要它。很明显，与水冲厕所的安装相同，它的安装和启用需要大量的金钱，而人们也愿意为它付款。所有人都知道，传统的壁炉所提供的简单的供暖会带来很多不适。然而，即便是最现代的建筑师，他们在很大程度上仍然在思考壁炉的装饰价值。

取暖的过程依旧复杂。古代遗址③——克里特时期的克诺索斯宫和庞贝的别墅——出现了现在看来仍很复杂的取暖系统的痕迹：在墙里面和地板底下的加压气流和加热管道。然而，在罗马帝国灭亡之后，取暖回到最原始的状态，直到18世纪，这种情况才有所改变。

中世纪的住宅④都建造在一个开放的中央炉床周围。12世纪，壁炉首次建造在墙里面，烟囱式壁炉开始取代开放的炉床。14世纪的烟囱炉壁在卧室中已非常普遍，因此，人们开始在住宅中使用多个壁炉。然而，直到16世纪晚期，即便是在巴黎这样的主要城市，很多住宅依然完全没有取暖设备。17世纪见证了壁炉建设的繁荣，到了18世纪早期，同样是在这些巴黎住宅中，仆人的房间也都安装了壁炉。在17世纪的最后几十年里，法国王室宫殿中的壁炉数量增加了一倍多。

然而，这段时间的壁炉设计明显地表明，它对改变具有抵触性。当改变壁炉时，人们往往只是对装饰进行了修饰。因此，15世纪以后的壁炉架越来越具有装饰性，壁炉也因此在室内装饰中变得更加重要。17世纪晚期，在为外国参观者发行的巴黎旅行指南中，这个城市最著名的壁炉就成为了不可错过的风景。

17世纪90年代，建筑师罗伯特·德·科特产生了一个在室内设计的历史上最具影响力的想法，法国的制镜业当时刚刚发明了一种能制造出全身镜的技术⑤，德·科特开始在大理石制成的壁炉架上面装上大型且精致的框镜。大理石壁炉架和大镜子的组合是一个巨大的成功，它在壁炉的黄金时代被广泛采用，并成为每一个房间的焦点；在住宅的建筑方案中，它也成为一个象征壁炉的标准程序。

18世纪的人们同样认为，这种组合对于一个成功的具备娱乐功能的房间来说，是必不可少的。例如，我们通过《百科全书》了解到，在半开放地带的一个客厅的设计中，为了使火炉旁边的人能够照到镜子，也为了使他们能够坐在柔软的扶手椅上检查房间中其他部分的情况（有新的客人进来了吗？

在拐角处的交谈是不是很有趣？），建筑师应避免使壁炉架高于三英尺六英寸或者三英尺八英寸。在特鲁瓦的《在沙龙中阅读》那幅画中，一群朋友聚集在一个房间里，一切都被调整得非常完美，所以即使是坐在那些特别低的扶手椅上的人，也能够照到镜子或是观察到房内其他部分的情况。事实上，那个穿着轻质纱裙的女士似乎正在抬头看是否有新的客人进门。

最终，壁炉成为房间的装饰核心。诸如铁制柴架这样世俗的壁炉用具成为真正意义上的艺术品。在17世纪90年代，在壁炉架上炫耀最有价值的物品的这种习惯随着大镜子的使用而兴起，并迅速发展为一种时尚。起初，人们展示瓷器，特别是花瓶。为了炫耀而专门设计的小闹钟在1750年左右出现，被称做壁炉闹钟。与此同时，烛台、枝状大烛台和装饰烛台首次被放置在显眼的地方。为了使画面更加完整，人们在镜子的两侧放置了被称为壁炉手臂的壁突式烛台，当蜡烛被点燃的时候，它们就像光的手臂一样将蜡烛的光芒延伸到房间中。

随后，在建筑师发表的版画中，他们开始用一种适当的描绘方式将壁炉和房间的装饰设计联系在一起（见84页）。在18世纪的一个豪华客房中，壁炉架的雕刻设计与上方的镜框和画框所使用的设计相匹配；而木质墙板的设计反过来也与房间中家具框架的设计相呼应。值得注意的是在壁炉上方的大镜子和在壁炉两侧的壁突式烛台。因此，原始的室内装饰也可以为可爱的壁炉架提供材料。

如果它们在为那些室内空间增加高雅气氛的同时，也能增加一些舒适感该有多好。然而，壁炉的外观设计仍然小心地保持着绝对的原始，事实上这非常重要。因为几个世纪以来，人们一直是利用原油来为壁炉提供热源，因此它们产生的热量非常少，而大量的冷空气也会被它们带入房间。

同样，它们也释放出大量的烟雾，这比不能提供更多的热量更能解释为什么壁炉会在18世纪早期被重新设计。如果你停下来统计展示在诸如卧室或社交房间中的家具、墙壁、窗户上的物资数量，和之前的主人所留下的物资

■ 这幅版画展示了壁炉在一个18世纪房间的装饰中扮演着至关重要的角色。它们能提升房间的亮度：大镜子挂在它们的上方，挂在它们两侧的壁突式烛台（也被称为"光的手臂"），通过反射作用将蜡烛散发出来的光线延伸到房间各处。它们的雕刻设计与房间的墙板、镜架和框架，甚至房间中的家具相呼应。[14]

数量，并考虑一下布料的巨大花销，你就会理解为什么这就是问题的关键：这些烟将沉淀为烟灰，并且使美丽无比的纺织品瞬间失去光泽。几个世纪以来，人们一直忍受着由烟雾堵塞房间所造成的眼睛灼伤。18世纪，当建筑师和装饰师开始大量使用纺织品的时候，当他们开始喜爱像白色和浅黄色这种淡雅的色彩的时候，当烟雾开始威胁这些不断增加的精心设计的装饰的时候，人们对生活中的冒烟壁炉的反对意见才首次出现在出版物上。在法国，人们拥有向往舒适生活的神经中枢，因此这些最初的反对意见吸引了很多人的注意。

在与原始壁炉的"战斗"中，首次重大的行动并不是由建筑师发起的，而是由一个职业律师和一个业余科学家发起。尼古拉斯·高杰是现代科学，尤其是牛顿物理学的一位狂热拥护者，他曾将自己对气压计和光的折射等课题的研究提供给法国皇家科学院。他最有影响力的作品是于1713年发表的专著《La mécanique du feu》，即《火的力学》——它迅速被翻译成德语和英语。高杰解释说[6]：壁炉必须从根本上被重新设计，这不只因为健康——那时的人们经常因热度的不均匀而感冒，也因为经济——烟雾损坏精美的家具、美丽的服装、甚至是精巧昂贵的镀银发饰。

事实上，高杰是第一个对壁炉的概念彻底进行重新构思的人。安装他的系统需要花费大量的金钱。他不仅对壁炉进行重新构思，也对烟囱进行了重新构思。此外，他的理念还需要一些现代建筑中从未使用过的附加物——一个能给房间带来新鲜空气，并且能使热空气在它的内部进行循环的通风管道。高杰提供的这种通风管道[7]对客户来说是值得购买的，它的购买方式几乎不受任何限制。在高杰的专著出版时，这种新的通风管道也开始改变着巴黎的建筑师对壁炉的设计。

安装通风管道等设备是高杰保证他的新式壁炉提高人们生活质量的方式[8]。第一，它能够使整个房间保持均匀的温度，所以，人们不需要一直坐在火炉旁，他们可以自由地坐在房间的任何地方。第二，房间中不会有烟雾，即便门窗紧闭，人们也不必担心会窒息。第三，源源不断的新鲜空气流入房间，可以使人们更健康，家中的气味也会更加的清新甜美。第四，可以控制温度，人们可以将温度调节到想要的范围。第五，我们可以调整炉壁，这能确保即便是在炉火熄灭的情况下，也可以整晚都保持卧室的温暖。1708至1709年的这个寒冷的冬季，当瓶子中的水结冰时，不仅仅是在凡尔赛宫，整个法国的瓶子都爆裂了。但是，在高杰的卧室中，即使他在午夜之前关掉了他的暖气，瓶子也没有因此而爆裂。

最后仍很重要是，为了使壁炉成为原始中央供暖的核心，高杰想了多种方法。他设计了通过单一热源使几个房间都能采暖的系统。对于相邻的大房间来说，两个背靠背设计的壁炉可以共用同一个型腔或风箱（高杰对传统的壁炉设计的主要改进是在型腔中加热空气）。通过通风管道和存储设备组合而成的系统，一个单独的壁炉可以为一间卧室和一个相邻的小房间（化妆室、书房或更衣室）供暖。墙壁底部的通风管道能够将小房间的冷空气带进神奇的壁炉，然后将加热后的空气由地板到天花板，再由墙壁的顶部带回到墙壁的底部。他甚至还设想了一个装在卧室内的通风系统，这样就可以使热空气直接聚集到床上，这样就能使床垫保持温暖，它甚至可以温暖一个天生寒冷之人的双脚。

高杰的专著是实用科学中表现启蒙思想的优越性的一个完美例子。例如，他是第一个应用最新发现，并运用通气管道对燃烧的影响制造出一个家庭取暖系统的人。他也希望自己的发明被大规模的采用。这本专著用详尽的文字和优美的雕刻作品图说明了壁炉和烟囱的结构，以及冷热空气之间的循环（见右图）。空气从室外通过D进入到房间中。然后，空气通过Z进入到壁炉中帮助燃烧，又通过Y进入到后面的风箱中加热，随后它通过壁炉左上方的一个圆柱形的存储设备输入房间。一旦进入房间，热空气就会取代冷空气，冷空气通过烟囱被排到室外。

这就是现代取暖设备的一个宏伟蓝图。历史学家认为高杰的想法为随后的许多供暖系统提供了灵感[9]，直到19世纪的最后几十年，才发明了比它更为先进的供暖系统。证据显示，高杰的专著对18世纪住宅的建造方式也产生了一些重要的影响，但是这种影响的范围并不广泛。只有一位名叫布里瑟的建筑师才在自己的出版物中讨论了新式的家庭供暖设备。例如，在布里瑟1728年出版的《现代建筑》一书中[10]，他明显利用了高杰的发明去改装一个传统壁炉，并添加了排出烟雾的通风孔。在1743年出版的关于乡间住宅的作品中[11]，他强烈推荐了一个高杰风格的通风管道系统，它是利用一个大型的壁炉为与之相连的小房间供暖。事实上，另一位名叫波夫朗[12]的建筑师也可能在至少一幢传奇住宅的房间中使用到高杰的系统，这些传奇住宅曾经在18世纪最初的几十年将现代建筑引入南锡。

一些人用高杰的发明来改造他们的供暖系统。例如，1760年，达福特·谢弗尼伯爵叙述了他去参观位于香榭丽舍大街附近的一栋住宅的经历[13]。

第五章 取暖设备 87

■ 这是一幅改进的壁炉设计的切面图，它最初由尼古拉斯·高杰在1713年发表。高杰是使用通风管道系统将新鲜的空气引入室内，并使热空气在通风管道内循环的第一个人。通风管道和存储设备的组合也意味着一个单独的壁炉可以用来为几个房间供暖。因此，高杰发明出一个中央供暖的原型。[15]

他跟随屋主进入书房，并对书房中的新型供暖系统大加赞赏："书房向它隔壁的房间敞开，但是，供热系统安装得非常完美，即使外面非常寒冷，室内的人们也会感觉到夏天的炎热。"一种新的职业即砌炉工很快就诞生了。他们的工作是防止壁炉冒烟，所以，壁炉的烟雾是能够阻止的这一想法很快就得到了认可。这个词最早出现在1735年的一封书信中，信的作者是一个众所周知的舒适爱好者——伏尔泰。为了了解高杰的"秘密"，他买了一本高杰的书，因此，他清除了生活中的冒烟壁炉。事实就是这样，在这个时代，很多像建筑师这样的顾客急切地想证明自己的生活方式变得更加舒适和惬意。因此，无烟环境并不是一个重要的问题，人们基本上不讨论它。

高杰的知名度增加了。他的书促使一连串关于新型壁炉模型的专著出现；在所有这些专著中，高杰的作品仍然是参考标准。在他的继承者中，没有人能从他的发明中找到缺点。他们所有的人都通过批判高杰壁炉的安装费过于昂贵，而自己的壁炉价格比较实惠的方式来证明他们的努力。在所有的争辩声中，本杰明·弗兰克林的观点是最有说服力的。他是倡导节约型舒适的一位伟大辩论家，他将人们对壁炉的争论带入一个新的世界中。

《新发明的宾夕法尼亚壁炉》（1744年）是弗兰克林编写的一本书，在书中，他用推销商品的言辞反复地描述了他的"发明"：宾夕法尼亚壁炉是如何制成的、它是如何工作的、它是如何提高"我们生活中的舒适感和便利性"[14]的。书的第一页用超大号字体印着"广告"这个词，还列出了费城、纽约和波士顿可以买到这种"新式"且"款式最好"的壁炉的商店。弗兰克林否定了高杰的设计，他认为他的设计过于复杂，且安装费用过高。但是，他所设计的壁炉在本质上却与高杰1713年的壁炉模型有着惊人的相似之处。弗兰克林的模型被称为新模型[15]，主要是因为它是安装在现有壁炉的内部，这就意味着不再需要额外的工作——不需要新式烟囱，也不需要通风管道。这也同样意味着这个模型的功效要远远低于高杰的模型，并且它离中央供暖的概念越来越远。

后来，人们对待弗兰克林的方式与几乎他对待高杰的方式一模一样。例如，在查理·路易·德·佛西1786年的专著中[16]，他声称法国人民试着在自己的家中安装宾夕法尼亚壁炉，但是，它们却无法运作。在高杰继承人的作品中我们发现人们对早期模型有些不满意，但我们到现在都不知道这种批驳是否是真的。在这里，没有什么能比竞争对手含糊不清的谴责更能证明：为了确定一种更加有效的方式，某些人正在试验不同的模型，

烟雾不断从法国那些高雅却陈旧的壁炉中冒出来，我们举一个由这种烟雾所引起的破坏的最著名的例子。1750年11月，庞巴度侯爵夫人在奢华的贝

勒维城堡举办了一个乔迁聚会，两年来，她和她最喜欢的建筑师拉苏朗斯二世一直把精力集中在这座城堡上（在这座城堡的所有花费中，很多被称为过度的开销）。这个聚会计划会持续几天，可是，在第一天晚上，她就因没有足够多的舒适房间而将客人打发走。令庞巴度侯爵夫人最大的敌人——前外务大臣阿尔让松侯爵感到高兴的是，传说中的壁炉竟然如此糟糕："室内充满了从壁炉中冒出来的烟雾。"（阿尔让松和庞巴度侯爵夫人之间的敌意有着传奇色彩：阿尔让松试图限制出身低微的庞巴度侯爵夫人的权力；庞巴度侯爵夫人用阴谋强迫阿尔让松辞职的方式予以回应；庞巴度侯爵夫人去世之后，阿尔让松才又重新回到王宫中。）庞巴度侯爵夫人最喜欢的奢侈品商人拉扎尔·杜沃会定期从巴黎派人去清洗庞巴度的水晶吊灯，因此，她欠这个商人一大笔钱。

高杰声称[17]：由于自己的房间安装了新型壁炉，所以连续八年，他都没有感冒。高杰知道，这些风险不仅仅是钱的问题。1709年1月17日，帕拉蒂尼公主描述了在一个最悲惨的冬季夜晚，她在王室餐桌上就餐的一段痛苦经历。她患上了支气管炎[18]，因为一个巨大的壁炉在她面前，导致她的前面非常炙热，而身后却非常冰冷。这就是高杰的发明出现前的王宫中的人的生活情况。

1764年1月，在高杰公开他的发明的半个世纪之后，这个情况依然没有改变。庞巴度侯爵夫人在另一个严寒的冬季患上了肺炎。那时她正居住在舒瓦西城堡，这座城堡是现代建筑的一个里程碑，它是国王最喜欢的建筑师昂热·雅克·加布里埃尔的作品。城堡中有他在1742年打造的一个高雅的浴室。在庞巴度侯爵夫人生病之后，她搬到与舒瓦西城堡相邻的一个小城堡居住，这个小城堡比舒瓦西城堡更加隐蔽和舒适，它因室内装饰由世界著名的建筑师和画家（比如布歇）设计而被世人熟知。它拥有新式房间和便利设施的一切必需品，以及雕刻精美的壁炉架。但是，它却没有一个新型的壁炉。

当庞巴度侯爵夫人去世时[19]，总是小心翼翼地隐藏自己情感的路易十五也悲伤至极，一颗"大大的"泪珠从他的脸颊滑落。即使那样，曾为凡尔赛宫添置了水管设施的路易十五也没有改进凡尔赛宫的壁炉。

第六章　舒适的座椅

1770年，一位名叫让娜·热内·康庞的年轻女士很幸运地在法国的王宫中获得了一份舒服的工作，她成为了路易十五的女儿们的家庭教师。但是，她很担心国王最小的女儿路易斯，因为她从家里突然逃跑，并成为了一个卡梅尔派修女。国王的另一个女儿维克托瓦尔会和她最喜欢的妹妹作出相同的决定么？然而，维克托瓦尔迅速地克制了自己的恐惧。"当她指着可以伸展身体的bergère à ressort（一种被填充得很饱满且装饰得非常豪华的法式扶手椅）的时候，她对我说：'别担心，我永远不会和路易斯一样，因为我太依恋生活中的舒适设施了。这个扶手椅将会毁掉我。[①]'"

她说话的语气像舒适时代的一个真正的孩子，当没有舒适座椅这类家具时，一个座椅永远不会毁掉任何人。后来，在不到几十年的时间里，原本简单的室内家具变得很复杂。法国人渐渐的为家具而疯狂，其他欧洲国家也紧随其后。1770年，许多人都可以理解为什么维克托瓦尔不能放弃她最喜欢的带有圆形曲线的柔软的座椅，而决定继续留在凡尔赛宫。

家具的现代化与建筑的现代化紧密相连，新式风格的家具最初被用在新式房间中，它们通常是由同一个建筑师设计，大多数购买新式家具的人也会修建新式住宅。从1675年到1740年，一大批令人眼花缭乱的真正意义上的舒适座椅已经逐渐出现在人们的周围，他们不用再去忍受没有填充物的僵硬的座椅。无论是扶手椅和沙发，还是坐卧两用的长椅和躺椅，它们都配备有软垫和弧形靠背，而且靠背的弧度也被"修正"得非常完美。这种新式座椅是第一件真正意义上的名品家具，也是第一件以"舒适"为理念而设计出来的家具。新式座椅的种类很多，它出现在所有的室内房间中（甚至是浴室），这也使得舒适生活可以很轻松地就实现了。

此外，早期的现代座椅也迫使人们采用一种全新的流行生活方式。当直背椅被舒适的弧形座椅所取代的同时，古板和正式的生活方式也开始结束。这些新式座椅首次使更为休闲的坐姿成为一种规范，它鼓励人们学习向后倾斜，甚至躺卧。它们迫使曾经是欧洲最高贵的法国人学会放松。总之，新式座椅引起了一场流行风格、生活方式和消费者至上的革命。

首次将舒适和座椅结合在一起的是古希腊人[②]，它们创造出的座椅，不仅具有优美的曲线，而且能使身心得到放松。然而，设计舒适座椅的理念便从此消失了，直到18世纪初期，这种理念才再次出现。罗马人把座椅看成社会地位的象征，但是随着罗马帝国的灭亡，座椅也逐渐在西方消失。几个世纪以来，人们都是坐在一些物体或地面上。这种生活方式几乎不可能产生复杂的家具。

法语词汇将家具称为meuble和mobilier[③]，即可移动的。这两个词源自拉丁语的mobilis一词，用来代表能够被移动的物体。在中世纪，家具设计和建筑一样，自然也由富有的顾客决定。那时，战争、饥荒和疾病迫使所有富裕的家庭四处奔波，他们经常从一个地方搬到另一个地方。因此，中世纪城堡的室内装饰品必须是便携式的：墙上挂着昂贵的挂毯，床的四周装着精心设计的挂帘[④]。除了床以外，人们都将其他的家具随身携带。因此，为了在搬运时节省空间，它们都被设计成折叠或便于拆分的家具。每一个经常搬家的人都知道，他们没有必要对家具进行装饰。

15世纪末期，稳定的生活对家具的影响越来越明显。那时，座椅（是三条腿座椅，而不是四条腿座椅）再次变成人们常用的家具。它的结构发生了一些变化，但这是首次对座椅进行装饰（虽然只在椅子的座位周围有一点皮革或者织锦，但也算是有装饰）。然而，直到17世纪中期，这种情况似乎从没改变。尽管人们不再经常搬家,但他们几乎没有什么家具:床、桌子、凳子、基本的椅子和一些箱子。那些仍在不断搬家的人(尤其是王室),在更换住所的时候仍只携带一套家具。

1648年的事件导致情况出现转折:当内战刚爆发时,太后和国王路易十四匆忙逃出巴黎。在他们到达圣日耳曼-昂莱宫的时候,里面没有任何家具,大部分的王室随从被迫睡在匆忙堆起来的草堆上。对刚继位的路易十四来说,这是一个莫大的耻辱,与斯卡利特·奥哈拉一样,他发誓再也不要成为穷人。

1662年,路易十四独立统治早期的一个主要决定成为便携式家具结束的信号。之前被称为"高布兰"的生产编织挂毯的工厂搬到巴黎,它成为王室的壁毯工厂,它的主管就是国王的画师查理·勒·布伦。1667年,高布兰工厂变得更加重要,并成为王室家具的官方供应商。许多新类型的艺术家和工匠——包括各种类型的家具制造者,还有青铜器、漆器和镶嵌工艺的专家——搬到它所控制的区域居住。从那时开始,高布兰工厂就能生产各种装饰物品。因此,勒·布伦成为第一个家具设计、并对产品的各个方面都进行监督的建筑师,高布兰工厂也开始生产第一件足以载入史册的家具。一个家具设计的时代来临了。

因为高布兰工厂,早期的家具工业得以建立。从1670年到18世纪中期,法国的设计师和工匠发明了大部分对现代家庭来说仍很重要的家具。现代家具时代的开始源于路易十四决定不再带着所有的物品去旅行。此后,每一个皇室城堡都配备着齐全的家具,家具都被放置在固定的地方,不用移来移去,这也为扩建不久的高布兰工厂的产品提供了良好的销路。

"家具"一词很快就被重新定义⑤。首先,因为家具的移动性降低,这个词更多地被用来指代某一个特定房间中的家具。家具之间要互相匹配的概念由此产生。其次,这个词已经很少指代大部分的便携式装饰物品(特别是挂毯),我们已经不再把它们当做家具。换句话说,1667年高布兰工厂的改组导致挂毯与墙壁分离,它们开始用在座椅上。最后,这个词不仅仅指代布料,它逐渐被用来指代一件完整的家具,即布料和框架的组合体。

17世纪70年代早期,当现代家具时代开始时,一些人开始使用"家具"这个词刚出现的新含意(即与特定房间中的家具相匹配),但他们几乎不考虑家具的设计。如果所有家具都用同一种布料装饰,那么它们就匹配,这样的话,它们的价值主要取决于纺织品。半个世纪之后,不仅仅是布料相匹配,家具的设计也开始相互匹配,这包括它们的雕刻、外形以及风格。此外,布料也不再是唯一的价值标准。家具设计的概念在这个世纪首次出现并得到广泛认可。18世纪20年代,人们用开始用furniture这个术语来代表家具,并沿用至今。

起初,路易十四的指令并没有促进家具的发展。第一个设计室最初是因为它伟大的陈列品而出名,这些陈列品是由文艺复兴时期的意大利生产的。例如,在1673年,巴黎的一份报纸《风流信使》宣布:高布兰工厂刚生产出六个大橱柜⑥。(这也许是报纸首次将家具纳入报道领域。)这种橱柜是一种有门和隔间的碗柜,它与奢华时代可以完美地配搭在一起。它是巅峰之作——由外国的木料制成,并镶嵌着半宝石。它也是一件用来展示的家具,它可以展示主人最好的收藏。1682年,当王室向公众展示凡尔赛宫时,新式座椅和其他因舒适而设计的家具在宫殿中仍然很少。1687年,当那时最著名的瑞典建筑师小尼希米·泰辛参观凡尔赛宫的时候⑦,他注意到,在国王的卧室中只有座椅是经过精心设计的:"这些座椅由银制成,并配有深红色和金色的软垫。"奢华时代的公共部分向众人展示,就像人们经常参加的一个大型的鸡尾酒会,这是一个良好的开端。

高布兰工作室的产品还有另一种销售途径:为私人城堡提供产品。在私人城堡中,只有少数拥有特权的人才能被邀请参加休闲活动,艺术家的新点子在那里能够得到更多的认可。舒适时代就是在这些地方开始的,家具的时代也因此而产生。短短几十年之后,人们的家具越来越多。与此同时,家具也迅速地超出功利主义的范畴，进入到设计和时尚的领域。1769年，胡伯认为是宣传"如果人们的家具不与服装同步更新，则是非常丢脸的事"的时候了[8]。家具的设计也开始以给人们带来舒适为主要目标。随着这些观点的产生，艺术家开始描述一种新的体验：人们爱上了家具。

　　法国家具与法国版画的黄金时代在同一时期出现，很多著名的图片就是以新的室内房间为背景。它们展示了所有的板式家具，这些图像不仅展示了最新的布置房间的方式，也展示了各种各样的讨人喜欢的行为。家具似乎激励着舒适时代的第一代人在私人空间中尽情享受私人生活，这个场景（见下图）描绘了在时尚房间中的一位时髦的女士，她看起来非常温柔。但是，在入

■ 与这幅作品一样，18世纪早期的版画最先描述了一个新的现象：讲究家庭摆设的人沉浸在对他们的家具的热爱中。[16]

口处的那位双手向前伸展的英俊的求婚者并不像人们所期待的那样凝视着这位女士，他注视着她的沙发。在那时，沙发仍是一种新式家具，这是一种最新的款式。很明显，它与周围的环境也能相互匹配，它被很完美地放置在挂有神话场景油画的墙下面。女士手拿折扇轻触自己的面颊，一边注视着沙发，一边陷入沉思中，就好像完全沉浸在新出现的室内摆设方式的快乐中一样。

这件作品和许多其他的作品一样，它们都证明了新的家具观念在舒适时代所起到的作用。当我们着眼于整个18世纪时，这种作用就变得更加明显。存在于路易十四与路易十五的日常生活之间的一个最大的不同就与家具有关。路易十五是在现代家具概念中成长起来的第一代人中的一员。在他统治期间，王宫中的房间都堆满了家具，所有对房间摆设的独特构想都被提了出来，而这所有的一切都是由法国人完成的。一种成为统治地位的家具——风格多样的座椅家具在1675年不再被设计师视为唯一的光明。在奢华时代，人们经常站立着，很少坐在椅子上。在舒适年代，他们可以坐在舒适座椅、扶手椅和沙发上休息，这种沙发有舒适衬垫和柔软的填充物。维克托瓦尔公主与她父亲路易十五完全一样，他们对舒适生活的渴望都是如此强烈。

座椅的变革自然要从椅子开始。在舒适时代之前，椅子首先是作为一个社会地位的象征。实际上，所有的椅子都是国王宝座的替代品。在每个住宅中，当家的人拥有最好的椅子。对那些有扶手的椅子来说，这是特别真实的。那种更大且更富丽堂皇的扶手椅是权力的宝座，它由继承人世代相传[9]。这也解释了为什么在凡尔赛宫的公共房间内，几乎没有舒适的座椅。因为在国王在场的情况下，坐在扶手椅中被视为与国王平起平坐。

17世纪下半叶，扶手椅成为时尚，并且让人发狂，它开始进入一个崭新的时期。一方面，当扶手椅被普及到前所未有的程度时，它们更明显地成为一个权力的宝座。它们的座位更宽更深，它们的靠背更宽更高——平均有32英寸高。很明显，它是房间中的一件想要压倒一切的家具。（它们也非常坚硬和笔直——简言之，一点吸引力也没有。）后来，就在高布兰工厂接受了扩展它的任务不久，扶手椅向另一个方向发展：新式座椅被称为fauteuils de commodité，即舒适的扶手椅。它们采用了权力扶手椅的超大规模，但它们也加入了一些新元素。最明显的就是：在座椅的历史上，它们首次使用了一个有很大发展空间的装置，即从椅背延伸出来的侧翼。因为人们可以将脸托在上面休息，因此，法国把它称为joues，即椅子的侧面。它立刻使大型的椅子变得舒适，这也证明了舒适已经开始和权利抢风头。

起初，许多新式椅子是专门为病人设计的。为了使靠背能够调整到不同的角度，这些合并某种形式的发明通常带有一个棘轮系统，它使病人首次感受到一丝轻松。而活动躺椅的概念也立刻出现（可以理解为，这是第一个使人们能够在某种程度上不用笔直地坐着的座椅形式），没过多久，舒适的扶手椅也不仅仅是病人使用了。事实上，巨大的扶手椅只提供了最低限度的舒适——它们仍然是笔直的，而且衬垫也很薄。但是，它们却标志了座椅开始向全新的生活迈出了第一步。

早在1672年，大型的舒适扶手椅就已经被用在小型的王室城堡和凡尔赛宫最为私人的房间中。在路易十四的长子即王储才11岁时，人们就为他制造了一个扶手椅小模型，这也许是为孩子专门设计的第一件家具。（国王的舒适座椅采用深红色的天鹅绒制成，然而，王储的座椅却用的黄色，这也暗示出王储总是保留他自己对装饰风格的见解。）1673年，巴黎的报纸宣称："时尚的人"已经开始效仿蒙特斯庞的小特里亚农宫的设计风格[⑩]。他们所模仿的物品包括一种有着更高靠背的新式扶手椅，这种扶手椅有一个镀金构件，并且在它的上方有精致的雕刻。因此，一篇新闻稿宣布了家具历史上的三个主要转变：最先摆脱掉棕色的家具；开始重视结构；首次证明现代家具的设计范围已经超出了王宫。在这20年的时间，巴黎的商人将大型的舒适扶手椅摆在自己的商店里，以供顾客休息（见280页）。当椅子不仅是吸引人们目光的这种观念深入人心之后，它激发了人们创造所有的新式座椅家具的欲望。

对最初的现代家具的全面介绍始于1769年，它的作者胡伯成了一位优秀的家具历史学家。这之前胡伯做了很多特殊的准备：他设计并制造家具；他是建筑师布隆代尔的一个徒弟，布隆代尔教他那时最好的设计作品雕刻图案的技巧。对胡伯来说，现代家具的历史是一个探索舒适座椅的故事，他认为座椅能使人们的躯干和四肢得到放松。现代座椅（包括那些舒适的扶手椅）的历史，起源于1680年左右。胡伯的设计指南将读者带入18世纪舒适座椅的一个虚拟的旅行中。在18世纪初，"巨大的靠背"被降低（它下降了整整8英寸，现在差不多有24英寸高）[11]。后来，僵硬的扶手被改造成更多不同的舒适的形式。接下来，在1715年左右，扶手从座椅的前沿向后移动了大约五六英寸，这样就可以使身材矮小的人也能充分利用扶手[12]。

随后，人们重新设计了座椅。17世纪的方形座椅已经开始改变，为了能够适应人们不同的身材和坐姿，它逐渐发展成更适合人们休息的弧形结构。胡伯解释道："当人们坐下的时候，大腿会自然地变成钟形。"家具设计师使用弧形的座椅会使身体的重量更多地被分配到大腿上，从而使座椅变得更加舒适。并且，对于那些经常书写而使身体长时间前倾的人，他说明了如何使座椅的弧度适应这个特殊的体重分配方式，从而帮助作家抵抗疲劳。（我真心希望现在的一些人也能有这样的想法）。

1740年左右，弧形座椅发展为最终的形式——cabriolet，即凹形靠背扶手椅，并被胡伯称为"当今最时尚的椅子"（见右图）[13]。这个名称来源于动词"跳跃或嬉闹"，而这个模型看起来也非常活泼。在此之前，虽然扶手椅的椅背也沿着顶部和侧面的曲线倾斜，但却依然是平的。当凹形靠背扶手椅出现的时候，所有平直的靠背风格都变成了à la reine，即王后的风格，毫无疑问，这是因为它们迫使人们保持一种更为庄重的举止。胡伯详细描述了凹形靠背扶手椅的制作过程，因为正如他承认的那样，凹形靠背扶手椅的开放式的圆形靠背"对工匠来说是最难完成的"。这个模型的压缩结构（它的座位22~26英寸宽，18~20英寸深，但是，大一些的扶手椅更倾向于28英寸宽，22英寸深），特别是适合背部的舒适的环形结构，立即使凹形靠背扶手椅成为每一位法国家具制造者的最重要的生意。

这些舒适的弧形座椅是全国性家具工业建立的基础。即便法国工匠生产的大型扶手椅可能会比其他国家多,但人们并不认为那种扶手椅是法国特有

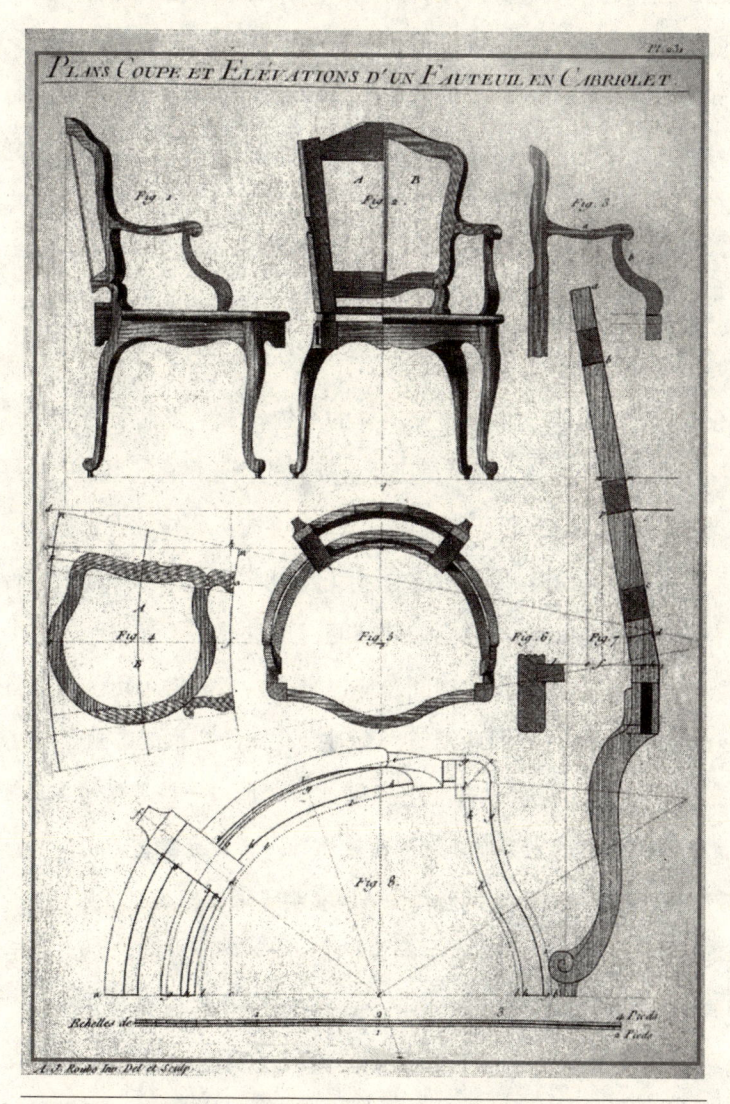

■ 这个图示解释了制作一把凹形靠背扶手椅的过程,这也是18世纪最受欢迎的座椅风格,它以开放式的方形靠背为主要特点。[17]

的[14]。然而，圆弧形的扶手椅很快就被称为"法式椅子"[15]。虽然其他国家的工匠也效仿这种风格，但人们认为最好的法式椅子实际上仍由法国制造[16]。

此外，弧形座椅也是家具参与新时代价值观的一个明显标志。它不仅代表了舒适，还标志了一种更为休闲的风格。即使是镀金或者用昂贵的布料遮盖着的弧形座椅，他们的设计也像是在对我们说：过来坐在这里吧，来成为这个房间中的一员。法式扶手椅的设计与房间中的装饰和变化中的时尚风格是相配合的（见彩页）。18世纪20年代到18世纪30年代，座位非常宽的矮座椅（只有大约8英寸高，而不是标准的11英寸高）与私人的壁炉架被共同放置在会客厅内，会客厅墙壁的下方挂着多面镜子，一种柔软而平滑的服饰——robe volante（见彩页），即飞扬裙，与它们共同形成了第一个专门为休闲而设计的室内空间。

在仅仅半个世纪的时间里，扶手椅的地位就发生了彻底的改变。它们不再是一件很难找到的物品，也不是庄严与权利的象征；它们已经成为最常见的座椅形式，是对休闲放松的一种邀请。《百科全书》告诉读者：在法国，普通的椅子已经因在房间中极少使用而被搬到花园中，取代它的正是扶手椅[17]。

就在法式扶手椅的基本原则被建立时，18世纪的工匠发明了一个又一个的模型。就像人们之前使用的房间一样，它们大多非常小巧。讨人喜欢的小型fauteuils à coiffer，即理发椅，有时会有一个心形的靠背。为了能更加完美地把它固定，人们在靠背的中央挖了一个洞（一些理发椅甚至拥有一个机械装置，这使椅子的上半部分能够向后倾斜，以便为理发者洗头）。17世纪90年代，王室宠儿——勃艮第公爵夫人[18]发明了理发椅。

然而，最受欢迎的座椅是一种人们能够想象到的最宽大的扶手椅。所有最舒适的座椅都是从fauteuil en confessional，即忏悔椅开始的。忏悔椅是一种宽大的扶手椅，据说它的弧形侧翼的发明受到了牧师的启发，因为他们可以在听别人忏悔的时候将自己的头部斜靠在侧翼上。18世纪20年代早期，出现了忏悔椅的第一个表亲bergère[19]，即安乐椅。维克托瓦尔公主非常喜欢坐在安乐椅中。安乐椅拥有一个圆弧形的扶手，而不是圆弧形的侧翼；并且它的座位足以使人们伸展双腿。（见115页，图示的右下方有对安乐椅的描绘。）胡伯认为，对于时尚的女士来说，安乐椅是一个非常完美的工具："一些女士的全套家具中必须包含安乐椅，这是唯一一种能够使她们舒适地坐着，而又不会弄皱她们衣服的椅子。"

的确，18世纪最时尚的女士们都钟情于安乐椅。18世纪20年代最著名的女演员夏洛特·黛丝玛就是它的一个早期爱好者。依照当时的标准，她所拥有的包含三间卧室的住宅面积非常小，但是她依然将11把安乐椅放了进去。至于庞巴度侯爵夫人[20]，她对安乐椅的狂热程度丝毫不亚于维克托瓦尔公主，她在之前的埃夫勒酒店放了14把安乐椅；在卢瓦尔河谷的梅纳尔城堡中，她至少也有36把安乐椅，而在她去世的时候，还有三把安乐椅正在订购中。

这些宽大的弧形安乐椅成为了人们的小世界，他们可以在上面阅读和幻想，人们大部分的私人时间都是在安乐椅上度过的。1764年，当庞巴度侯爵夫人患上衰弱性疾病，并最终死在她位于凡尔赛宫的卧室中的时候，她正坐在她最喜欢的安乐椅上；在她生命的最后一段时间，她饱受病痛的折磨，她也只能躺在床上或者在安乐椅上适当地舒展一下身体[21]。

18世纪，座椅的不断发展使得家具行家开始考虑这样一个问题：从何时起，椅子已不再是从前的椅子了？针对当时家具设计中的一些细节，胡伯郑重地作了详细地说明：例如，如何区分安乐椅和躺椅，以及一个简单的躺椅和那个时代的另一个宠儿——安乐躺椅之间的区别[22]（见103页上图）。（答案是：当一把安乐椅变为一把躺椅时，它的座位有3.5到5英尺长，足够人们在上面完全伸展自己的双腿；当座位的长度超过5英尺，并且在另一端"有一个比床头板低一些，大约12到15英寸高的圆形踏足板"的时候，那就说明：你有一个安乐躺椅。）顺便说一下，安乐躺椅也可能是brisée，即被分离的——也就是说，它可能被分成两个或者三个部分（见103页下图）。对外行人来说，扶手椅的新世界看起来确实极为神秘。1755年，当时最受欢迎的报纸刊登了一个最近从外省来到巴黎的人的投诉[23]。投诉中指出：过多的新名词被用来指代"所有最新的时尚家具"，他对这些名词一无所知，这让他感觉自己已经不再熟悉母语。

在舒适的扶手椅被发明出来的几年之后，座椅的制造者就开始用另一种方式将其改造成与传统风格不同的座椅：他们把椅子的数量增加了一倍[24]。因此，他们偶然地创造了设计史上的一个伟大发明——双人座椅，也被称为沙发。这是家具史上的第一次，也可能是唯一的一次，对一件物品的发明能够逐渐在现代住宅中占据重要的地位。在仅十年的时间里，家具设计师就为新的座椅创造了四个模型（最后获得成功的那两个模型我们如今仍在使用）[25]，并尝试为它们命名。

沙发是创造力繁荣时期的最早产物，它是随着高布兰设计工作室的创建和第一个奢华城堡的建立而产生的。1671年7月20日，在精美的特利亚农宫建成后的短短几个月内，最著名的lit de repos，即坐卧两用长椅就被设计出来。它们被涂成淡紫色和白色，并用淡紫色、白色以及当时的代表色——被称为aurore（即黎明）的金黄色来装饰，金黄色是为微型的宫殿而量身定做的。这种长椅是为房屋的女主人，也是坐卧两用长椅的皇后——蒙特斯庞侯爵夫人而设计的（见5页）。因为坐卧两用长椅有两个床头板，而不是平常的一个，很明显，这是它的一个新发展。人们可以清楚地看见两个人共同分享一张坐卧两用长椅。

当路易十四再婚之后，王室家具制造商立即将这个新设计带到了新的发展阶段。1683年末到1684年初，他们将三件坐卧两用长椅运送到凡尔赛宫[26]（一件被指定送到国王在凡尔赛宫的私人房间，还有一件送给他的新任妻子）。这些长椅有一个非常奇怪的新名字——lits de repos en canapé，即沙发式坐卧两用长椅。它的两端都有靠枕，而且在它的中间位置也有一个高大的靠枕。沙发式坐卧两用长椅上的靠枕和坐卧两用长椅上的靠枕不一样，它们不再由裸木制成，而是用深红色天鹅绒从里到外地进行装饰，这与可移

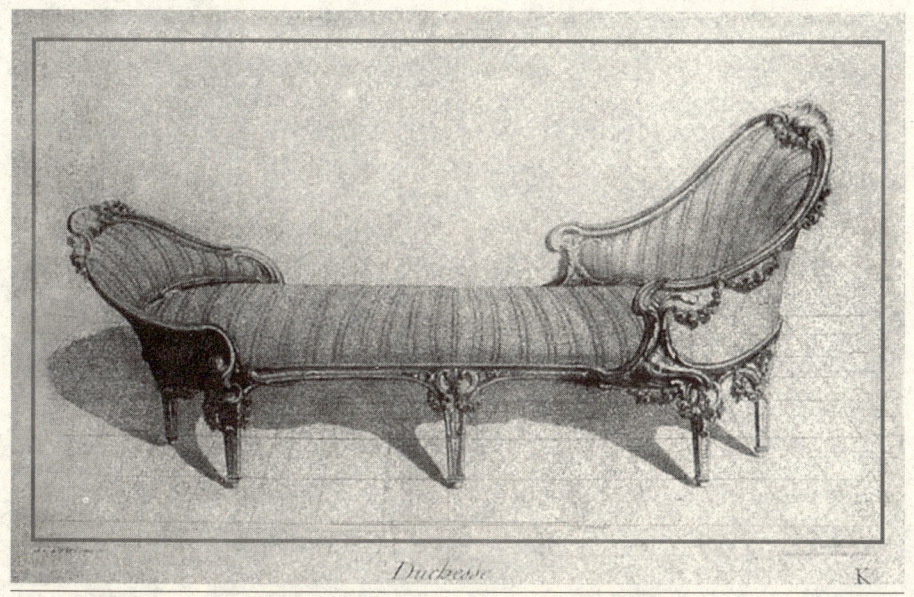

■ 安乐躺椅是扶手椅和坐卧两用长椅的一种结合体。在安乐躺椅上，人们可以完全伸展自己的双腿。而且，安乐躺椅的靠背也很舒适。[18]

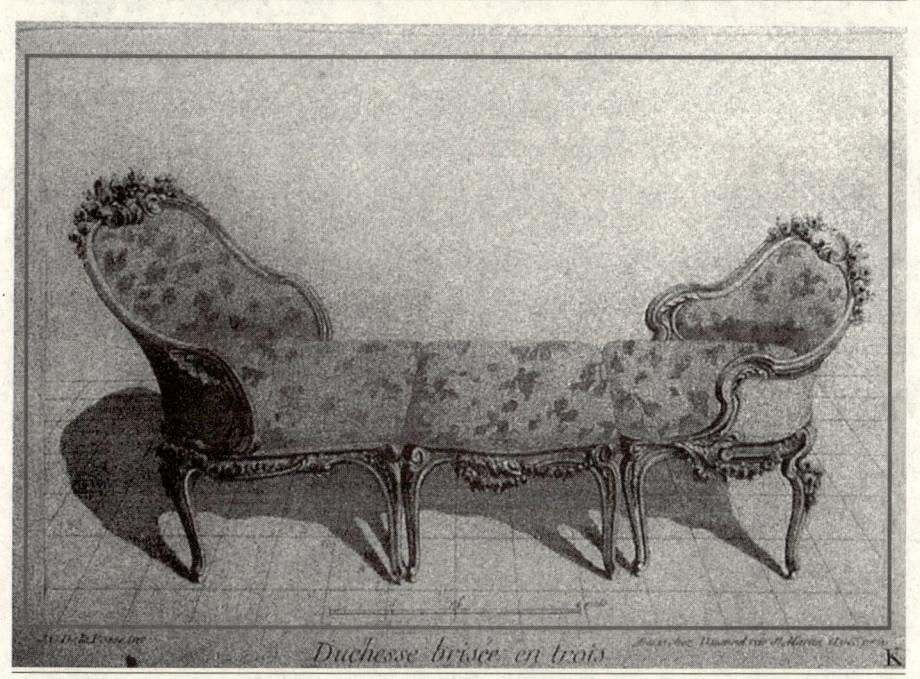

■ 安乐躺椅也可以组合而成，这也使它有更为强大的功能：组合部分可以被轻松地移开；如果有额外的客人光临，一个安乐躺椅可供两位客人坐下休息。[19]

动的衬垫、枕垫和坐卧两用长椅所特有的长枕一样。因此，它介于坐卧两用长椅和沙发之间。1685年，当推动设计发展的王位继承人为他在凡尔赛宫的私人套房定购了一个用蓝色的天鹅绒包裹的沙发式坐卧两用长椅的时候，这个名字被缩短为canapé，即沙发椅[27]。

据说canapé（沙发椅）是源自拉丁语中的"蚊帐"一词，所以，这个新的称呼lit à canapé，即沙发床是一张悬挂着蚊帐或者帘子的床的一个变体。（在图背面的最左侧描绘了一张带篷的床，见134页，直到1787年，才有人提议将沙发变得更加精致。他们认为这就像是在面包上涂一点鱼子酱或者加一点小咸鱼，显然，面包就相当于沙发的帘子。因此，从那时起，这些小名称就开始在聚会中传播，并且被称为sur canapé，即或者仅仅被简单地称为沙发。）

在这种新式家具被命名之后，它的发展已远远超过了坐卧两用长椅的阶段（见106页）。这是一幅保存下来的最早的沙发椅的图片，它描绘了沙发椅的低靠背和类似长椅的座位，是早期最受欢迎的样式之一。它也是最早的软垫家具：它的表面都被布料包裹着。特别值得注意的是这位女士的坐姿：她伸展着她的一条腿，并将一只手臂搭在身后。早期家具的广告活动也非常恰当：它展示了在当时的许多文件中都有记载的一种现象，即沙发椅的特殊功能鼓励着那些居住在奢华时代的人摆脱礼节的束缚，去接受放松和悠闲的坐姿。因此，一种在沙发发明之前人们从未听过的坐姿出现了。

对沙发的另一种称呼来源于阿拉伯语中的"垫子"一词，可以被写成sopha或者sofa，1688年，人们开始使用这个称呼。同年9月，孔蒂王子从一个名叫葛瑞芒的工匠那里订购了一个沙发，这个工匠自称是"扶手椅和沙发的专家"。对新型的舒适家具来说，孔蒂王子是一位理智的顾客。所有的人都认为他在凡尔赛宫的套房特别"漂亮"。他与在那时因自己的家具而出名的公爵夫人热烈相恋。这位公爵夫人与孔蒂王子同父异母的妹妹——孔蒂公主关系最为亲密，孔蒂公主在那时即将拥有一个极好的浴室。

我们无法了解孔蒂王子的沙发的样子；1688年，人们开始提及两个差异很大的模型。第一个模型被很好地描绘成一个双倍宽的超大版的舒适扶手椅（见108页）（在18世纪英国的大部分地区，它被称为"合为一体的双温莎椅"[28]，它的椅背模型控制着非常有限的沙发产品。在法国，它迅速演变为一种外形更加高雅的沙发）。和其他的扶手椅一样，它又大又笨拙。不同的是，它不再与社会地位和宏伟奢华联系在一起。反之，当发明沙发之后，它竟然前所未有地与舒适联系在一起：休闲是一种新型的性感。下面这幅图表明：当坐在沙发椅上时，即使是最高贵的女士也会感到休闲和放松。确实，当图中的这位女士坐在沙发上的时候，她感到非常轻松自在。

路易十四的导师和牧师——红衣主教马萨林的侄女德·布隆公爵夫人[29]是埃夫勒伯爵的母亲。（在埃夫勒伯爵结婚的时候，她创造了一个词组"我的小金条"来形容埃夫勒的新娘，也就是克罗扎特的女儿。）德·布隆公爵夫人她是一个狂热的时尚追求者；人们认为她的每一件衣服都非常漂亮。

因此，一些人将公爵夫人看成是拥有镇上最时髦、最性感的新式座椅的典型代表。17世纪晚期，雕刻师热情地展示家具在巴黎的进化方式：他们不断回想人们坐在沙发的画面，这使他们认为沙发太过吸引人，以至于很可能会产生一些危害（见109页）。马格达莱纳夫人在经典的忏悔姿势中十指紧扣，她摘下戴在身上的珠宝并漫不经心地将这些珠宝撒在地板上。然而，她并没有跪下来宣布要摆脱过去；非常时尚的玛丽·马格达莱纳仍旧放不下对奢华沙发的舒适感的喜爱之情。她迷人且凌乱的头发自然地垂过肩膀，她那性感的睡衣上的褶皱就好像为了达到随意的效果而故意设计的。与维克托瓦尔公主一样，她明白沙发已经毁掉了她，并且还将继续地摧毁她，但是她仍然没有做放弃沙发的准备。

对于这些夸张地描绘沙发场景的版画雕刻家，维克托瓦尔公主也许是在跟他们在开玩笑。（这些版画并不是真实的描绘，雕刻家只是简单地选择了一些能够满足他们声望要求的著名人士而已。）然而，在这些版画被创造出来以后，在整个18世纪，这种低级庸俗的形象都与沙发联系在一起。不计其数的

Femme de qualité sur un Canapé

■ 这幅1686年的版画是一种新式家具——沙发的最早图像。这个使人联想起被填充和装饰的长椅的低靠背模型，在沙发刚刚出现的十几年中非常流行。这幅版画也展示了一种被因沙发的产生而激励的，以前从未听说过的行为方式：这位女士明显认为沙发奢华的外观促使她将自己的双腿伸展开，以炫耀她那用可爱的布料来装饰的昂贵的家具。[20]

法国小说都将沙发而不是床（更明显的候选者）推选为最有诱惑力的家具。每当你读到一位女主人公正以某种姿势坐在沙发上的时候，你就会明白她的品德即将受到公开的指责。所有大肆宣传的都来源于现实吗？从当时的通讯和回忆录，以及当时的一些目光尖锐的观察者的评论来看，我发现了多条支持沙发的性感形象的言论。这些观察者是包括圣·西门和达福特·谢弗尼在内的最了解顾客愿望的建筑师和家具设计师。到现在都没有任何证据表明：现实生活中的女性因沙发可以让人们摆出诱人的姿势而导致她们（无论是德·布隆公爵夫人还是庞巴度侯爵夫人）为沙发而疯狂。然而，一些人仍然被这种图像所欺骗。

英国人很快就断定沙发是一种危险的东西，人们最好尽一切可能去避免[30]。1745年，霍勒斯·沃波尔取笑说，沙发的存在让为它设计软垫和线条的人的希望破灭了，他将懒洋洋地坐在沙发上看成是péché-mortel——弥天大罪[31]。沃波尔的客户霍勒斯·曼[32]回答说，他对这种罪恶的奢华沙发的样子"不是很了解"，并补充道："你知道我们（英国人）总是落后几年。"他们在这方面落后主要是因为他们很明显地控制着舒适座椅。1770年，迪拉妮夫人[33]谈论到一位重要客人的期望："所有的舒适沙发……在某一天都被驱逐出去……座椅成为房间的正式组成部分。"只要看到一张有着舒适靠垫的沙发，一个家庭的良好声誉就将受到威胁。

现在，让我们回到现实，回到家具工业的发展。因为设计师创造出了许多精致的模型，沙发很快就变得出类拔萃。17世纪80年代晚期，家具制造商开始尝试一种新技术，并最终生产出这些新款式。1691年，沙发最忠诚的支持者——王储将另一种款式的沙发放到了凡尔赛宫的私人套房中。它被描述成一个canapé à dossier et bras chantournés，即一个拥有雕花的靠背和扶手的沙发。为了炫耀新式沙发的出现，这个沙发的图片很快就被展示了出来（见111页）。富甲一方的继承人德·罗昂公主[34]是沙发的另一位性感的代表人物，她在1696年成为一位王子的遗孀，并在最近与另一位王子再婚。与

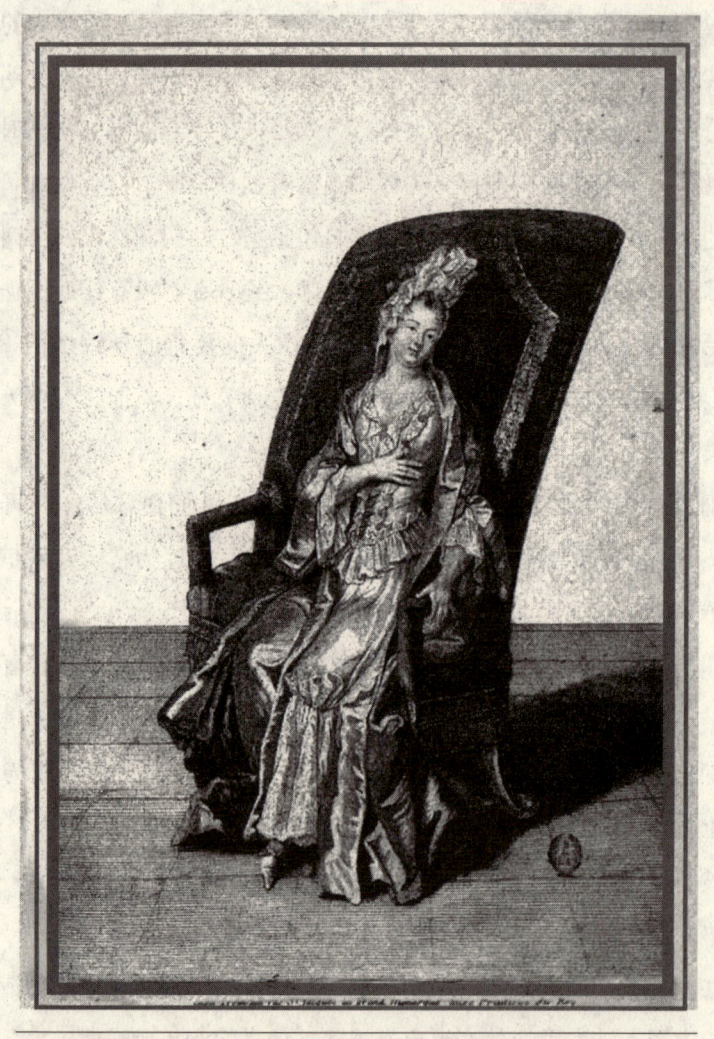

■ 这幅版画展示了一种17世纪晚期的沙发风格——它看起来更像是一个双倍宽的高靠背的扶手椅，而不同于我们所了解的沙发。在法国，它虽然深受人们的喜爱，但是流行的时间却很短暂。[21]

德·布隆公爵夫人一样，没有人能够阻止她得到一个又一个的情人。然而，她所谓的肖像画更多地涉及到是她的家具，而不是她放荡的生活。

公主用她的一只手暗示了这种款式最值得注意的创新：它的结构和早期的沙发不同（见95页和106页），它的框架不是回转的，而是带有雕刻花

■ 这幅有着双座扶手椅风格的沙发的图像也来源于17世纪晚期。这幅图特别夸张地描绘出：沙发唤起了它早期的支持者对舒适的过度喜爱。[22]

纹的。和王储的沙发一样，这种设计是chantourné——一个新的词汇，意思是旋涡形装饰或回纹装饰。1680年的某个时候，弧状锯被发明出来。人们随即用它为家具打造精巧的旋涡形和扇贝形的装饰，这种装饰很快就成为现代风格——即洛可可风格的标志。对现代的家居理念来说，这种新技术也许是最重要的革新。从那时开始，之前一直隐藏在布料里面的部分变得和布料本身一样重要。旋涡形框架与公主的沙发设计非常相似，在它出现之后不久，奢华时代的大型橱柜和其他的一些展览品全部消失，座椅家具的时代开始了。

公主另一只手的手势指向了另一种革新：扶手。当精心雕刻的框架被发明以后，人们首次对舒适座椅的另一种基本元素——手臂的支撑进行了认真地关注[35]。这个现代的名字accotoir，即扶手在旋涡形装饰这个词出现后不久就被创造出来。在仅13年的时间里，法国的沙发制造商就学会了制造与舒适时代相匹配的第一件家具：它的正面、侧面和背面都进行了装饰，并被全方位的填充，它还在适当的地方安装了支撑物。

1701年，路易十四想在梅纳格丽城堡增添一些"青春的面孔"[36]。他选择了王室城堡中的第一个沙发——既不是作为一个沙发床，也不是作为一个沙发椅，而是作为一个沙发。他选择了一个拥有所有最新设计的沙发：有精心雕刻的框架，也有舒适的靠背和扶手。与早期的沙发一样，它也拥有最奢华的布料——深红色绸缎，这种绸缎拥有镶金边的叶片设计。这种布料也唤起人们对舒适家具最后一个方面的注意：装饰和填充。

从一开始，沙发的表面就都是用布料包裹的。可最初的时候，例如在那些"大型的扶手椅"中，布料里面的填充物都不舒适，而且样式都很简单。为了与第一个复杂的装饰技术发明相匹配，设计师在这段时期一直尝试着设计各种沙发模型。沙发（迄今为止家具商所储备的最大的家具）是将工艺推向现代的诱因。

直到17世纪，如果想让一个座椅变得更加舒适，你只需要简单地在上

■ 这幅1696年的版画也许是最早的一幅描绘当时出现的一款直到现在都还在使用的沙发。沙发的每一面都加了衬垫和装饰，并以一个复杂的雕刻结构为特点。在仅仅十年的时间里，沙发已经从一个相对简单的设计演变为一件复杂的家具。[23]

面放一个垫子就行了。在16世纪到17世纪的这段时间里，家具商对墙壁和床的挂饰的关注越来越少，而对家具的覆盖物的关注却越来越多。与此同时，可拆式的座垫和床垫也逐渐被包装家具的布料所取代。然而，直到17世纪的最后几年，装饰仍然与奢华时代紧密相连。这种由最昂贵奢华的布料制成的须坠（在同一件家具上通常有两种须坠：一种宽的，另一种窄的）、穗带和流苏等各种物品，在当时被看做是一种极好的装饰，只不过它们在制作过程中确实有点浪费布料。但是，装饰业者只对座垫做一些填充，当完成了填充之后，他们用钉子将其钉在座椅上。因为椅背没有安装靠垫的合适地方，所以装饰业者只简单的用布料将其包住。

1670年以前，固定的装饰是非常罕见的。而后，在短短的几十年时间里，法国工匠发明了以装饰为基础的每一项技术[37]，这也成为由法国主宰的另一个领域[38]。（这里只有一个例外：弹簧在19世纪前并没有真正地投入使用。一些专家认为维克托瓦尔公主[39]的安乐椅也许是最早的弹簧座椅。）座垫加上了在今天仍然可以见到的那种宽宽的边带，靠背垫用帆布包裹着，而更精细的缝合技术将坐垫与柔软的羽绒，靠背垫与有弹性的马毛牢牢地固定在一起。

当沙发被完全认可之后，法国的手工业者开启了衬垫的黄金时代[40]。衬垫装饰着家具的每个部分。这样做不仅是因为它可以为家具提供额外的支撑，从而使家具更加舒适，还在于它能与当时座椅家具的框架普遍采用的新式线条相匹配。在座位和靠背方面，被组合在一起的衬垫构成了一个拱形。（在英国，情况却刚好相反。在整个18世纪，英国的衬垫都非常坚硬。它们的填充物过少，在大多数情况下，人们只进行少量的填充。在19世纪以前，美国也几乎没有什么装饰家具。）法国的衬垫被固定在曲线形家具的每一个边缘。（英国的衬垫通常被制成方形，这似乎与英国家具的那种严格的线条更加匹配。）

在1700年到1715年间，真正精致的装饰技术成为一种幻想。当扶手刚有了现代名字之后，人们发明了一种更为复杂的装饰和填充家具的方法。一个独特的châssis，即框架是这些发明中最具智慧意义的。它使装饰不再需要依附座椅本身的框架，而是可以在其框架中建立一个新的框架。它经常被用在有旋钮的地方，这项技术不仅使衬垫更加轻薄，它还在靠背和扶手中得到了广泛的应用。

只有喜欢舒适和高雅的社会，才会出现这个被称为装饰框架的进程。装

■ 让·弗朗索瓦·德·特洛伊的《爱的宣言》展示了一系列舒适年代的革新——从带来健康的座椅到舒适的礼服。当然，它也展示了这些革新增加舒适和健康的方式。❶

■ 阿瑟·德维斯所画的一对英国夫妇——理查德·布尔夫妇,它们的生活方式与法国截然不同。在这幅画中,从家具到室内装饰再到这对夫妇的举止都给人一种僵硬的感觉;他们的财产仅仅证明了他们的财富和身份,但并没有表明舒适的设施改进了他们的生活质量。❷

■ 这是十二张座椅中的其中一把，它是18世纪初的家具制造商为法国最富有的商人皮埃尔·克罗扎特制造的。这座椅仍然以红色的摩洛哥皮革为主要特征，它与表面波浪状的图案形成了对比。这个扶手椅是17世纪到18世纪的座椅中的一件过渡时期的完美家具：其框架保留了早期的棱角痕迹，但它已经表现了新世纪的曲线风格。❸

■ 这是路易·托克在1740年描绘的玛利亚皇后的肖像，此时她处在高度正式的场合中。她站在公众接待区，穿着让那时的女人感到很不舒适的紧身的宫廷服饰。❹

■ 这是一幅庞巴度侯爵夫人的肖像画，它是由弗朗索瓦·布歇在1756年完成的。画中她半倚在坐垫厚实的椅子上，并在她的私人空间中拿着她最喜欢的书。当然，画中还出现了在她每个居所的房间中都安放的一种小型的书桌。❺

■ 这幅画经常被弗朗索瓦·德称之为《在沙龙中阅读》。一群朋友聚集在一个更狭小的新式接待区。他们将扶手椅安排在壁炉旁,其中还有一个人在为他们大声地阅读。这种在更加狭小和私密的空间中所进行的活动使人们的生活更加舒适。❻

■ 这或许是现存最早的法国高端的时尚服饰，这种风格被认作是飞行服饰。或许是因为它剪裁的随意性，当女性移动时，裙子能够随着她们的步伐飘起来。它以时尚的宝塔袖为主要特征，并且它的肘部有褶皱的曲线。这条裙子从后面展示褶皱突显了服装的层次感，并实现了"飞"的构造。❼

■ 这幅活人画（舞台上活人扮的静态画面）或时尚画由弗朗索瓦·德所作。他展现出最初的室内装饰的和谐。不论是挂在墙上的异国情调的纺织品的运用，还是那块巨大镜子的摆放都让这个小房间更有纵深感。⑧

■ 这块印花棉布来自于法国的民间艺术：叼着水烟袋的印度人，人形猴子，野生动物以及神秘的伴奏都在这个和谐的王国中得到了并存。⑨

■ 凡尔赛官中的很多内室——包括家具、床帘、床单和墙壁在内——都采用了这种红色背景的印度棉。⑩

■ 在欧洲市场中，印度的设计师在纺织品中渲染了异国情调——他们甚至画上了蓝色的大象。⑪

■ 上面的彩色纺织品是一种印度纺织品，于1700年出现在欧洲市场；下面蓝白相间的纺织品是2000年左右法国的升级品种。⑫

■ 印度设计师试图模仿18世纪早期丝绸上的花边图案和花骨朵图案，并将两者融合。⑬

■ 20世纪法国设计师设计的18世纪印度式法国丝绸升级版。⑭

饰几乎可以在一瞬间就被改变,而座椅家具也紧跟时尚的步伐。框架装饰的出现使新贵们开始在室内装饰中投入大笔金钱。富有的巴黎顾客很快就拥有了冬季装饰和夏季装饰,它们都利用了最新的色彩和图案。十年之后,这种行为在法国变得很普通。在18世纪中期的凡尔赛宫和一些高档的住宅中,装饰在一年之中被更换四次。那时,法国的丝绸工业每年都会生产四种丝绸[41]。因为座椅家具的装饰要与主人的最新风格相匹配,因此它们也跟随着时尚的节拍。(这种新的尝试从未在英国真正地流行起来。)

填充技术的改进不仅为家具制造商增加了更多的可供雕刻的平面,还促使他们制造出更加精致的框架。它们也为纺织工业增加了大量的收入。同劳工成本的增加一样,那些随着季节而改变的装饰自然也需要更多昂贵的原材料。1770年,当著名的家具商比蒙出版了第一本《装饰的艺术》指南时,他提供了一些技术小窍门。更重要的是,他提供了大量的关于各种装饰布料价格的详细信息。对于法国住宅中普遍使用的每一种座椅和沙发,他还介绍了装饰它们所需的布料数量。

作为尝试时期的结果,也可能是因为所有的高利润的销售,家具商第一次获得了真正的职业地位,并极大地扩展了他们的作用。在尼古拉·布雷尼[42]1692年版的《巴黎业内人士指南》中,他第一次提供了巴黎最好的家具商的地址。他将这些家具商描述为出售"最奢华家具"的人:家具商已经开始从家具工那里购买家具,并将这些家具出售给顾客,家具的售价中包含装饰布料和劳工的费用(见下页)。《百科全书》中的这幅插图展示了家具商的新成就和他们所出售的家具。在插图的正上方和右下角,我们看见几把有衬垫和没有衬垫的安乐椅。值得注意的是,每把椅子都采用了时髦的凹形椅背,而且椅子的圆边也包上了衬垫。同样值得注意的还有沙发上的精美的拱形衬垫。

在沙发的急速发展时期,家具商获得的利润也许是最高的。框架发明之后的这20年见证了舒适时代的座椅家具最惊人的新发明。更让人惊讶的是,随后发明的模型所需要的布料是1700年的沙发所需布料的两倍。当你把每年进行两次、甚至四次装饰情况纳入考虑范围的时候,你就能够理解为什么人们急于去创造新式的豪华座椅了。

一些奢华的沙发始终是当时的人们所想象出来的消耗布料最多的家具。在装饰热潮的第一个十年,人们创造了最受欢迎的两款沙发[43]。它们分别是ottomane(无背长椅)和canapé à confidents(双人沙发)。在所有的款式中,最先拥有异国情调名字的是无背长椅。后来,其他的物品也效仿了它的这种命名方式。例如:无籽葡萄干和绿松石。18世纪中期,庞巴度侯爵夫人终于在梅纳尔城堡[44]将这个具有异国情调的名字确定下来,叫做ottomane laturque,即土耳其的无背长椅。没有人知道为什么它在后来会被降低级别,

■ 在18世纪,装饰者也出售家具。这幅插图描绘了一个装饰者的店铺。店铺出售种类繁多的沙发和扶手椅;许多家具的靠背都是凹形的,这也被托马斯·杰斐逊和许多其他的建筑师视为非常舒适的设计。18世纪非常流行的大型扶手椅——安乐椅,也被明显地展示出来。[24]

因为最初的无背长椅确实看起来很大：它们平均有6.5英尺到7英尺长，并且可以被拉长到10英尺，后来的人们用它来指代超大型的脚凳（见下页）。无背长椅因为圆底和两边的装饰而著名，比蒙解释说：它们的装饰所需的布料数量大约是没有异国情调的模型的两倍。

对双人沙发（也被称为canapé à joue，即带有侧翼的沙发）来说，这个突出了发明（人们可以依偎在双人沙发的侧翼上，与坐在双人沙发的正座上的人交换彼此的秘密）的概念也掩盖了它的其他功能——它对装饰业者来说是一棵真正的摇钱树。双人沙发就像是一个沙发和两个扶手椅的结合体（见125页）。随着时间的推移，双人沙发一个接着一个地出现在那些时髦的商店中。1769年，胡伯尽最大的努力去解释无背长椅和双人沙发的区别[45]（见126页）。在解释它们的区别之前，胡伯通过揭露许多模型仅仅是一种营销手段，以及抱怨"家具制造者和家具商人的贪婪"的方式，试着使顾客明白他们已经被一些新事物所迷惑。

然而，在距离"胡伯时代"已将近一个世纪之后，没有什么能够抵挡住沙发的这股狂潮。1690年5月，在巴黎出现沙发还不到两年的时间，塞维涅侯爵夫人的女儿竭力将一个双人沙发运送到外省的家中。她的母亲惊讶地称呼这个沙发为"一件与凡尔赛宫的奢华不相上下的家具"。"沙发"这个词在1691年的一本字典中首次被提到，次年，这个词出现在《Des Mots à la mode》（流行词语）一书中，这是用来讽刺法国人对一切奢华和时髦事物的热爱[46]。当德米埃尔元帅在1694年去世的时候，他传给女儿一件早期的沙发，沙发的胡桃木上有着非常精致的雕刻。

1695年，对沙发的狂热传到了法国的周边国家。作为瑞典文化专员被指派驻巴黎大使馆的丹尼尔·克龙斯特伦[47]向斯德哥尔摩介绍了巴黎所有的新式沙发。现成的沙发已准备出售，然而，新式家具过于抢手，导致他都买不到两个相同的沙发。法国人已经为沙发而疯狂，"在巴黎的住宅中，几乎没有哪个住宅缺少沙发"。六个月之后，克龙斯特伦在他所谓的"沙发战役"

■ 18世纪,沙发被称为无背长椅。它的扶手和靠背一样,框架完全是圆形的。它们具有异国情调,听起来像土耳其语的这个名字会使人联想到一幅带有异国情调的舒适的画面。在19世纪,无背长椅逐渐转化成一个超大型的脚凳。[25]

中取得了成功。他自豪地宣布:他正在通过海运,将一对"构思最独特的"沙发运往斯德哥尔摩。

18世纪,人们仍继续着对舒适生活的热情。1718年,当未来的国王路易十五[48]才八岁的时候,王室家具制造商就为他设计了第一套家具。这套家具包括两个用黄色锦缎包裹的沙发,沙发的锦缎上有银线装饰的叶片。1725年,夏洛特·黛丝玛已经拥有七个沙发,其中的两个大沙发被放置在她的小房间。公爵夫人是沙发早期的拥护者之一,她知道,沙发能使最宏伟的房间变得舒适和有魅力。波旁宫的许多具有鲜明特征的房间都以圆角为特色——沙龙、正式卧室、画室和沐浴套房中的房间。对于她的大房子,公爵夫人描述说:"频繁的聚会生活"利用沙发的曲线来补充房间的曲线,这使这些房间转变为私人娱乐的场地。当庞巴度侯爵夫人[49]重新修建埃夫勒酒店的时候,她在里面安放了六个沙发、五个无背长椅、两张躺椅和一个小型的无背长椅。

的确，就像瑞典公使所评论的那样，在我们住宅中的每一个房间都可以找到沙发。然而，它们的功能却随着房间类型的不同而改变。那些沙发椅在诸如沙龙这样重要的公共场所排列成行（有时是一排三个）就可以证明房屋主人的休闲品位，但是，我们不能够确定它们是否被经常使用。餐厅中的沙发也许是最具有装饰性的。公爵夫人就有这样一个沙发，它的外表由淡黄色的天鹅绒装饰，可以充当一面墙，它的"角度"要完全合适。（如果墙角的两边不相同，沙发就会被不对称地切割。）在布隆代尔的眼中，有两个浴盆的完美浴室也要配备一对沙发[50]。

在其他地方，沙发被用来提高室内生活品质。它是布隆代尔为了阅览室和最小的房间而设计的，他将其命名为"沙发"[51]；胡伯则拥护能够使人们

■ 这幅1768年的版画介绍了一种很快就受到广泛欢迎的沙发。它以joues（字面意思是"面颊"）为特点，这种沙发两边的侧翼使它成为一个沙发和一对扶手椅的组合体。因为两个人可以紧挨着坐在沙发的侧翼上面分享他们的秘密，所以这种沙发被人们称为双人沙发。[26]

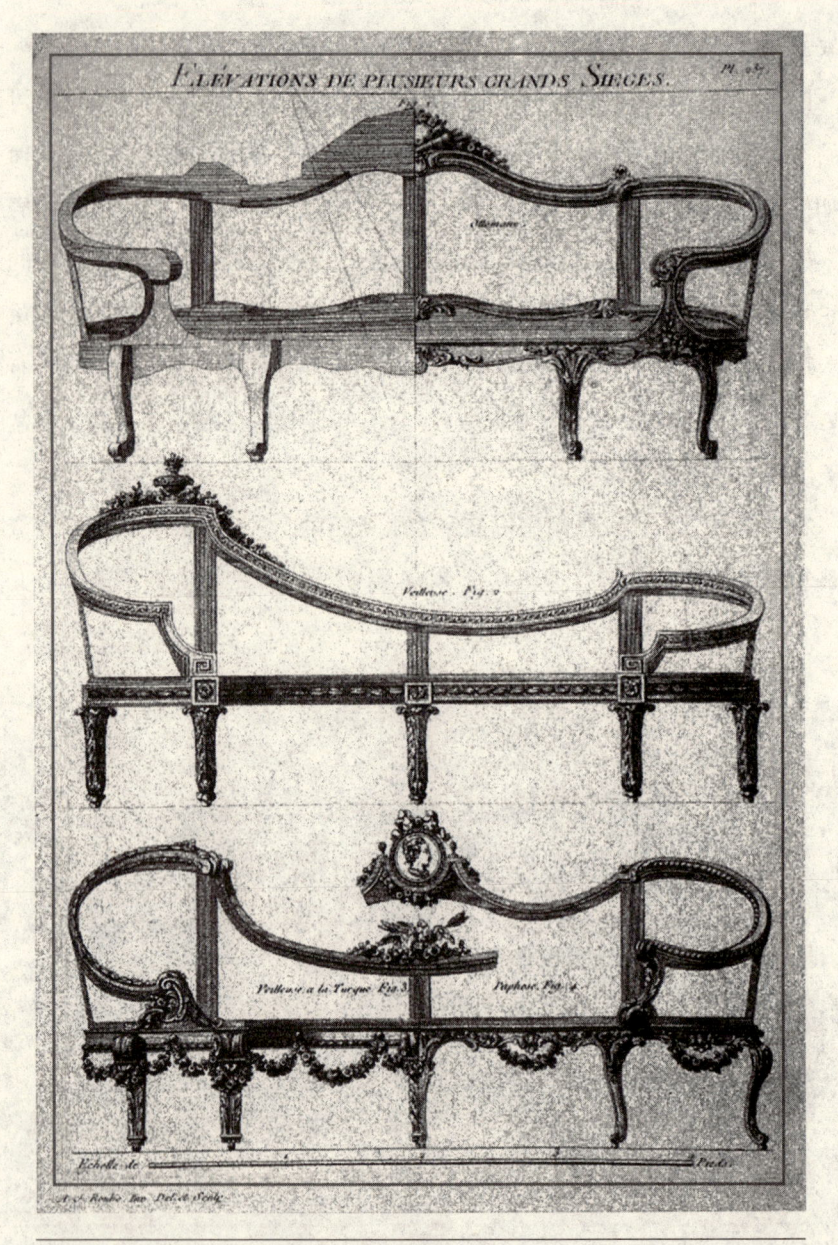

■ 家具设计大师胡伯利用这幅版画向沙发的潜在客户展示了几种最流行的沙发的主要特点——例如：veilleuse（双人沙发），它虽然有像无背座椅一样的圆角，但是它的边缘却要更高一些。（它通常以代表火焰的雕刻为特征，因为veilleuse一词也可以特指夜明灯。）[27]

"在炉火前舒适地阅读"的有圆角的家具，例如：无背长椅和双人沙发。他也建议放置一对背靠背的沙发，以便使人们能够结伴阅读或轻松地交谈。

从此之后，在那些侧重于阅读和精神生活的住宅中，沙发成为不可或缺的一部分。设想一下，当弗朗索瓦·德·格拉菲格尼访问伏尔泰与埃梅利·杜·夏特莱的故居——锡莱城堡的时候，她会有多么地惊讶。她发现那里不但没有沙发，甚至连一件真正舒适的扶手椅也没有，"我的意思是，他们有完美的座椅，可是这些座椅只不过是用布料包住，它们没有任何的衬垫和填充"。她得出的结论是：就伏尔泰而言，显然，身体的舒适并不是他所喜欢的享乐方式。（伏尔泰确实拥有一个有少量填充的、在当时看来很老式的一个大型舒适扶手椅——他的扶手椅是功能性的，上面安装了一个可以滑动的搁板来当做书写的桌面。1778年伏尔泰去世的时候，他就坐在这张扶手椅上。）

在座椅的革命中，沙发是核心，它带来了许多长远的影响。它开创了我们现在所知的家具的营销和购买家具的这种行为：那些装饰店铺是最早的现代家具商店。此外，它也促使家具和设计相结合，这种结合在我们现在看来是理所当然的。之前的时代对家具的重视程度根本无法与舒适时代相匹敌。18世纪初以来，像芒萨尔[52]和布隆代尔一样的建筑师不仅设计家具。他们认为设计师在绘制一个平面图的时候，也必须重视家具的布置，而且，他们也列举了自己设计的几件重要的家具。在行为与设计的另一种相互作用中，伟大的家具制造商清楚地知道：家具在人们的生活中所扮演的角色正在发生戏剧性地变化，而且，他们也在用自己的作品来塑造人们的生活方式[53]。通过说明每天都有多种新家具被发明出来这种方式，胡伯试图回应随着家具制造商的能力的提高而突然出现的人们对家具的所有的新需求。

随着许多新式家具的组合，居民住宅中家具总量的激增，以及人们对家具布置的重视，人们的住宅呈现出一种全新的面貌。居民清楚地意识到：18世纪的法国住宅与从前的住宅完全不同。从本质上说，从前住宅中所装饰的几件家具只是华丽的临时展示品（见彩页）。1755年，一位法国人评论道：

"我们的家具布置和父辈的家具布置没有一点相似之处。[54]"多亏由座椅家具的革命所引起的改变,我们才能够按照自己的标准对住宅进行真正的装饰。

对家具的新重视,以及人们舍得为家具投入更多金钱的这个事实创造了一种新的旅游形式——家具旅游。当然,也配套地出现了为外国参观者准备的家具旅行指南。例如,因为埃夫勒酒店精致奢华的家具,德扎利尔·达让维尔在1749年将其作为一个"必看"的景点。埃夫勒伯爵[55]也尽力购买当时在《建筑文摘》中所提到的家具:到他去世的时候,他半数以上的财产都与家具有关。有其母,必有其子。

首批家具旅游站点全都出自皮埃尔·克罗扎特之手。传说中克罗扎特的画廊陈列着他最杰出的艺术收藏品,画廊中也同样展示了首个真正经过专门设计的伟大家具:"十二把扶手椅、两张沙发、两张长凳以及四个凳子,它们都用红色的摩洛哥皮革装饰而成。"这是人们根据克罗扎特去世之后所起草的财产清册而发现的(见彩页)。一些设计于18世纪最初十年的许多家具如今仍然存在。在它们被制造出来的三个世纪后,作为房间的中心装饰品,它们中的一半在与克罗扎特的豪宅仅一步之遥的雄伟的建筑——卢浮宫中傲然挺立。当第一次参观卢浮宫的时候,我完全沉浸在对它的仰慕中:这真是非比寻常的座椅家具。

扶手椅的尺寸较大,这既与画廊的规模相匹配,也符合住豪宅的人们的愿望。然而,没有人会拒绝奢华时代的这种笨重的大型舒适扶手椅。在胡伯看来,所有对扶手椅的现代化至关重要的方面都在这个过程中得到了进化。它们的靠背更低,更有弧度;它们拥有更加柔和的曲线。靠背和侧面被填充成漂亮的半球形,柔软的扶手也增加了填充物。它们并不是18世纪的典型的扶手椅,但是它们完全走在了时尚的前沿。18世纪初,当参观者来到克罗扎特的画廊参观这些舒适座椅的时候,一把座椅应该已经告诉他们:座椅的全新时代即将到来。显然,它的制作工序并不简单——它是经过精心设计的。它靠背倾斜的角度恰到好处,扶手的坡度恰到好处,就连填充的数量也恰到好处。显然，它们会非常舒适，而它们也提供了舒适的护背。

在这些舒适的座椅中享受的人们也发现自己正处于奢华的环境中。利用仿形切割技术，家具的每个表面——正面、侧面、背面，甚至是椅腿的内侧都可以雕刻复杂的图案。这些雕刻的品质非常高，它的镀金外层也炫耀了这一点。这些为证明家具不再只是与布料搭配提供了实际的范式。就摩洛哥的皮革装饰来说，自18世纪初以来，它仍是一种具有独创性的奇妙装饰——它的奢华让人感到不可思议。实际上，它由两种不同的红棕色构成，并用到了被看成是最高格调的皮革条。这些皮革条的边缘被镶上丝带以隐藏表面的针脚，它们被设计成一个旋涡图案，并与雕刻结构中的图案产生共鸣。皮革装饰似乎对单身汉的住宅来说是完美的，它可以使家具看起来轻便舒适。在位于旺多姆广场的画廊中，克罗扎特已婚的哥哥也为他的蓝色天鹅绒绘上了花卉图案。

家具设计图书和个别家具的版画，尤其是我们这一章所列举的J.C.德拉福斯的那些作品，很快地将巴黎的最新面貌公布于众。巴黎出现了室内布置的新方式，因此，它被看做是法国高雅舒适的生活艺术的一个主要部分。1776年，那不勒斯大使卡拉乔利侯爵来到凡尔赛宫，他宣布"法国已经布置了整个欧洲，并且做得非常好"[56]。他补充说：现在你可以进入到所有欧洲住宅的最私密的房间中，去检查它们的布置；你将会发现每个"华丽的"地方都已经被驱逐；在这些房间中，"舒适高于一切"。（他没有去过英格兰。）

无论是对于家庭生活、聚会时刻、还是精神生活来说，正如舒适时代为它们所下的定义一样，家具装饰和舒适座椅已经成为私人生活必不可少的一部分。回想一下那个爱上早期沙发的女人的那幅图（见95页）：当她凝视着沙发的时候，她的手中正拿着一封信；她的桌面上到处都是零散的纸张，这已经为书写做好了准备。就像布隆代尔和胡伯喜欢放在房间中的双人沙发一样，她所喜爱的沙发是有利于室内生活发展的一种室内装饰的一部分。在18世纪，人们认为住宅的室内家具和理想的室内布置是相互依赖的。

第七章　便利家具

18世纪，法国家具制造商从没忘记这个时代的流行词"便利"有着两层含义：舒适和幸福，当然还有方便。因此他们设计出一件又一件为诸如写信、储存衣服等各种活动带来便利的家具，在现代法国建筑重新设计了他们的家之后，这些家具首次吸引了人们的注意力。当时制造的家具还说明了胡伯描述的另一种现象：18世纪的家具制造商有无穷无尽的创造力，当人们有了某种家具需求时，他们就能设计出新式的产品。当人们还不知道自己需要哪种产品的时候，他们就能预测到人们的真正需求，并创造出人们想要的家具。

实际上，当超大型的扶手椅刚被描述为commode（便利的家具）时，这个形容词便被高布兰工作室的设计师用来指代便利家具。他们创造出一种只有在特定的空间中睡觉和着装才会想到的家具——五斗橱①。

17世纪之前，人们只有一种存储家具：衣箱。文艺复兴时期，人们把小抽屉装入桌子和其他家具中，由此促使了多功能的存储空间——抽屉的广泛使用②。然而，17世纪晚期之前，人们是不用抽屉存储衣服。1692年5月，当四件新制的家具——五斗橱，被送到凡尔赛时，这种情况便开始改变。它们很快被当做commodes而为人所知，我更愿意把这个词翻译成"便利家具"，因为它们确实给人们带来了方便。因为"便利家具"使人可以把东西分类整理并给它们分配一个单独的抽屉，因此，如果你寻找的东西在衣箱底部时，人们再也不用将所有的东西都翻出来（然后又全部将其放回去）。

"便利家具"是第一件仅由抽屉组成的家具，它是现代储物家具的开端，它的出现标志着大衣箱的终结。17世纪末18世纪初，在巴黎的中低收入家庭中，衣箱仍是多功能的卧室家具，它们可以存储东西，也可以当座位使用。到1740年，衣箱迅速退出人们的视线；到1760年，衣箱便彻底消失了。这向我们展示了，对舒适和便利的渴望是如何快速地改变巴黎家庭的家具的。具有更多分隔衣柜的五斗橱取代了衣箱，路易十五统治期间，五斗橱进入了它的黄金时期。很快，设计师就设计出各种带抽屉的储物装置，例如女士可以用来装针线等缝纫材料的chiffonier（多层小柜）和可爱的chiffonnière（带镜小五斗橱，常常只有18英寸高，1英尺宽。它们的名字来源于chiffon——布条，rag——布片，就如rag trade表示"服装业"一样，它也有衣服的意思）。

然而，一个有影响力的群体——建筑师反对带抽屉的储存家具。在达维勒1710年版的指南中，勒·布朗解释了为什么功能单一的小房间是方便的：chaque chose se trouve à sa place（所有的东西都在恰当的地方）。然而，勒·布朗和所有法国现代建筑的支持者都反对人们利用储物设备完成完美的整理：他们抱怨它的体积使房间很散乱。建筑师们倡导另一种他们看来更优雅的解决方法：嵌入式隔板储物柜③。

18世纪的建筑师努力保持室内规整的基本工具就是：armoire（壁橱）。这个词常常是指为放置书或者瓷器而设计的大型的、独立式的木制储存装置④。当建筑师开始讨厌"便利家具"时，它的主要含义也发生了改变。现代建筑师倡导一种完全不同的壁橱，即我们称之为：内置衣柜、壁橱和壁柜的嵌壁式储物设备。

因此在新的阅览室里内放置了壁柜（见44页），新的洗盥室有放毛巾和花露水的壁橱，而餐厅则有小心储藏瓷器和餐布的餐具柜（见右图）。最精美的设计是两种不同样式的餐具柜：它是用来上菜的主餐具柜，它的侧面与两个储藏橱柜相接。而卧室也首次出现了衣橱。例如，曼特农夫人在凡尔赛的衣橱大约有12英尺高，5英尺宽，2英尺深。半个世纪之后，庞巴度侯爵夫

■ 这个雕刻图说明了18世纪法国建筑家所倡导的、备受家居主人欢迎的首款嵌入式储物装置：餐厅里用放置餐具和餐布的嵌入墙壁的餐具柜。[28]

人[5]在凡尔赛的套房里有六个特大壁橱，实际上，她一条走廊的一侧就摆放着几个壁橱（当然这是隔板式的储物方式，只有在19世纪末20世纪初衣架被发明后，"悬挂储物"才成为一个名词）。新的"壁橱"被优雅地隐藏在嵌入的门内，布隆代尔认为这样优雅的无形的便利是现代建筑的最高成就。

嵌入式储物装置被设计师用来满足人们的另一种需求——隐私。1686年，为王储设计的带有面向墙壁的锁头抽屉的一套橱柜就已经展示了家具能够保护人们的隐私[6]。这种能够将人们带入私密空间的家具在社会上快速地流行起来。17世纪中期，在秘密的抽屉里已经有了更加秘密的抽屉，此时的锁也是非常的精致，以至于主人一看就知是否有人在其不在时试图窥探其秘密⑦。自18世纪30年代开始，把门和橱柜锁起来就已经很普遍了。最初的保险箱也出现了，建筑师能使一切闲置的空间都可以装上秘密的间隔装置（如地板下面窗框里）。

内置是一种无形的便利，它有另一种很明显的特征：大部分为特定需求所特别设计的配套家具和部件都很小，并且经常是非常小的桌子。配套家具是现代家居装修的最后阶段。在主要家具放置完前，设计师绝不会将注意力转向小桌子。确实，16世纪几乎没有小桌子，17世纪晚期之前也很少有，小家具被奢华年代的大家具吞没了。

当人们开始将大量的时间花在静坐上时，小桌子就开始被使用。如果在人们心爱的扶手椅或沙发旁放置方便喝饮料和看书的小桌子，生活会变得更加惬意。当个人房间开始变小，当这些房间充满了装有软垫的家具的时候，小桌子登上了历史舞台。从那时起，小桌子改变了人们构造和理解空间的方式。它们不仅促进了家具群组的成形，而且还有助于人们聚集在一起。

小桌子出现之后，它的名字五花八门，其名字比款式还多。与其他家具不同，似乎没有人好好考虑过应该如何称呼这款新家具。1751年，弗朗索瓦·德·格拉菲格尼骄傲地描述了她的新式table courante，即活动桌。在18世纪末的法国大革命横扫世界之后，工作桌为人们做事提供了帮助，小桌子被正式命名为tables volantes，即飞桌⑧。这两个形容词都表明它们不是放置在一个固定地方而是按需要移动的。

形容词"机动"首次被用在家具用语中指代机械扶手椅，或"机动椅"。为了避免庞巴度夫人在她的私人房间和国王的小套房之间不牢靠的螺旋梯上太过频繁地走动，18世纪40年代晚期，凡尔赛宫安装了原始的电梯⑨。那椅子由专人操作，它借助滑轮和平衡锤原理在楼梯间飞上飞下。它那舒适的厚垫沙发可以坐两个人。

"飞桌"接下来出现于18世纪50年代，人们用它描述一种餐桌的特征，这种餐桌使路易十五特别渴望的个人私密空间成为现实。他可以在自己的小套房里进餐而不用仆人服侍，餐厅的地板可以打开，然后餐桌"飞"下去，接着餐厅地板合上。几分钟之后，地板再次打开，这时的餐桌已摆好了崭新的瓷餐具和下一道菜。1769年，这个理念开始在市场上普及⑩。它的设计师——劳瑞特先生在接受媒体采访时，说明了此作品的运作原理。他说，人们可以在八位式餐桌和十六位式餐桌之间作出选择。劳瑞特还发明了称之为"女仆"的原始旋转碗碟架：它比主餐桌稍高些，为了使用餐者可以自助拿取更多的碗碟，它和一起"飞"上来的小餐桌一同放置在两个用餐者之间。一个报道者甚至用"神奇"来描述这样的用餐经历。

　　然而，大多数"飞桌"是很小的。历史上记录最早的飞桌是那些小型游戏桌⑪。它们的形状各不相同（三角形、八角形），它们产生于17世纪80年代在凡尔赛宫的镜厅玩的游戏。为特定的需求配置的小桌子是最初的家具业创建的最简单睿智的理念之一。1684年，为了在床上用餐，六张胡桃木制成的小桌子被运送到马尔利城堡⑫。17世纪晚期，曼特农侯爵夫人的私人套房有很多两英尺长的桌子⑬。

　　18世纪20年代，小桌子的设计和营销正快速发展。不论一个人的特殊兴趣或需要是什么，都会有适合他的桌子。它的性能和设计得到了完美的统一。从那时起，每张床边必定有与之配套的床头桌，每个舒适的椅子都配备了写字台或缝纫台等。18世纪20年代桌子的款式非常多，夏洛特·黛丝玛成为有史以来第一批为桌疯狂的人之一。床头桌、梳妆台，一些最早的极小的桌子，就在几十年后人们疯狂追求这种式样的桌子之前，她一共用了大约三十张小桌子。很快，她不但感受到了便利，还发现它们可以把房间里的其他家具和人衔接在一起，使整个空间变得欢愉。18世纪中期之前，庞巴度侯爵夫人对它们就如对舒适座椅一样狂热：仅仅在凡尔赛宫中的套房中，她就拥有二十多张这样的桌子⑭。她对桌子的喜爱程度众所周知，以至于巴黎商人拉扎尔·杜沃[15]在1750年宣传新式桌子时把它们称为"庞巴度之桌"。（这又是一个法国和英国品味偏离的领域：英国人觉得小桌子没有什么实际价值，因此，他们丢弃了它。1792年，约翰·拜恩格[16]滔滔不绝地赞美他那"坚实的"、"稳固的"桌子，而咒骂小桌子。）

床头桌不仅是原始的功能桌，也可能是对日常生活影响最大的桌子。在17世纪时，人们对新式样家具的需求非常明显。为了放置烛台或者喝的饮料，他们开始在床边安上一张椅子。然而，直到1720年，设计师才突破之前的创造[17]：一个非常小的桌子——一般是20英寸宽，23英寸到36英寸高[18]，这个桌子和架子通常是由大理石制成的，架子有门可以关起来，除了正面的门之外，架子的两侧还各有一个小门（见138页。因为底层架子常常是放夜壶，大理石和开口都是为了帮助驱除异味）。最别致的桌子还有一个小抽屉，但它只能装一些小东西。床头桌也因此表达了仆人们对独立的私人生活的渴望。

这种最新的设计存在于当时最现代的住宅中。夏洛特·黛丝玛拥有一件早期的床头桌，它由红木制成，并带有镀金脚架。她在客房摆放了一个朴素的胡桃木桌。从1747年起，庞巴度侯爵夫人更喜欢具有抵制异味功能的桃花心木桌子[19]。在1750年的一天，她从杜沃那里订购了六张最精美的床头桌，其中最豪华的一张在1751年送到了她在贝尔维尤城堡的卧室中，它的生产日期还清楚地显示在它的小抽屉下面。现在这件家具被展示在大都会艺术博物馆：它拥有郁金香木和西阿拉黄檀木的镶面，与之相匹配的是不显眼的镀金青铜底板[20]。它是便利成为现代风格的一个杰作，在它的四周都是轻柔的曲线，我们看不到一丝直线。

设计师很快以各种方式定制这种小桌子。有一种桌子所设计的架子与之前的不同，它不是放夜壶而是用来装午夜点心的。多功能的床头桌出现了。对于那些喜欢半夜阅读的人，它们装有放置书本的架子；对于为灵感来临时有所准备的人，设计师发明了装有滑动装置——便于写作的可调整斜板的床头桌。（英国人不愿意接受新的便利设备：在18世纪60年代之前的英国，人们完全不知道床头桌。）

然而，没有一个床头桌的复杂程度赶得上这个时代的另一种最便利的家具——与私人卧房一起被发明的table de toilette（梳妆台）[21]。它帮助人们改变了清晨梳妆打扮的方式。在舒适时代之前，没有特定的打扮空间，人们将一块布料（toile——布料；toilette——小块布料）放在任何房间的一张普通桌子上，并将修容的饰品摆在上面。17世纪晚期，人们在指定的一个小房间中打扮：cabinets de toilette（梳妆间）。18世纪30年代，越来越多的人拥有了这种类型的房间，它们的名字常被缩略为toilette。

18世纪早期，一件被叫做table de toilette（梳妆桌，有时也被缩略为toilette）的家具被发明了出来，人们不必在每日梳妆打扮后将美容用品（从香水瓶到梳子）收起来。款式最复杂的梳妆桌（见下页）有很多小格子，正如现代建筑所期望的那样，香粉盒子和面霜这些东西可以恰到好处地放置在里面。在胡伯的设计指南中，他用图解的方法说明了一个拥有嵌入式的上滑式镜子的梳妆桌，以及一个带有写字滑板的小桌子。夏洛特·黛丝玛在她的梳妆间座位前放上了一件蕾丝裙子和一个大镜子，在化妆桌上放上了大量的水晶长颈细口瓶、中国小漆盒以及可能是她用来喝早茶的茶杯和茶碟。后来，被人们称为"化妆罩衣"的一种迷人的罩衫成为女士坐在化妆间的梳妆桌前时的必需品。人们起床后所进行的活动成为一种礼仪，它也被称做la toilette（梳洗打扮）。

然而，另一种活动——写信，引发了迄今为止最便利的家具的产生。对读过18世纪那种主人公们似乎整天写信的小说的人来说，他们不会对主人公不用去找一个可以写字的平板而感到奇怪。因为在18世纪的法国家庭中，几乎每个房间都有小写字桌和小桌子。家具制造商继续推出那种为路易十五制作的可以被称做奢华时代的顶级之作的大桌子——现展于凡尔赛宫[22]。它是18世纪最昂贵的一件家具，但这些与另一件新式家具secrétaire（小型写字台）相比，则黯然失色。

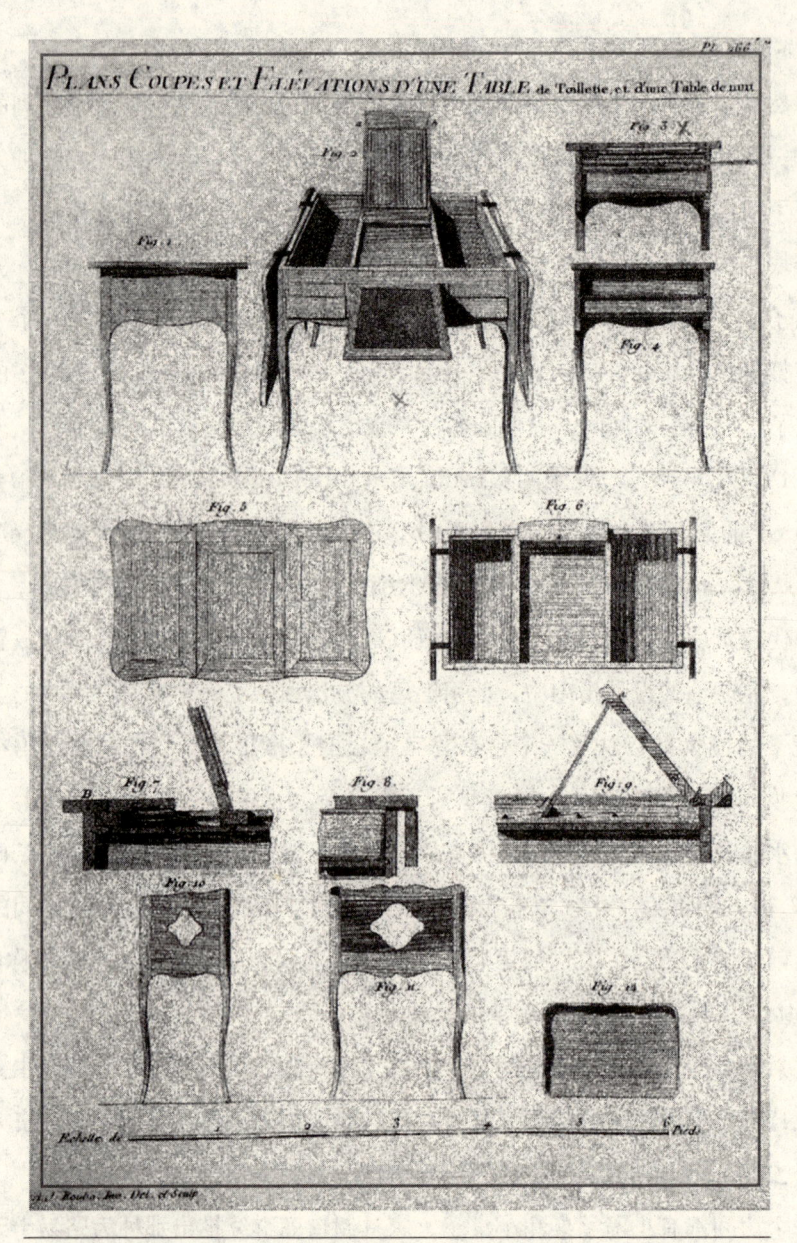

■ 在这里，胡伯用图解的方法说明了18世纪最受欢迎的两件便利家具的构造：梳妆台和床头桌。[29]

舒适时代写字用的家具与那些大桌子相比并不出众：小桌子就是飞桌，它们可以随意挪动到需要的地方。胡伯解释说，便携式写字桌应该有2英尺宽，secrétaire（小写字台）最多3英尺宽，两种都不应超过15到18英寸高[23]。然而，家具制造商在那些小台子上做了很多装饰性的孔。最好的家具是用最稀有的进口木材做的，它们粘贴和镶嵌了在仿金铜箔底板上重复出现的精美装饰[24]。它们是这个时代的家具的精髓，款式和功能的完美结合使其既优雅又实用。

庞巴度侯爵夫人在她的一生中曾让很多画师为其画像。最著名的也是在唯一一幅她有生之年公开展出的，是由弗朗索瓦·布歇于1756年绘制的一幅油画（见彩页）。这是一个精心安排的场面，它表现了庞巴度向国王的臣民证明她知道自己在凡尔赛宫的地位[25]。她坐在一个很小的房间中——这个房间是限制人们进入的，所有陈列的东西——她绝妙的套装、家具和装饰品，以及包裹着她的身体和整个房间的数尺透明的丝绸都是对法国工匠才艺的赞美。她的造型可以看做是对现代生活方式的广告，当然，这种生活方式由法国的建筑师和设计师共同完成[26]。她半倚在一个舒适的座位旁边，胳膊支在一个饱满的垫子上，她以一种随意而现代的方式阅读着：她将手放在她最喜欢的常常翻阅的一本书中，并用手指当书签来标记所读过的几个段落。

为了完成这个展示休闲幸福的画面，这个像18世纪任何人一样喜欢精美家具的女人挑了一件便利家具，那就是精美的小写字台（它跟大都会博物馆现存的伯纳德二世·凡瑞三姆博格所作的样式相像，与国家艺术画廊的一张小写字台几乎是一样的）。画的最顶端有一支蜡烛、一个火漆和一封等待拆封的信；一个打开的小抽屉展示出随手可拿的书写用具；一根翎毛插在墨水瓶里。这张桌子的镶面板和仿金铜箔底板描绘着花簇，这让它看起来非常完美。因此，对那些给私人生活增添了漂亮和便利的当代家具的设计师来说，这幅画也可以看成是对他们的特别赞颂。

第八章　1735年：建筑师设计的座椅崭露头角

1735年，沙发成为第一件一夜成名的家具。它迅速登上现代报刊的封面，而且设计指南很快就对其进行了介绍。它甚至还出现在公开展会上，所获好评如潮。因此，与克罗扎特式座椅和沙发那样的早期家具不同，它不像精美的克罗扎特式家具，只能进入王室住所及上流家庭，它引起了最广泛的读者的注意。沙发的故事证明：1735年，普通居民对精美家具的品味已逐渐提高，他们愿意在设计上紧跟时代的潮流。

另外，1735年沙发的一夜成名表明，家具的设计已不可避免地进入追求舒适的时代。的确，在当时的法国，设计和生产精美家具的行业逐渐跻身于装饰艺术行列，而家具设计的理念使官方认可了它的新地位。在精美的家具上印戳或署名的做法在18世纪20年代末才流行起来①（这就解释了我们为什么不知道克罗扎特的全套家具的制造者）。1737年，巴黎家具制造商工会开始要求新工匠登记姓名及其获得工会当局认证的日期。从那以后，我们都能知道任何特定时期的精美家具的制造者。工会于1743年出台的新条例在1751年得到正式实施：即所有工匠必须在他们的作品上印戳。从此，家具便拥有了与绘画和雕塑相同的艺术地位。

家具首次获得崭新地位的时期正是羽翼未丰的法国家具业获得快速发展的时期。它在法国的声望刚稳固，并开始走向国际。18世纪30年代，建筑论文和建筑与室内装饰设计书籍首次突出了新家具特别是沙发的设计，潜在的外国客户也因此首次瞥见了巴黎的最新家具。

同时，家具旅游兴起。为了确定家中最精美、最新式的家具，外国游客开始频繁地来巴黎。波兰官方大元帅——弗朗齐歇克·比林斯基伯爵就是第一批家具旅游的游客。比林斯基伯爵除了其官方职务——皇家警察首领之外，还对自然历史特别着迷。18世纪30年代早期，当他到达巴黎时，就迫不及待地想把他的家变成华沙剧场。有一个人在这件事上功不可没，他就是朱斯特·奥利莱·梅森涅尔②。由于梅森涅尔拥有众多头衔——他是建筑师、装饰师、设计师、还是银匠，几乎所有的建筑工作，梅森涅尔都可以胜任。另外，梅森涅尔还是一位远见卓识的现代潮流创造者，他在巴黎装饰和设计界掀起了风暴。洛可可风格的设计与自然主义者比林斯基简直是天作之合：它的弯曲、不对称的线条以及精心雕刻的表面正是受到贝壳、岩石的曲线和裂缝等自然现象的启发而创作的。

梅森涅尔在比林斯基伯爵找到他之前，已经是当时设计界的宠儿，已经确立了对今天的我们来说颇为熟悉的成名模式，即建筑师因其设计的建筑广受喜爱而一举成名，之后反而开始为家庭创造有用的物品。梅森涅尔的建筑杰作数量并不多，他设计的日常用品反而数不胜数，这些凝聚了梅森涅尔异想天开的装饰神韵的物品，不再是平凡之物，它们焕发着神奇光芒。他设计了得心应手又颇具异常华丽典范的剪刀，他还设计了有史以来最具想象力的汤盖碗。如果他设计了大烛台，那他也同样设立了烛花剪。他还为路易十五设计了国王专用的一个灯亮容器（一个专门在皇室餐桌上盛放国王餐巾的船形物品）。这是一件有丘比特和法兰西王室的纹章图案的一件旋转物品，与他的其他所有作品一样，好玩又奇异古怪，想象力几近到达狂野与疯狂边缘的作品，就像高迪与赫克托·吉马尔德的作品一样。在他的手里，盐容器就像一个贝壳，而烛台则就像一棵棕榈树。

我们知道如此繁多的梅森涅尔的设计作品，是因为他与其后辈托马斯·齐本德尔一样，他的盛名主要来自于其出版物而不是幸存的设计作品。他的出版物被雕刻成一百多个胶印版并出售，一次一个版或几个版，在1734

年到1750年这段时间，逐渐形成了一个完整的版本体系。这个举动保证了梅森涅尔优秀的设计作品能被迅速广泛了解，并使他的设计思想能影响到整个欧洲的设计师。

但是对于比林斯基来说，一个简单的复制品是远远不够的；他想要得到货真价实的东西，并且对此有完整的措施去完成。他委托梅森涅尔建造一间完整的房子——自然不是通常的房间，而是一间密室，即现代建筑所指的私密空间。这个空间的方方面面（从建造工艺到绘画、雕塑），以及每一个元素（从镶板到壁炉台，从屋顶装饰到烛台），都是由梅森涅尔亲自设计并实施或者是由他亲自监督实施。1735年，当这个房间大功告成时，它成为当时最完备也是装饰得最个性的房间，一个由一个人建造并将其风格境界发挥到淋漓尽致的房间。

现在就只存在一个问题：这个房间的搬迁方案很快被有奖征集到，并且这个房间将被彻底地从法国国土上移走。

设计界迅速动员起来，找出了一个解决方案，那就是不能就这样让这个新法兰西风格的最完美体现悄无声迹地消失。这个方案成就了前所未有的事件，有史以来的第一个设计展。当时已被拆除并准备装船运往华沙的比林斯基的房间在巴黎杜伊勒里宫的一个房间里又被重新组合展出，做离开法国之前与法国人的最后一次道别。杜伊勒里宫交通便捷，与巴黎新区相隔不远。那里，很快成为有文字记载的家具和室内装饰展厅：1735年，巴黎人和外国游客成群结队地前往杜伊勒里宫欣赏梅森涅尔的杰作，就像那个时代的人去参加一年一度的当代法国画展沙龙一样，也像今天的人们参加最新的一鸣惊人的展览一样。

当时最重要的报纸——《法国信使》详细描述了参观者的极大满足感，而且详细描述了那里令人赏心悦目的细节。描述是这样开头的：这是房间的镶板，梅森涅尔选取了以混合手法表现的花环这一时尚主题——花环部分是手绘部分是雕刻而成。当时的媒体将其评价为"相当轰动"。壁

The Age of Comfort
舒适年代

炉和桌案则是用壮观的"海绿色大理石"制作而成。

接下来是一件起居用品,之前提到的久负盛名的沙发(见下图)。这是梅森涅尔第一次专注于家具设计;在他整个设计生涯中,他很少设计家具并且从此再也没有设计沙发。在此之前,极少有工艺家设计的家具,而那极少的几家也从未在皇室住所以外的地方出现过。梅森涅尔设计的沙发开启了公众拥有工艺家设计家具的时代。当时的报刊将沙发描述为"完全不同于以往出现的任何事物",而梅森涅尔的雕刻技艺彰显出,只有完全创新的设计才

■ 1735年,这款沙发是当时最有影响的装饰大师朱斯特·奥利莱·梅森涅尔为一位波兰贵族设计的,是欧洲最负盛名的一件家具。这款沙发曾在巴黎的杜伊勒里官展出,该次展出是有史以来第一个公开设计展示会。[30]

配出现在他为比林斯基设计的这个房间里。这款沙发的粗犷的转弯曲线和绝对非对称旋涡与梅森涅尔突破概念的墙板设计相互辉映；家具不再主要是一种纺织物，这款家具就是最有力的证明。甚至这款沙发所用的以旋涡和非对称为特色的织布，也丰富地体现了沙发和镶板的雕塑艺术。

《法国信使》的记者总结说，"比林斯基的这个房间将把法国精品艺术进步的最有利思想带到波兰"，他还补充说，"这一将绘画、雕塑、建筑以及家具设计都给予同等重视的多领域混合体将在新观众面前展示一个早已为巴黎人知晓的事实——那就是到1735年为止，室内装饰即将成为一股不可忽视的力量；室内装饰也开始从建筑中独立出来而即将成为我们所说的新领域"。

第九章 室内装饰和舒适房间的起源

1698年11月,两个追随欧洲建筑风格的瑞典人——小尼可德姆斯·泰辛和丹尼尔·克龙斯特伦决定对当时的建筑进行非常详尽地阐释①。如果你出于某种原因而对宏伟的外墙(对于他们来说,这种关注已经过时了)感兴趣,那么你仍需要留意意大利的文艺复兴运动,因为即使是当今最出色的成就——他们以凡尔赛宫的外墙为例,也并没有那么值得关注。另一方面,如果你紧跟时代的潮流,则需要去关注法国以及他们眼中的一个新的建筑领域。他们用一个全新的词组来形容这个新领域:décoration intérieure,即室内装饰(这个词组出现在他们俩之间的信件中,这也许是对这个词组最早的使用)。在这个领域,法国建筑师的"天赋"不仅卓越非凡,而且"每天都在变得更加精炼"。

泰辛和克龙斯特伦的信件内容非常有先见之明。18世纪初,法国建筑师创造了新式平面图和新式空间,因此它也带来了私人生活的一个新蓝图。18世纪30年代,那些建筑师似乎突然意识到他们在进行这些创造的同时也一直在做另一件事,这件事需要有一个名字。虽然泰辛和克龙斯特伦在1698年已经知道该如何去称呼它,但是并没有人将它的名字公布于众。最后,它的潜能逐渐被这些新式建筑的创造者发现:原来他们一直在做的事情就是创造了室内装饰。这个新领域与这个讲究家庭摆设的时代是天造地设的一对。

因此,室内装饰开始成为私人生活中新式建筑的一部分。它的出现也标志着之后出现的一个与货币有关概念的起源:家庭内部可以并且应该表现房屋主人的个人品位；它的设计应该是让主人的物质生活和精神生活过得更加舒适。从那时开始，"品位"成为室内设计领域的一个流行词，"法国品位"这个词组更是被人们广泛接受——因为在18世纪，整个欧洲都知道法国是潮流的引领者，没有任何一个国家是他的竞争对手。对所有设计元素的灵活使用共同描绘了"法国品位"的图像——从史上第一套床上用品到第一套受到称赞的床上用品，新颖的室内装饰将房间进行了彻底地改造。这种灵活设计让房间古板生硬的感觉消失了，它使居住者感觉到分外的幸福。

在17世纪最后的几十年之前，社会上并没有出现对室内装饰的需要②，因为装饰的概念基本不存在。在此之前，当人们经常搬家的时候，房间的装饰只局限在壁炉、壁挂和天花板上。在中世纪晚期和文艺复兴时期，意大利控制着整个装饰领域，法国的君主都是邀请意大利的艺术家来装饰他们住宅中的房间。后来，壁画成为一种标准选择，而且天花板也变得更加精致，一种全新的装饰方案出现了。意大利的装饰模式使装饰更加丰富多彩和引人注目，它的风格在整个奢华时代仍然占主导地位。在意大利的装饰模式下，设计师会在房间中陈列一些能使参观者驻足观赏的华丽的物品（尤其是装饰品），它们是财富和权力的象征。1751年2月，弗朗索瓦·德·格拉菲格尼描述了她去一个巴黎住宅参观的情景③，17世纪80年代以后，这个住宅的室内就没有被改动过。"它的装饰仍保持着那时候的风格……没有为主人的幸福加入其他的东西。"

从17世纪70年代开始，当巴洛克式的怪诞风格被舒适风格所取代的时候，法国建筑师丢弃了意大利的模式，取而代之的是他们的家庭设计风格。当这个过程刚开始的时候，只有一少部分住宅，并且只有最宏伟的住宅的装饰才称得上是一种认同。然而，住宅的内部应该被装饰的概念，并不只在某一个阶层得到推广，它迅速地在整个法国社会流行起来。在一个世纪之后博马舍的朋友兼编辑——居丹·德·拉·布雷内尔利宣布："如今，即使是一个投资规模很小的零售商也会对一间没有室内装饰的公寓嗤之以鼻。"

人们对室内设计的重要性的认识不仅在法国所有的社会阶层引起共鸣，它的影响范围甚至更远更广。为了确保室内能够准确地复制"法国品位"，瑞典和法国的居民不惜付出昂贵的代价。在此，泰辛和克龙斯特伦充当了领路人：从他们的信件中，我们了解到他们已经准备为"挖走"最优秀的工匠而不惜付出"惊人的代价"，他们这样做是为了让巴黎的面貌能够在斯德哥尔摩被准确地复制出来。

1740年，与泰辛各方面都很相似的他的儿子④——王室官员和发言人卡尔，从巴黎给他瑞典的建筑师卡尔·贺礼文写了一封信，主要是为了询问他新住宅中展示装饰品的地方的精确尺寸，"请给我应该购买的装饰材料的尺寸，要包括墙壁的宽度和高度"。然后，他开始尽力购买打造一个真正具有现代风格的内室所必需的物品——从壁炉上的饰架到门头装饰，从壁角柜到新式床。为此，他加入到带着集装箱去巴黎购买法国装饰艺术品的外国人的行列中。的确，《百科全书》⑤认为：在18世纪中期，刚好在现代建筑的众多成就之后出现的室内装饰在法国，被授予了最高的荣誉。

换句话说，到了18世纪中期，室内装饰已经被我们看做是一个领域。装饰物品首次不用通过令人眼花缭乱的精彩表演来体现它们的价值，设计师已经将它们的价值体现在了一个环境中，他们让一个房间既成为一种自我陈述，也成为一个能够提升日常生活质量的场所。社会上第一次出现了这样一群人，他们的工作就是帮助他人选择装饰品，或是让他们的顾客拥有一些合适的室内物品；他们还会将这些物品合理地安置在顾客的住宅中。时尚界首次提供了一种新涵义，这个包括了设计艺术的新涵义以形式和功能的结合为基础，它认可了法国工匠和设计师们正在潜心建立的装饰艺术的首次革命。

此外，你无须为了获得巴黎最新的装饰方向而成为一个环球观光旅行者。法国人将室内装饰变成一个紧随建筑实例的领域：它们记录了最精致的创新和成就，并将这些创新和成就出版在有着丰富插图的书籍中。在这个名副其实的出版物的洪流中，各个社会阶层和不同区域的读者首次拥有了进入装饰界的权利。因此，在接近一个世纪的时间里，法国人一直统治着这个非常有影响力并且非常赚钱的设计界⑥。尽管英国人和荷兰人也发明了许多室内装饰品，但是都没有什么新意；与此同时，整个欧洲的日常生活都在法国人的概念和设计下得到了重新的定义。

18世纪初，诸如罗伯特·德·科特、皮埃尔·勒·保特利和让·巴普蒂斯特·勒·鲁这样的建筑师开始接管图书编撰模式。他们编撰的对壁炉的设计和墙面处理的内容，展示了怎样用镜子和少量精选的物品来为房间的一小部分（一面墙，或者一个单独的壁炉）创造出统一的效果。法国人为每一种风格都取了名字——"王室风格"（à la royale），"最新款式"（à la mode），"法式风格"（à la franaise），"新式"。有时，用这些风格来装饰的房间是被指定设计的（这个新式设计被应用在特里亚农宫的私人房间等地方）。在室内设计刚开始的时候，我们发现了装饰杂志的习惯性做法，它尝试着让外行人知道他们的住宅内部是如何地奢华和美丽。

这个理念在日耳曼·布赖斯和皮加尼奥尔·德·拉·弗斯的巴黎指南中得到了全面地发展。特别是在皮加尼奥尔的指南中，他让读者用想象的方式进入到法国最著名的住宅中，并让其在空间中进行虚拟旅行。例如：他带着游客去庞巴度侯爵夫人的贝尔维尤城堡，"你走上二楼，进入左侧的第一个房间，寻找着门头装饰（顺便说一下，在18世纪的室内装饰师还没有创造出这些必不可少的装饰空间之前，几乎没有人会注意到这个门头装饰。）（见152页）……接下来，你进入一个装饰得很可爱的化妆室……"等。

这种新的装饰"品位"也通过意想不到的方式传播开来。例如，18世纪，很多图书的插图并没有以虚拟情节中的场景来炫耀那些装饰最新潮的房间，而是将那些房间介绍给阅读法国小说和希望了解法国住宅全貌的人（见39页和95页）。从18世纪20年代开始，巴黎首次出现了一种新的绘画类型。让·弗朗索瓦·德·特洛伊的油画集就是一个最好的例证，三幅新式绘画作品出现在此书的插图部分，并且它们都将焦点集中到室内房间的装饰中。

1724年6月至1725年,德·特鲁瓦的油画在巴黎卢浮宫的沙龙中被展示出来,而作品的创新精神随即就得到了公众的认可。艺术鉴赏家皮埃尔·让·马里埃特[7]将它们描述成tableaux de mode,即表现潮流的绘画或表现时尚的绘画。当时的新闻报道了德·特鲁瓦对法国的新时尚和品位的一些见解[8]——例如,画中所描绘的那对夫妇的沙发所使用的棉布的款式和品质,以及这个场所被装饰得非常成功等。在那些为自己的住宅挑选最新的法式设计的群体中,这种室内装饰特别流行。例如,18世纪40年代早期,当卡尔·泰辛在巴黎疯狂地挑选与新住宅相匹配的新物品时,他也从当时的艺术家布歇[9]那里订购了几幅关于室内场景的油画。另一位迷恋法国装饰艺术的外国人——普鲁士国王——腓特烈大帝[10],也获得了十多幅德·特鲁瓦的"时尚油画",他将它们挂在了他法国装饰味道很浓的住宅中。

建筑师布隆代尔和马里埃特的脑力劳动取得了突破性的进展,它们将室内装饰变成了一个公众认可的行业。1738年,马里埃特出版了他的《法国建筑》(这本书中的大部分板材都是由布隆代尔雕刻的)的最后一卷;同时,布隆代尔也出版了他介绍现代建筑的第二卷。这两部作品迈出了前所未有的一步,它们画出了当时最著名的住宅的平面图。在书中,他们对所有的家具都做了图解,它首次对室内装饰的全部细节进行了描述。因此,它们终于使这个发展了30年之久的概念得到了公众的普遍认可:一个新的行业出现了,人们把它称为"室内装饰"。

在布隆代尔介绍现代建筑的作品中,整个第二卷都在描述这个行业。事实上,这也是最早出版的关于室内设计的综合性作品。他细心地描绘了许多漂亮的版画,并为这些版画配以评论。这样一来,装饰设计迷们就可以根据文字和图片的介绍,按照这些步骤去理解如何才能装饰出最新风格的房间(见153页)。布隆代尔将这些步骤说得很清楚——从墙壁的颜色到墙面的处理(顺便说一下,这些是挂在沙发上方的几面大镜子),从家具到照明设施。他指出了装饰的规模(餐桌是六英尺宽),为了能将黑白图片未能完全

■ 18世纪的室内装饰包括门头装饰和挂在房间的每个门上的小幅油画。[31]

说明的装饰都解释清楚,他还在装饰物的旁边标注了文字(那些正在拿着蜡烛嬉戏的孩子用古铜色的文字;门头装饰应该用单色文字;而主要的绘画则使用全彩色文字)。

为了防止附加的文字也不够全面,布隆代尔还将自己假想为装饰师,并在脑海中去参观他描绘的每一个房间,由此他补充了更多的细节。例如:每

第九章　室内装饰和舒适房间的起源　153

■ 创造出装饰设计领域的建筑师也同样发明了这种图解，它一步一步地指导读者如何完成对整个房间的装饰。例如，在这个餐厅的图解中，布隆代尔用不同的颜色对从门头装饰到墙壁的所有物品进行了标注。[32]

一个房间所需要的沙发数量（他为沙发而疯狂[11]，因为在之前的房间中，座椅会让房间变得凌乱和拥挤，而沙发就可以使主人不用再在这种环境中招待一大群的朋友）。以及在什么样的房间中只可以挂海景画。在装饰时尚独霸一方的时候，他列举了适合在房间的不同地方陈列的小装饰物的类型。布隆代尔甚至试着对主要的内部装饰进行永久的控制：例如，他认为，只要建筑师设计的沙发和扶手椅摆设在房间中之后，人们就不应该再去移动它们[12]，因为那样会打破之前的构思设计；如果房屋的主人要出售一幢"建筑学上的现代住宅"，那他就没有任何权力带走住宅中的一切饰品和家具。

这种首创精神产生的时机似乎是偶然的。1738年，人们已经完全明白：曾经重塑巴黎城市风景的建筑繁荣时代结束了。为了使法国建筑继续受到众人的关注，建筑师发现了一个新方向。因此，室内装饰成为了解救方案，它使公众了解到，即使他们有了一个新家⑬，也不可能将之前的装饰维持一辈子：住宅的室内装饰需要随时更新。

1738年，马里埃特在另一个出版物——新版的达维勒指南中也重复了这个信息。在1710年，勒·布朗扩大了指南的发行范围和室内空间的覆盖率；马里埃特在室内装饰中添加了一个章节⑭："室内装饰经历了重大变革，如今我们设计出来的室内装饰与之前的装饰有很大的不同。"从那时开始，很多出版物都与布里瑟和波夫朗分别于1743年和1745年发行的出版物一样，它们的内容中都出现了泰辛和克龙斯特伦在1698年创造的一个代表着建筑的新的组成部分的词组。如今，曾经宣布了现代建筑革命的建筑师又宣告室内设计的诞生。为了让传递的信息更加地明确，他们用图像资料进行了详细的解说。

1738年，波旁宫的室内设计仍然没有任何变化，马里埃特用七张彩图向读者描述了里面的设计。这些彩图保证了波旁宫是历史上最早的室内装饰建筑物。从那以后，所有人都认为公爵夫人的住宅是这个行业的第一个伟大的成就⑮。皮埃尔·帕特既是布隆代尔的搭档，也是首位用横截面的方式绘制地图，并以此展示诸如排污管道系统等城市规划的人。他给予波旁宫装饰风格很高的评价⑯：他并没有歌颂它的不朽，而是赞扬了它的精致和通风；他并没有赞扬它的阴郁，而是赞扬了它的鲜艳和明亮。他将住宅中的房间看做是"非正式的"模范，因为它们不是"庄严的"房间。

他的描述强调了公爵夫人为凡尔赛宫的私人宫殿所作的贡献，当然，她也由此获得了宝贵的装饰经验。那些发明了室内装饰的人不得不去讨论这位女士的作品，而非她那为室内装饰而着迷的父母和路易十四，因为在18世纪30年代，凡尔赛宫的室内装饰已经成熟，在很久以前，小型的神话般的宫殿——特里亚农宫就已经被摧毁。

这也解释了为什么我们没有任何关于现代室内设计最早的图像资料。但是，至少我们还拥有1673年下半年以后的新闻报道。在当时，读者遍及整个欧洲的报纸——《风流信使》的编辑邀请了三位时尚女性发表她们对"住宅内部装饰方式"⑰的看法。他们的谈话涉及所有的室内装饰元素，这些元素在几十年之后，也就是室内装饰被正式发明之时人们仍然认为，这些元素呈现了完美的法国面貌，它们是舒适和休闲生活不可缺少的元素。这是人们之前从未在出版物中讨论的话题。

《风流信使》中对特里亚农宫的报道是大众化品位中的一道分水岭。这是人们首次不用通过去一个遥远的地方，或是获得特权的方式去了解基本的装饰理念；此类信息也首次以一种易于被公众接受的方式公诸于众。文章甚至还清晰地介绍了重点，当女士们注意到这点的时候，法国最富有的人们也已经在建造自己的小型首饰盒，这是对特里亚农宫的复制。特里亚农宫所有的设计理念都不断地被各式各样的私人住宅模仿着。他们在住宅中加入特里亚农宫的设计理念也是合理的，因为特里亚农宫本身就是一座里程碑，它虽然是为国王建造的宫殿，但它的室内设计没有耗尽皇室资源。因此，它的创新都具有可模仿性——事实上，如今我们仍在模仿着它的大部分设计理念。

我们首先要谈论（这也是帕特在对波旁宫的颂词中首先强调的）是它天花板的装饰方式，或许，这在某种情况下也不算是装饰。它的天花板没有用精心设计的油画或方格形的横梁来装饰，因为这些设计会耗费大笔的金钱，这超出了王室以外的所有人的预算。相反，它天花板的风格立即成为了欧洲的童话，因为它们只是简单的白色。正如《风流信使》的装饰专家所提到的那样，"现在绝对没有人愿意花费大笔的金钱打造华丽的天花板"。因此，就在1673年，奢华面貌中最古老和最基本的组成部分开始走向衰亡。随着朴素风格的发明，现代室内设计也因此产生。

现代风格的天花板（plafond dans le goût moderne）的发展势不可挡。1738年对室内装饰来说是非常关键的一年，马里埃特将老式的天花板嘲笑为"蜘蛛巢穴"⑱——它只适合积聚灰尘，并且白天呆板沉闷，晚上也没有任何亮光，并详细解释了现代天花板的主要构成部分："一个简单的石膏天花板，它的洁白使一间公寓更加明亮。"在天花板和墙壁之间或在微妙的毛粉饰的边缘最多只能有一个弧形装饰所用的嵌线。1755年2月，在《风流信使》讨论装饰设计的章节中，它将这些边框命名为"花边"，并宣布了一些更加奢华和完全过时的风格。1771年，布隆代尔对现代天花板进行的描述中，他认为，它们是带有简单花边的白色天花板。巴黎各种收入的人在那时已经摒弃了老旧的时尚潮流[19]，并选择了经过装饰或者未经装饰的房梁的这种新设计。白色天花板的明亮和休闲简约已经彻底占了上风。

在完成天花板的装饰之后，装饰专家于1673年开始处理墙壁的颜色：有时带点镀金的朴素的白色墙壁和特里亚农宫的风格，即蓝白相间的墙壁都非常流行。和特里亚农宫的情况一样，女士们又一次处在了时尚的最前沿。早在17世纪，房间的墙壁通常会用鲜艳的颜色来装饰[20]，如红色、绿色和黄色。在路易十三统治时期，红色成为法国国王的官方色彩，而且政府公寓的墙壁都被深红色的绸缎和天鹅绒覆盖。起初，路易十四忠于父亲的品位，并在凡尔赛宫始终保持着这种风格。然而，17世纪80年代中期，王室供应商开始在私人宫殿（诸如梅纳格丽城堡）使用从特里亚农宫引进的更为清淡的纺织品：温和的蓝色、绿色和黄色，以及朴素的白色。他们将这些色彩混合成一个整体，并没有为时代定下某种色彩的基调。

当巴黎的建筑繁荣之时，凡尔赛宫的私人宫殿的色调成为法国品位和现代风格的同义词。在达维勒[21]1691年版的指南中，他已经将白色称为"最美丽的颜色""它不仅能增强房间的亮度，还能鼓舞我们的精神"。与此同时，勒·鲁也宣布"白色能使房间更加明亮、干净和清新"。此时，白色得到了人们的普遍认可，在从旺多姆广场到18世纪20年代城市郊区的豪宅中，到处都是无尽的白色[22]。那时甚至还出现了纯白色的沙龙——公爵夫人就有一个，在这种色调的沙龙中，所有装饰都是白色的，唯一的反差便是那些金色的框架。因此，白色首次成为了现代住宅中的主导色。

1693年，装饰的监察者泰辛证实："现在，嵌板、天花板和门都被粉刷成白色，它们有时带有少量的镀金[23]，有时没有。"黄金被敲打成极小的薄片，然后与黏合剂一起被应用于粉刷中。17世纪晚期，镀金在法国被重新发现，它作为了另一种形式的房间增亮剂。在18世纪初的那场毁灭性的战争中，为了节约黄金，国家禁止了采用镀金的装饰；但是还是有一些人，尤其是富有的克罗扎特，坚持采用各种形式的镀金装饰。布莱为我们提供了一个这样的经验法则[24]：如果你能够承担高昂的费用，你可以在装饰中添加黄金；但是朴素的白色也是不错的。

很快，人们就将家具卷入到追求更为明亮的视觉效果的狂热中。在所有的家具中，瓷器陈列室中的家具是最壮观的。它在1686年被设计出来，主要用来炫耀王储所收藏的169件中国瓷器，其中的大部分瓷器都采用了蓝色和白色的装饰。到这里来参观的游客都对座椅（包括早期沙发的一种）的刺绣布料，以及银色和蓝色的中国花瓶赞不绝口。在这个房间中，陈列它们的木质框架也被涂成银色，并用蓝色进行了挑染。因此，王室住宅中家具形式的增多以及明框数量的增加，意味着当你进入一个房间时，你无须再面对大量的棕色家具了。

18世纪60年代中期，霍勒斯·沃尔波尔抱怨大量的白色让房间非常的朴素无趣[25]："我理解这些住宅的理念，住宅中房间用白色和金色，或者只是单一的白色进行了装饰……可是除了金色的多少之外，我看不出来它们有什么其他的不同之处。"在某一段时间内，对这种现象的不满也同样出现在设计领域。在1725年左右，布里瑟声明[26]：人们已经意识到白色特别容易脏——对于那些冒烟的壁炉而言，的确如此。在1743年，布里瑟也首次指出了装饰追随者长久以来的追求：众所周知，要准确地掌控白色的明暗度非常困难。

若墙面处理的概念没有得到彻底的改革，白色永远无法征服早期的室内装饰者。在17世纪晚期，正如帕特所说[27]：所有精美住宅的墙壁都被挂毯、厚重的织物或者壁画所"掩盖"。1691年，达维勒[28]明确指出这已经成为一条现代建筑的界线：护墙板能够使房间保持干爽和温暖，它不会像挂毯那样发出气味。如今，护墙板产生了几个世纪之久。然而，在17世纪晚期之前，它只能达到比较高大的烟囱的高度，很少有从地面到天花板的护墙板；并且它从未融入到房间的装饰中。在18世纪的法国，精美的护墙板与之前完全不同。工匠大师采用了诸如米修纳一样杰出的设计师的方案（见下图），他们对护墙板进行了巧妙地雕刻。每一个护墙板都展示了雅致且不规则的现代风格的味道；从整体上来说，人们把它们看成了房间装饰的一部分。

■ 许多18世纪的房间都以从地面一直通向天花板的护墙板为特点，而不是在早期备受人们喜爱的壁画和挂毯。这些护墙板采用复杂的雕刻来与房间中其他必不可少的设计元素的图案相呼应。[33]

设计师也对房间进行了装饰，在17世纪90年代之后，他们巧妙地将大镜子放置在房间中，以提高房间的亮度。泰辛在1697年宣布[29]，在壁炉上方使用镜子已经变得非常频繁，它也已变成了一种流行风格。事实上，在凡尔赛宫和马尔利城堡的房间中，路易十四也为他自己定制了与之相匹配的具有"流行风格"的镜子。镜子可以增加私人空间的深度和关联性。在德·特鲁瓦的《嘉德勋章》中（见彩图），我们能够在桌案上的镜子中瞥见小房间以外的建筑。在它的一幅描绘一群朋友聚集在一个小型会客厅里的油画中（见彩图），镜子将空间、图案和物体放大，这让住在这个舒适小窝中的人们更加舒适。

在住宅内部，人们开始用另一种方法来增加房间的亮度：即放置在大镜子两边的烛台。泰辛解释说[30]，当一切都布置好之后，"反射的作用能够使一个房间仅被二到四根蜡烛照亮，这似乎比用一打细蜡烛照亮的房间更加明亮和温馨"。波夫朗这样描述到[31]：它们应该被放置在离地面正好六英尺高的地方，因为"如果它们被放置的高度再增加一英尺，将使人们的眼睛看起来下垂和深陷，女士们也不会允许这种情况出现"。

然而，这个沉迷于追求明亮的时代也要面对铁一般的事实。在17世纪晚期之前，法国并没有发明灌注大型玻璃窗的技术[32]，因此，可以照进室内的自然光微乎其微。在中世纪末期之前，窗户主要是由正方形的油布、帆布和油纸制作而成，在教堂和宗教建筑之外的地方，玻璃很少被使用到。法国也是在文艺复兴时期才广泛地使用玻璃的。到了17世纪中叶，玻璃窗在法国已经成为了一种标准的窗户，但是它们与我们现在所了解的玻璃窗相差甚远：许多微小的正方形玻璃成为了引线框。1763年，当特里亚农宫建成之时，它以另一种形式成为法国建筑史上的里程碑：它标志着小型窗户开始走向灭亡。当法国皇家建筑学院在1673年7月26日建成的时候，它的成员因为窗户而批评设计者帕拉第奥："在每个人都尝试着使光线尽可能多地照进房间的时候，这些窗户对于我们来说太小并且太过狭窄了。"

不久之后，所有的设计都以人们的这种新渴望为出发点。当成功地制造出大块玻璃之后，现代窗户便出现了。对于某些人来说，窗户的发展与凡尔赛宫镜面玻璃的昂贵费用一样，都让人迷惑不解。1687年，泰辛[33]游览了凡尔赛宫。当参观宫殿中的一个著名景点——国王的私人套房的时候，吸引他眼球的并不是人们所预料的奢华部分——著名的油画或者银色的家具，而是房间的窗户。他惊叹道："窗户贯穿了整个房间，它们从房间底部的硬木地板一直延伸到顶部的天花板。"泰辛仔细欣赏这些神奇的窗户的每一个细节——复杂的铁制封闭系统，以及窗格之间镀金的木材；后来，他观赏了房间里的油画，这几乎是作为一种房间的补充说明。他的逻辑很容易理解，我们的世界曾经见证了许多早期绘画大师的油画，这些大窗户（如今被我们称之为法式落地窗和法式玻璃落地门）才是一种真正的新事物。

法式落地窗立即获得了舒适时代的所有建筑师的青睐。17世纪90年，在克罗扎特和旺多姆广场的建筑师皮埃尔·布莱所设计的房间中[34]，他们坚持使用特定种类和大小的玻璃。1703年[35]，克龙斯特伦在给泰辛写的信中提到：现在，"狭小的正方形窗户"已经成为过去，建筑师再也不知道"人们会不会继续跟随意大利风格"。

在短短几十年的时间之内，由于新近的富人能够负担之前王室宫殿的便利设施的费用，一种全新意义上的现代窗户登上了历史舞台。18世纪初期所使用的技术直到19世纪晚期才被正式介绍给公众——例如，一个能够使一扇大窗户以同一种方式打开和关闭的系统[36]（《风流信使》也对此进行了报道）。然而，被认为是17世纪中叶的"大型"玻璃窗[37]（五到六平方英寸），到了17世纪末已经被看做是"小型"的了，而所有舒适生活的爱好者都只想拥有更大的玻璃窗。让我们来看一下17世纪90年代的一间巴黎时髦商店的画面（见239页）。店主用大型的舒适扶手椅和窗户来为他的顾客创造一种更奢华的购物体验。

1720年，人们开始使用16平方英寸的玻璃窗，侯爵夫人是最先安装这种规格的玻璃窗的人。大约到18世纪中期的时候，19到20平方英寸，甚至是20到23平方英寸的玻璃窗也已经投入使用。1738年，马里埃特炫耀了最能显示他实力的大玻璃窗[38]，它们在皮埃尔·克罗扎特的美术馆早已出现过，建筑师把他们安装在法式落地窗的正对面。1752年，弗朗索瓦·德·格拉菲格尼得意扬扬地宣布："我家窗户上的玻璃与镜子一样大。"当你看到老式和新式的窗户排列在一起的时候，你就很容易理解为什么她会如此骄傲；为什么布隆代尔所说的是对的：大窗格玻璃窗已经"掌权"；以及为什么人们在重新装饰住宅的时候，大多数人要更换他们的窗户（见162页）。

没过多久，良好的采光就被看做是舒适生活中一个必不可少的组成部分。在将明亮的住宅介绍给世界这个方面，没有人能够比布隆代尔更加机智，他是第一个致力于提高住宅建筑亮度的建筑师。他不断地尝试着使小型房间和隐秘通道获得更多的自然光，因为它们大部分都没有窗户，光线会很暗。他赞扬了皮埃尔·克罗扎特的建筑师让·西尔万·卡尔托德让洗手间变亮的方法，即在住宅内部设计一个小型的天井。他也赞扬了波旁宫[39]对小型天窗（jours）的使用，这样的话，后通道就可以被照亮（为了使光线通过地板下方照进通道内，人们甚至将地板打通）。当每一种方法都行不通的时候，布隆代尔建议在没有窗户的小房间的隔壁房门上放置一面大镜子，以便使日光反射到小房间中[40]。

就在窗户被改变的同时，人们也着手对现代窗户进行处理。在这种处理中，最重要的便是对隐私的保护，因为窗外的人可以透过大窗格玻璃窗和更高品质的玻璃看清房间内发生的一切事情。在1673年的关于室内设计的讨论中也同样包含了一则简明新闻[41]："即使是窗帘也感受到了时尚的变化莫测；如今窗帘从中间被分隔开，而不是像从前那样被拉到一边，现在它们可以被拉到窗户的两侧。这种风格的发明是因为这样更加便利，也更具装饰性。"因此，这也宣布了如今我们仍能在我们周围见到这种创造物：现代窗帘的诞生。

在17世纪70年代之前，窗帘并没有被人们广泛使用。在特里亚农宫追求

■ 这幅版画证明了在17世纪末期被引进,并在18世纪中期被广泛应用的大窗格玻璃窗的优越性。[34]

更大和更好的窗户之时,窗帘也随之成为房间装饰中必不可少的组成部分。最初,华丽的布料唤起了人们对这一事物的关注:凡尔赛宫的镜厅中早期的窗帘是由镶着金边的白色塔夫绸制成。然而,随着时代的发展,窗上用品也迅速变得休闲起来:为小型皇家城堡设计的简单的棉布窗帘成为现代风格的一个重要部分,它们的颜色通常是朴素的白色。18世纪20年代,窗帘成为高级住宅中每一个房间的必要组成部分,并在普通住宅中得到了广泛地使用。在夏洛特·黛丝玛位于瓦雷讷大街的小型住宅中,她有时会选择用黄色绸缎这样正式的布料制作窗帘,当然,她也有许多棉布窗帘。

下面，我们将要介绍的是由窗帘派生出来的百叶窗。通常，人们会用一根绳子来控制百叶窗的升降；然而，当百叶窗最初出现在王储的瓷器陈列室中的时候，它主要是用于遮挡每一面墙壁，而不仅仅是遮盖窗户。因此，它非常的呆板：一个弹簧系统的设计使百叶窗自动地卷起和展开。百叶窗由蓝色支线设计的云纹绸制成。当它被放下来的时候，房间的装饰是统一的，访客能够将注意力集中到中国花瓶上。当它被卷起的时候，挂在墙上的由拉斐尔、提香和乔尔乔涅创作的油画将会吸引人们的注意。

百叶窗使人们对装饰窗帘的需求变得更加急迫，为了掩盖窗帘杆，织物也被做成了褶皱状。当时出现的广告也证实[42]：工匠们不断推出新的构件，据说，每一种构件都更加的便利和高雅。1755年6月，庞巴度侯爵夫人在她贝尔维尤城堡的化妆间中安装了原始的百叶窗："这扇百叶窗由绘着半透明花束和花环图案的意大利塔夫绸制成，它以光面合金作为勾状物和支撑架；在用丝绸和黄金做成的绳子上，有用菠菜种子、茉莉花和亮片做成的梨形的流苏装饰。"

室内装饰的最后一个组成部分便是硬木地板，它是法国现代室内装饰的突出特征。它便于保存，并且同内置存储一样简洁。直到17世纪[43]，除了在那些拥有厚木地板的家庭能看到这种板材的地板之外，我们很难在其他地方看到木质地板。那时的人们用石头和赤陶土瓷砖铺地；在16世纪的时候，大理石瓷砖才被广泛地使用。

1664年，当枫丹白露城堡[44]中的地板被描述成"橡树镶木地板"的时候，地板的板材开始改变。值得注意的是，这些不是普通的厚木地板，而是一种带有花纹图案的硬木地板，它被称为镶木地板。从字面意义上来说，它指的是"一个小花园"，最初，人们用它来指代用来保护羊群的有栅栏的围墙，后来它既用来指代在法庭上将法官和律师隔开的栅栏（就好像被我们称为"律师席"的栏杆），又用来指代放置王座的房间。为了在视觉上让房间呈现出分区，木材经常被用在官方区域，因此，"镶木地板"成为新型地板的一种合理选择。当在法国生活了多年的亨丽埃塔·玛丽亚回到英国之后，她便在住宅中使用了这种法国的新式地板。1664年，约翰·伊夫林[45]将这种地板的名字告诉了英国人："法国人称它为镶木地板。"（帕拉蒂尼公主在1710年的时候抱怨说："在德语里还没有代表镶木地板的词。"）1673年，《风流信使》的读者注意到："重要人物已经淘汰了卧室内的毛皮地毯，因为它们除了吸灰之外毫无用处；他们用镶木地板取代了毛皮地毯，在制作不同图案的时候使用了不同颜色的木材。"1684年，大理石地砖被人们所淘汰。当凡尔赛宫的建筑师发现用来冲洗地砖的水正在不断地腐蚀托梁[46]，并渗入天花板下面的时候，大理石地砖在整个凡尔赛宫内都被移除了，取代它的便是镶木地板。

1700年1月，皇家建筑学院作了正式声明："在帕拉迪奥的第一本建筑书籍的第22章中，他说我们应该在卧室中使用大理石地砖。但是法国的情况却大不一样，在卧室和我们经常使用的房间中，我们使用的是镶木地板。"因此，镶木地板被指定为铺在新式卧室中的官方地板。现代建筑师没有等待官方亮起绿灯。1691年，布莱[47]（他向往着那些即将出现在旺多姆广场上的奢华的住宅）对不同的风格进行了讨论并断言新式的losange，即菱形图案是未来的发展方向。在达维勒第一版的指南[48]中，他只提到赤陶土和大理石制成的地板砖，但是在1738年的装修版中，马里埃特宣布镶木地板已经在住宅中盛行起来："再也没有人会使用其他板材的地板。"

将大的（边长大约三英尺）正方形以对角线方式排列成的菱形图案如今被称为parquet de Versailles，即凡尔赛风格的镶木地板。人们有充分的理由这样称呼它，因为菱形图案的镶木地板很快就遍及了整个凡尔赛宫（见右图）。1679年3月，王室的财政部支付了法莱斯及其同事的报酬，因为他们为庞巴度侯爵夫人的房间铺设了镶木地板。1682年，当最时髦的王室成员——王储[49]为他的房间制作了一款比菱形图案复杂得多的镶木地板的时候，他已经领先于为时尚风格定下长达十年之久的基调的庞巴度侯爵夫人。

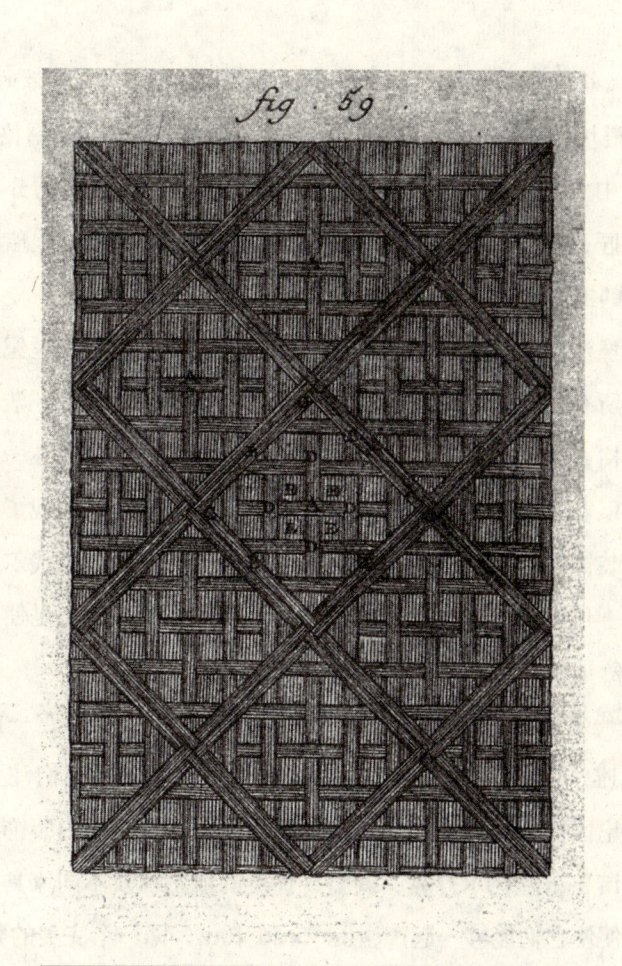

第九章 室内装饰和舒适房间的起源　165

■ 在这个菱形图案中，边长三英尺的正方形以对角线方式排列，它之所以被称为凡尔赛风格的镶木地板，主要是因为它在凡尔赛宫被广泛使用。它是18世纪精美的住宅中最时尚的地板。[35]

如今，他的设计依然存在。因此我们就能够理解为什么当泰辛[50]在1687年参观凡尔赛宫的时候，会为它所倾倒（非常美观，格外精良，他们认为这都要归功于王储的天赋）。

从此以后，每个人都想以凡尔赛宫的风格来打造自己的地板，因为镶木地板（这个图案被展示在德·特鲁瓦的油画《爱的宣言》中；而在德维斯的所绘的作品中，布尔夫妇用一个聚尘的地毯盖住了他们那不怎么精致的硬木地板的大部分。）很快就被看成是舒适的室内装饰必要的元素。布雷格尼[51]在1692年版的指南中（它专门介绍巴黎最好的店铺）添加了一个新的分类：安装镶木地板的工匠，并附带他们的安装价格。1693年5月，为了让瑞典人能够复制凡尔赛宫的镶木地板，泰辛[52]为他们订购了一个样品。

如果你像法国建筑师和他们的顾客在18世纪20年代到18世纪30年代所做的那样，将所有的组成部分放到一起，那么你的住宅便具有"法国风格"，即洛可可风格。这种风格将性感的曲线和怪诞的不对称组合在一起，米修纳的名人沙发以及克罗扎特的家具都将这种风格淋漓尽致地展现了出来。这种室内设计和装饰以舒适为目标，而不以展示为目的。对布隆代尔和马里埃特以及他们那一代人来说，新式的法国设计仅仅是室内装饰，是使房间变得高雅、方便和舒适的艺术。

在布隆代尔看来，室内装饰有两个基本规则。首先，它一定要朴素："朴素是我唯一的目标……我从未称赞过用奢华来吸引我们注意的室内装饰，我只讨论因优美的线条和多样的轮廓而赢得赞许的室内装饰。"为了达到整体的和谐，布隆代尔打算"调整"优美的线条以及不同家具的轮廓和装饰元素，以便使它们能够一起产生un beau tout，即一个完美的整体效果。

为了使整个房间看起来和谐[53]，建筑师所使用的物品都具有相同的线条，甚至房间的线条也与它们相一致。在奢华时代，所有的房间都是长方形或者正方形，就连天花板的高度也相同。因此，在雄伟的宫殿中，所有按顺序排列好的房间也都可以看做是按顺序排列好的同一个整体。当时精美的矩形房间，现在仍然是矩形，与之前没有任何变化。随后，像布莱这样的建筑师开始将弧线引入到房间的设计中，在克罗扎特的宅邸和位于旺多姆广场的埃夫勒酒店中都有圆角的房间。随着舒适成为衡量某幢建筑是否有价值的标志，矩形的房间也渐渐被其他具有更柔和线条的房间取代。新式建筑为我们展现了圆角和弧形房间——圆形房间和一边成圆形的椭圆形房间，正如布隆代尔[54]所评价的那样,从室内装饰的角度看,这些房间是完美的,因为其他的设计不会破坏房间的整体效果。

真正的和谐与朴素来得并不容易,而且价格也非常昂贵。就拿我们熟知的泰辛来说,他会为了得到一把别致的门锁,而准备花费一大笔金钱。他并不是只在考虑这样做,而是明确地恳求著名的锁匠为他打造一款锁:他会到瑞典来吗?他是使用模型,还是将它们邮寄过来呢?泰辛非常清楚"所有的物品都必须符合相同标准":完美的房间必须要有一把配得上"完美的整体效果"的锁。当知道这种锁同新式的墙上用品一样是一种新发明时,他非常兴奋。到了17世纪90年代,正如布隆代尔向他的读者所解释的那样,在之前,即使是为王室住宅打造的最豪华的锁也都是正方形的。如今,人们有史以来首次对锁进行雕刻,因此它们的外形可以与木制品的各种轮廓相匹配。

家具也要遵循和谐的规则,并且即使是像胡伯[55]一样的大师级的工匠也明白:既然家具是室内装饰的一部分,那么它的设计应该与房间的轮廓互相协调。这就意味着沙发的线条要与那些嵌板和挂在嵌板上面的油画的框架相一致;这也意味着,为了使沙发的"旋涡形装饰"与墙壁的"曲线"相呼应,并使它们"依偎"在一面大镜子的框架下方,布隆代尔要为自己设计一款沙发[56]。在现代建筑中,每一个元素都是非常华丽的,但是从整体上看,房间内不会有特别精彩的部分——这也是为什么王储为遮盖拉斐尔的作品而特意制作了百叶窗的原因:它们对于舒适来说太重要了。使所有的元素互相匹配是设计一个和谐的房间、一个让人们感到自在的地方的主要因素。

正如达维勒在1691年所说,和谐的室内装饰随着房间"更加舒适和实用"的时代的出现而产生。因此,这些装饰也是为日常生活服务的,它的功能就是将那些使房间变得更加舒适的座椅和现代便利设施串联起来。当时的书信和回忆录清楚地说明了,从弗朗索瓦·德·格拉菲格尼到达福特·谢夫尼等人都相信,在现代生活中,最好的居住环境的所有设计元素都是和谐一致的,因为这是一种舒适的环境。它们也同样表明:这种装饰对人们从朋友发展为恋人起到了促进作用，就像德·特鲁瓦在他的《时装画》中所描绘的那样。布景指的是光线和气氛，凡尔赛宫将无尘的镶木地板铺在脚下，并且使沙发、门锁以及所有物品的框架都和谐一致的布景让皇宫里的人感受到了家的温馨。

对格调高雅的舒适的渴望，是新职业产生的跳板。之前，我们一直不知道在巴黎新街区的顶级住宅的室内装饰设计师的名字，现在，我们首次对此有了了解：就拿吉勒·玛丽·奥潘诺德来说，在他为克罗扎特装饰精美画室的时候，他所设计出来的门和嵌板被看成是有史以来最出色的作品（夏洛特·黛丝玛在她的沙龙中模仿了奥潘诺德的设计）。米修纳为比林斯基所设计的室内装饰也成为了欧洲人谈论的话题。

早期的室内装饰设计师都是建筑设计师，他们通常与建筑的设计者是同一个人。后来，室内装饰从建筑中独立出来，一种新职业——装饰设计师，逐渐出现在历史舞台上。装饰设计师最指初代那些在剧院中负责布景设计的人。布隆代尔有时也将那些负责室内装饰的人称为装饰设计师，但其实他所指代的是建筑设计师。然而，在1773年，当"装饰设计师"一词出现在乔伯编写的艺术和工艺的字典中时，他正式地宣布装饰设计师是一个单独的职业。许多装饰设计师同样也是建筑设计师，因此多产的家具设计师德拉弗斯在1768年将装饰设计师称为"建筑装饰设计师"[57]，但是这种情况逐渐发生了改变。乔伯承认[58]，虽然这个职业刚刚出现，但它已经变得非常重要。因为巴黎的富翁已经对奢侈品、漂亮的饰物以及大师级的工匠产生了强烈需求，而且这种需求可以让一些人认清室内装饰领域的各个方面。乔伯将装饰设计师描述成"知道如何安排不同工匠的杰作，知道如何摆放家具……知道如何能给一个住宅带来独特和惊人效果的唯一的人"。

在增加室内装饰的物品方面，这个时代对新领域最为狂热的支持者——庞巴度侯爵夫人或许是最用心的人，室内装饰史上最早的品牌便是以她的名字来命名的。她的名字被用来表示颜色、纺织品以及家具种类，人们甚至还用她的名字来表示一种大众风格。在由布歇创作的画（见彩页）中，画中的装饰呈现了她真实的生活，我们也能从画中了解到她是一个痴迷于室内装饰的人。画中呈现了庞巴度风格的桌子，庞巴度风格的粉色（一种颜色很深、略带红色的粉色）和蓝色，以及庞巴度风格的布料（这种布料主要以粉色和蓝色的花束组成为特点）。事实上，在她全心参与到装饰中的时候，这些命名就已经出现了。1750年，庞巴度风格得到了法国居民的一致认同；1752年，它的传播范围已经超越了法国，并且英国人也开始谈论这样或那样的庞巴度风格[59]。19世纪早期，人们在谈论某一种风格的时候甚至会说："这正是庞巴度风格。"（Cela est pompadour）不久之后，随着洛可可一词的出现，"庞巴度风格"成为了洛可可风格的同义词。

庞巴度侯爵夫人受到了布隆代尔的赞赏[60]。布隆代尔建议跟他学习建筑的学生去参观曾经的埃夫勒酒店中庞巴度侯爵夫人的房间："这些房间会让他们明白什么才是室内装饰。"然而，庞巴度侯爵夫人并不期待得到布隆代尔的赞赏。

对于庞巴度侯爵夫人重新改造的埃夫勒酒店，她的建筑设计师拉苏朗斯二世把一切都归功于室内装饰。然而，对于布隆代尔、布里瑟和马里埃特的观点：即住宅的建筑设计师应该全权负责住宅装饰中从家具设计到房间布置的每个方面，庞巴度侯爵夫人却并不赞同。拉苏朗斯没有负责设计庞巴度的房间中的一切，因为庞巴度不可能只采纳他一个人的意见。例如，奢侈品经销商拉扎尔·杜沃就为庞巴度的室内设计付出了很大努力。而在18世纪中期，像杜沃这样的经销商曾为许多人做过室内设计。

真正的竞争还未开始。1780年，勒·加缪·德·梅济耶尔仍然认为建筑设计师应该决定与整个装饰相关的一切[61]（毕竟，他自己就是一位建筑设计师）。因为，"装饰设计师经常决定与家具和装饰有关的一切。"事实确实如此。然而，他也清楚地意识到那段日子要么已经成为了过去，要么正在迅速地消失。一些人对装饰设计师给出了这样的评价：装饰设计师是室内装饰的新力量。还记得储备着各式各样的家具和装饰纺织品的那个装饰商店（见122页）吗？在18世纪最后的几十年里，装饰设计师决定了大多数的事。正如居丹·德·拉·布伦埃勒里所说：在那时，商店的店主都想为自己的住宅找到合适的装饰。装饰设计师能够实现人们的梦想，他们将室内装饰领域的魔力向住宅不是由建筑设计师设计的那些人延伸。

因此，室内装饰的时代便从19世纪开始了。建筑设计师和装饰设计师用他们的影响力保证了人们能够在房间里放置大量起到遮盖、保护和包裹等作用的纺织品，以及长毛绒窗帘和舒适的家具（勒·加缪·德·梅济耶尔毫不客气地对不注重室内装饰原则的装饰设计师和那些只是为了出售各式各样材料的装饰设计师提出警告）。现在看来，19世纪那些塞满了装饰品和给人发胀感觉的房间是"装饰设计师统治时代"的一个必然结果。这种装饰是为全新的舒适而服务的，它不再为人体的结构、不再为整洁的线条，也不再为引人注目的和谐一致而服务。

第十章　卧　室

对于一幢住宅的所有房间来说，舒适时代对卧室的改变是最大的。从本质上来说，17世纪70年代的卧室仍然是一个公共区域，它向家庭中的所有人开放。18世纪20年代，一种新的房间——卧室，成为了住宅中私人区域的核心，并且这个房间内的一切事物都已发生了改变——从它的布局到室内装饰，从在卧室中进行的活动到床本身的设计。在不到半个世纪的时间里，作为隐私和舒适的构成要素，卧室确立了它的现代身份。

在古代，床和卧室都很简单。有时，人们虽然会把床固定在房间中的某个位置，但后来它们还是经常被搬来搬去，并且人们只是在床附近拉上了帘子，以此把它与周围的事物相分离。在床的大小上，那时主要是单人床，而很少有双人床出现；在枕头方面，埃及人使用由木头或者象牙制成的弹性头垫，希腊人和罗马人使用长枕（为了那些喜欢在睡觉时把脚放在枕头上的人，它们被放在床的两头）。在那个时代，人们眼中的舒适与我们现在所认为的舒适完全不同，例如，在罗马帝国的晚期，床垫才被广泛使用。

从中世纪到文艺复兴时期，再到17世纪晚期，在大部分居民的家中，床是可以随意挪动的，人们并没有将其放在一个指定的房间。在这段时间内，床是家中最昂贵的家具，当时，纺织品的价格也很昂贵，而床正是由大量纺织品构成的。在14世纪，人们发明了棚顶床，它的出现并不是为了给家里增添光彩，而是为了支撑私密性和保暖性的窗帘。即便在床有了一个重要的结构之后，它与床上用品相比几乎也是一文不值。

寝具逐渐成为奢侈品：稻草床垫被皮革床垫所取代，长枕也出现了。尽管当床周围的帘布或窗帘闭合的时候，一张四柱大型卧床并没有16世纪晚期最大的能睡12个人的超大型卧床（差不多11英尺宽，超过 11英尺长，并且最初也几乎是11英尺高——它也许是为了某一间旅馆而被设计出来的，它超大的尺寸是为了吸引顾客的好奇心）大，但它能让睡在里面的人产生一种生活在自己的空间中的感觉。尽管大型的四柱卧床被看做是最早的现代床，可是我们并不认同它的使用方式。在那些几乎没有座椅的年代，床的字面意义就是房间的意思，事实上，它指的是寝室和客厅二合一的房间，并且从外观上来说，它也适合于任何社交活动。

从17世纪的最后几十年开始，在经历了几个世纪的无变化或非常缓慢的变化之后，床得到了快速地改变，这比过去一千多年的改变还要多。短短几十年间，人们普遍接受了在住宅中应该有一个为睡眠而准备的房间这种观点。

最早的大床架出现在17世纪70年代早期，它是为了特里亚农宫而设计的。为了这个与卢浮宫相比更接近拉斯维加斯的爱巢，瑞典的装饰专家泰辛做了许多过于奢侈的事，以至于这种构思在当地就被人们立刻否决了。他将以抽穗的花环、纺织的垂挂物和用羽毛覆盖的花束装饰的试验品的素描图寄回斯德哥尔摩①。在这幅图中，泰辛意识到了一个主要的创新，即窗帘已经被豪华的遮蓬所取代，然而，最令人吃惊的却是床架已经不再只是所有装饰过度的纺织品的一个隐形支撑。例如，特里亚农宫的床通过把镜子嵌入床头板的方式让人们注意到了床架。在Chambre des Amours，即爱的卧室中的床头板也以在恰当位置摆放的手握丝带的丘比特的全身像为主要特色。

在随后的几年，与早期沙发和现代扶手椅相同的雕刻技术也在床的装饰上得到了广泛地应用。床架变得越来越明显，它越来越像一个拥有自身价值的物体，而不是一种附属物。并且我们可以很肯定的是，床架将不再与châssis，即隐形的框架有任何关系②，它只是一个bois de lit，即床架而已。因此，床从床上用品中独立出来，它已经成为了一件真正的家具。

然而在此时，舒适座椅的使用范围越来越广，这导致床失去了作为住宅里娱乐的中心地位。随后，人们将床固定在某个地方，此时，它成为了住宅中一个新式私人空间的中心装饰品。于是，法语词汇chambre和chambre à coucher，即英语中的寝室和卧室两个词被广泛地用来指代这种新房间——一个专门为睡觉而准备的房间。

在一幢住宅中，正式的公共空间和舒适的私人空间之间的差异是非常明显的。在这几十年间，所有由建筑师设计的住宅都以两种卧房为主要特点：正式卧房和私人卧房。这导致人们围绕床展开了一系列的活动。到18世纪中叶，正式卧房已经成为建筑中一种过时的空间，越来越多的房屋主人只拥有并使用非正式的卧室。因此，人们睡在正式的公共空间的时代结束了，现代卧室已经成为住宅的一个组成部分。

公共卧室被人们称为供观赏的卧室，它是一种正式的空间，是奢华时代的一个落后的产物。这些房间以奢华时代的大床为特色，随着建筑的发展，它们渐渐消失了寝室和客厅合二为一的功能。在安东尼·古登③1671年出版的指南中，他宣布"坐在一张床上是不礼貌的，尤其是坐在一位女士的床上"，同时他也正式声明，"如今，法国正在遵循一种新的礼仪规则"。相反，当生活中出现重要的喜事或丧事时，人们便可以坐在女主人的床上：新婚夫妇可以在床上相互问候，并且在孩子出生之后，来看望女士的人可以坐在他们的床上；在家庭中的某个人去世以后，人们也是在这里对死者进行哀悼。

供观赏的卧室会让人产生遥不可及的感觉。在这类房间中，床经常被主人安放在一个用圆柱围成的壁龛里——埃夫勒伯爵的宅邸就是这样（见下页）。壁龛与房间中的其他部分被一个栏杆分隔开，这让人产生了一种床独立于其他物体之外的感觉。

18世纪，公共卧室逐渐变成了一个残余的空间，它给我们以强烈地暗示：即时代已经改变，人们不愿意继续在公共的视线中展示家庭生活中最重要的礼仪。那些记录了自己在凡尔赛宫生活经历的人，以及不间断地记下王

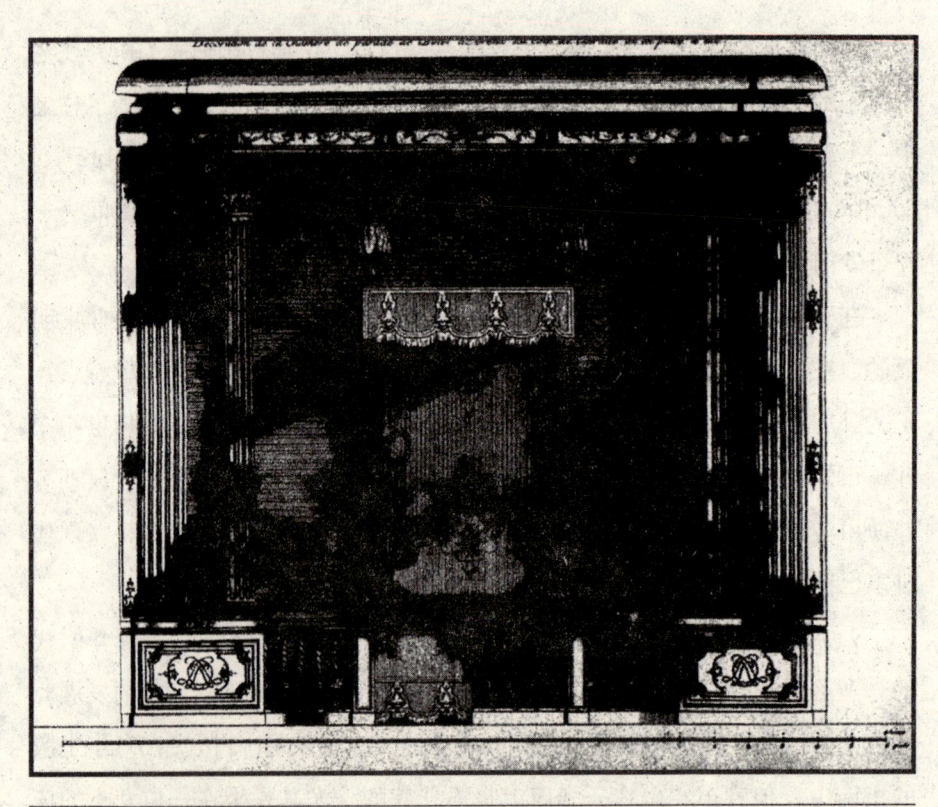

■ 这幅画描绘了埃夫勒伯爵在香榭丽舍大街附近的雄伟住宅中供观赏的卧室。它展示了令人生厌的、正式的传统卧室是什么样子。带有圆柱形框架的床被安放在一个壁龛中,并通过一个栏杆同房间的其他部分隔开。[36]

宫礼仪的变化的人为我们展现了公共卧室的消失过程。例如,吕伊纳公爵④回忆起在1710年举行婚礼的时候,他和他的妻子忍耐了所有的公共礼仪,最后才躺在了他们正式的床上;然而,在1738年,人们非常反感这类礼仪,并拒绝参加有这类礼仪的活动。1747年,路易十五的儿子举行了婚礼,克洛伊公爵⑤对其进行了报道。它在报道中宣称,这种仪式"令人非常尴尬",它们都证明了国王过着"最不舒适"的生活。1762年,当克洛伊公爵的女儿结婚的时候,并没有举行这样的仪式。1780年,正式卧室走向了终结:勒·加缪·德·梅济耶尔宣称⑥,正式卧室对于任何一个想要睡得安稳的人来说都

"太大"了，因此，它们将不再被人们使用。在这里，他所讨论的"卧室"仅仅是私人卧室，他没有像早期的论文那样去比较两种卧室的异同⑦。

公共卧室的消失也是舒适获得成功的另一个有力的证明。在一个令人生厌且不自在的空间中，人们需要一种全新的卧室理念：一个能够让人们舒适、亲密和保护隐私的房间，同时也是一个能给人们提供良好睡眠的房间。在现在的我们看来，卧室具有这样的功能是理所当然的，但是在那之前的人们却没有明确地考虑过这个问题。由此，一种新式房间出现了，它不再具有观赏的功能。勒·加缪·德·梅济耶尔骄傲地将其命名为palais du sommeil，即睡觉的宫殿，它是最早的现代卧室。

在1710到1730年间，私人卧室发生了巨大地变化。栏杆和圆柱消失了。人们把床藏在一个舒适的壁龛内或是凹角处（房间中的一个凹进去的部

■ 这幅由布隆代尔绘制的室内装饰图描绘了与新的私人卧室相匹配的装饰设计。这种新的私人卧室在18世纪初出现，它是正式卧室之外的另一种卧室。私人卧室非常小；它更倾向于私密和惬意，而不是宏伟和壮观。[37]

分），因此人们为这个新房间取了名字：chambre en niche，即壁龛卧室（见上页）。壁龛床被放置在壁龛的侧面，它也因此被保护了起来，从而使人们不再需要厚重的窗帘。壁龛卧室体现了建筑学上的新价值[8]：舒适和私密。勒·加缪·德·梅济耶尔称之为"一个能够把你细致地包围起来的地方，在那里你可以单独待着"[9]。它保护着房间内人们的隐私，人们把门隐藏在床两侧的墙上，并通往走廊。弗朗索瓦·德·格拉菲格尼很喜欢这种安排，因为它可以使一位到访者秘密地进入到主人的卧室。这些门也能够使仆人在铺床的时候打扰不到房间的主人[10]。被安装在床底下的轮子能够使床轻松地围绕中心轴旋转[11]，在操作的时候，人们发现这个过程比想象的还要简单。

随着新式风格的卧室的产生，社会上也出现了新式风格的床。事实上，在短短的几十年间，设计师制作出了许多实用的床，这比之前所出现的床的总量还多。它们主要采用了两种基本的设计：一种有一个床头板（它是为供观赏的卧室而设计的，在供观赏的卧室中，床面朝着房间），另一种有两个床头板（它是为壁龛卧室而设计的，在壁龛卧室中，床被放置在壁龛的一侧）。后来，这些变化了的床从这两种设计中分离出去。缺乏特里亚农宫那样奢华感觉的第一批床在1673年的出版物中被描绘成：天使床（lits d'ange）。虽然这种床没有踏足板，只是在床底搁脚的地方有一些短杆，但是它却有一个用来支撑天盖的高大的床头板，天盖因为连接在墙上而不是被搁在栏杆上，所以也可以说成是"腾空的"。这些设计同特里亚农宫的相关设计一起成为流行时尚；《风流信使》报道称"没有人想要其他的风格"。事实上，这些设计相当流行，如果你想让专业的设计师邦氏兄弟[12]为你的床进行设计的话，你需要等待一年的时间。

有报纸的报道称，当时有一百种不同类型的天使床。在查理·佩罗1696年编写的第一版的《睡美人》中，公主长在时间的睡眠中等待她独一无二的白马王子[13]。到了18世纪初，最新款的公主床被称为"公爵夫人床"（见右图）。公爵夫人床是路易十四在梅纳格丽城堡中[14]寻求的年轻风格中的一部

第十章 卧室

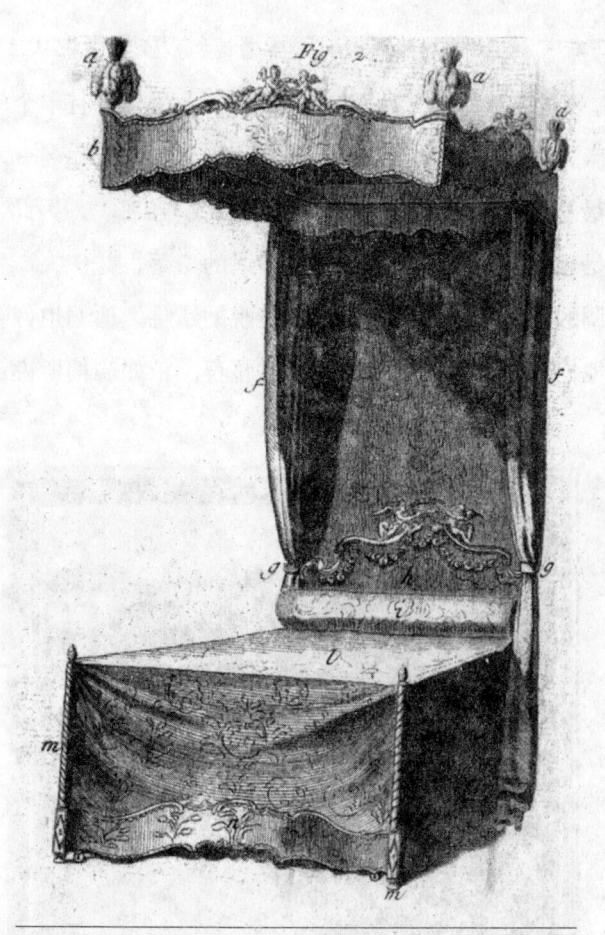

■ 公爵夫人床有一个非常高大的床头板，它被用来支撑遮篷或天盖。天盖因为连接在墙上而不是被搁在栏杆上，所以也可以说成是"腾空"的。〔38〕

分。带有床头板的床有三种尺寸⑮：普通的床是4英尺宽；另一种被胡伯称做"为想要获得更多舒适的人而准备的床"是4.5英尺到5英尺宽。"为伟大的国王而准备的"最早的特大号床是7英尺宽（在胡伯典型的实用时尚中，他评论说"这并不是因为'伟大的国王'需要这么大的空间，通常情况下，国王既不比其他人高大，也不比其他人胖。"）。

在壁龛卧室中，人们使用带有一个矮床头板和两个长枕的床（见下图）。(托马斯·杰斐逊[16]对这种设计非常着迷，以至于当他从法国回到美国之后，在改造蒙蒂塞洛时，他添加了九张壁龛床。）尽管带有单个床头板的床被称为"法式床"，但人们却经常用外国名字来为壁龛床命名——例如，庞巴度侯爵夫人最喜爱与沙发相似的土耳其床[17]（见179图）。因此，床最新的设计趋势无疑是想要将每个人都藏在一个舒适的角落，并使人产生一种在一个拥有异国情调的温暖和懒散的地方度过整晚的错觉。他们也许会梦见晴朗的天空，但是他们也十分可能独自一人度过整夜。正如胡伯所说：如果两个人

■ 在18世纪早期，作为新式私人卧室的一种可供选择的床，带有一个矮床头板和两个长枕的壁龛床开始流行起来。壁龛床被放置在某个凹角处的一边，而不是正对着房间。[39]

■ 土耳其床是壁龛床和沙发的一种特殊的结合体。它是庞巴度侯爵夫人最喜欢的一种床；在她绝大部分的住宅中，她都为自己私人卧室选择土耳其床。[40]

想要尝试去分享壁龛床，他们中的一个人将会被困在墙边；而如果需要在夜晚起床的话，他们需要从另一个人的身上爬过。

为睡觉而准备的小房间成为一间卧室套房的核心，并且，致力于相关活动的其他房间都聚集在它的周围。那时候也出现了garderobe（衣橱或衣柜）[18]。这个词最初指的是一个可以不需要将衣服折叠，就能将它们保存起来的足够大的箱子。在18世纪初，它的含义改变了。1710年，勒·布朗在他的卧室旁边放置了一个"大型衣柜"。与现代衣橱作用相同的衣柜包含了大量的存储空间，它的作用也与一间更衣室相同。

在那些大型衣柜中，衣橱进入到现代时期。勒·加缪·德·梅济耶尔认为它们应该由地板通向天花板[19]，并且衣橱房间应该设置在北边，以保证纺织品和皮草不会接触到强烈的日光。此外，它们还应该远离能够使烟灰沉淀的壁炉。在这些新式衣橱中，第一个步骤就是衣服的悬挂储存——1694年出版的《法兰西学院词典》中包含了一个新词——portemanteau，字面意思是一个衣帽架或挂钩，它是被放置在衣橱中的一种木质吊钩。

在舒适时代的末期，每个人都知道一间完美的卧室套房的构成要素[20]：一个可供人们睡觉的房间、一个衣物存储空间，以及一个洗手间或者一个独立的更衣室。住宅中的男士区域还包括一间办公室，女士区域带有一间为"收集灵感"（recueillement）而保留的房间，一些建筑师把它称为闺房，另一些人则将它称为午睡室。沐浴套房与住宅中的女士区域相邻。

当贵族联姻成为两个有名望的家族之间的婚约的时候，这场交易中并不包括丈夫与妻子应该彼此相爱；而且比起花更多的时间在一起这件事来说，他们认为传宗接代更加重要。然而，在整个舒适时代，自由恋爱逐渐取代了贵族联姻。我们知道这是因为越来越多的夫妻决定睡在同一张床上。

这个时代狂热的记录者——圣·西门公爵[21]，为18世纪早期的一对最有影响力的情侣而着迷，他们就是法国的大法官（法院系统的最高领导人）和首席财政部长庞恰特雷恩伯爵，以及被人们称为法官夫人的他的妻子玛丽·德·莫普。在法国，大法官是仅次于国王的最有影响力的人；他的妻子是年轻王室成员们——特别是向往自由的勃艮第公爵夫人的一位知己，勃艮第公爵夫人曾经在1700年为玛丽·德·莫普举办了一个报纸争相报道的极度奢华的聚会。在1708年到1709年的这个严酷的冬季，当西班牙的王位继承战争将法国的资源榨干的时候，圣·西门公爵向人们讲述法官夫人如何为法国的夫人创造了一个新的形象：她在自己的住宅外面经营了一个流动厨房。整整七个月，志愿者们整天都为人们免费发放面包和汤，甚至还包括肉。她们平均每天为三千名以上的饥饿的巴黎市民提供食物，大法官对她的工作感到非常震撼。

对于圣·西门公爵来说，那个流动厨房并没有这对夫妇所呈现的婚姻那样使人惊奇："他们分享相同的朋友和相同的家人。在处理每件事情的时候，他们都作为一个整体。只有在万不得已的时候，他们才会被分开，并且无论走到哪里，他们都睡在同一张床上。"

为了适应这样一对现代夫妇，建筑师设计了住宅中男士区域和女士区域之间的许多被精心管理的交叉口。波弗朗提出的最简单的解决方案就是添加一个走廊来连接两位主人的卧室。并且除了布里瑟，没有建筑师去关注人们想要过自己的生活的这种方式的改变。通过对他的两个主要作品[22]（1728年和1743年）中对配偶的睡眠安排的方式的比较，我们不难理解使圣·西门如此震惊的新分享是如何在18世纪初快速地成为公认的生活方式的。

1728年，布里瑟赞美了一个新颖的设计：一对套房共用一个娱乐室。他也提供了面积不足以拥有套房的普通住宅的设计方案；其中的一些以共用一个书房或更衣室的两间相邻的卧室为特点，或者以拥有并排在壁龛中的成对的床的壁龛卧室为特点。1743年，布里瑟为促进夜间隐私程度的多样化提出了更加深入的见解。一种住宅带有共用一个沙龙的配套套房，并在每个卧室中放置了成对的床。在另一种住宅中，女士的套房拥有摆放着两张床（这一次是全尺寸的床）的更大的卧室，然而男士的套房却要小得多，并且只有一张床。此外，布里瑟是第一个使这种趋势公众化的人：他宣布男士区域和女士区域必须彼此相连，而一个直接的通道应该在两个卧室套房之间。仅仅15年，丈夫和妻子的这个亲密空间就成为建筑生活的一个公认的事实。

在舒适时代到来之前，建筑师只把房间简单地看做是没有特定居住者的"卧室"。他们首先为丈夫和妻子提供卧房；然后，他们开始指定客人的住所[23]。到了1780年，勒·加缪·德·梅济耶尔理所当然地认为在住宅中也应该有儿童房间[24]，事实上，这就是一间供住宅中的儿童所使用的套房。因此，在舒适时代的末期，一个由建筑师设计的住宅通常以适应一个家庭中所有的成员和在一个私密范围内进行的娱乐为目的。

新式的床，以及拥有一张床或两张床的新式卧室——所有的这些选择都意味着卧室的风格趋向高度个性化。这里有一些由舒适时代的关键人物推选出来的选项：男士负责装饰两间卧室、女士负责装饰两间卧室、同一间住宅中的两位继承人负责装饰同一间卧室，以及一个人在两个不同的时间所居住的卧室（1725年和1746年）。各种各样的装饰设计使人们感到个人品位和集体品位在由舒适对室内装饰领域进行统治的这几十年间（1725年到1765年）都在不断地进化着。

首先，让我们来了解一下夏洛特·黛丝玛，她是一位向往自由并且很有手腕的女人。1725年，她刚刚布置完她现代建筑中的小房间，她拥有一间供观赏的卧室，但这是一间非正式的卧室。床没有被栏杆或者圆柱隔开，她选择了蓝色的锦缎来充实她的瓷器收藏品，并且将锦缎与棉布连接在一起以配合房间中非常正式的家具：一个有着大量雕刻和镀金的床、沙发和六把扶手椅。

这位单身女人将她的小住宅中的一层楼变成了一间娱乐套房，因此，老式的卧室仍有一定的意义。到访者可以直接从花园进入一间摆放着大提琴的房间，然后进入起居室，最后进入到正式的卧室中。在床的每一边都有一扇直接通向走廊的门，在这个小房间里，她保留着一项"十四杯"的咖啡服务（并且毫无疑问的，她还有八打棉质的咖啡餐巾纸）。住宅中同样存在着用她最喜欢的油画（由德波尔特创作的一幅名为《敏捷》的描绘狩猎场面的油画）所装饰的能够通向她的私人卧室套房的后楼梯。在卧室套房中，她睡在一张由深红色的锦缎装饰的做工不是很精致的床上。

20年后，黛丝玛的睡眠安排完全改变。镀金家居和瓷器消失了。她拥有一间独立的卧室和一张能够获得最大程度舒适的拥有四个床垫的壁龛床：放在最下方的一张由弹力马毛制作而成（金属弹簧直到19世纪才被引进）的床垫和两张羊毛床垫，最妙的是放在最上方的一张羽毛床垫（当床距离地面非常高的时候，人们借助一个脚凳爬到床上）[25]。她仍然很喜欢深红色，但是到了1746年，古老的纺织品已经消失，一切的装饰都是由棉布制作而成。

　　1740年，当皮埃尔·克罗扎特去世之时，他所居住的卧室与黛丝玛在1725年装饰的卧室非常相似。和黛丝玛的卧室一样，克罗扎特的卧室也可以通过起居室直接进入，并且他的卧室也使用蓝色和白色来搭配大理石桌面的瓷器。然而，到了1740年，壁龛床已经获得了成功。这位单身男人睡在一张罗马床（土耳其床的前身）上，床上用品都是由像窗帘一样经过切边并且带有金色穗带的蓝色锦缎制成（克罗扎特在铺着马毛的基础上只使用一个单独的床垫）。他有六把由针绣挂毯（一种将花朵装饰在白色背景上的图案）包裹着的扶手椅，一把"忏悔"扶手椅，墙上挂着不少于四十五幅杜勒和维罗纳这些大师所创作的油画。他还为自己的宠物狗准备了一个小窝。在与卧室相连的更衣室中，他的假发也被放在一旁，并且由塔夫绸制成的睡袍也与挂在内置衣橱中的钉子上的丝绸相匹配。这一切就像是一个非常有秩序的小世界，人们为他的艺术收藏品而着迷，他的房间几乎不具备典型的阳刚之气。

　　接下来要介绍的是埃夫勒伯。尽管直到1753年他才居住在现代建筑中，但他仍以一种固执的方式抵抗着世界发展的方向：他的睡眠安排是他不愿意牺牲贵族等级的一个最明显的证明。这位永远没有再婚的伯爵坚持使用他的正式卧室，虽然它已经完全过时，但对伯爵在18世纪初虚度青春的那几年来说，它却是一个神殿。在伯爵的卧室中，只有一件新发明——带锁的家具。事实上，在他的整个宅邸中，壁橱、衣柜、碗柜、桌子和橱柜都带锁——他的仆人甚至也在他们卧室的壁橱上安装了锁头。无疑，伯爵对隐私非常着迷。然而，他并没有向非正式的方向迈出单独的一步：他的床（见174页）、床上所有的装饰品，以及房间的窗帘都是由深红色的锦缎制作而成。1746年，这种材质因太过正式而被黛丝玛丢弃。埃夫勒伯爵的住宅毫无装饰可言，房间中仅仅有少量零散的瓷器和部分油画，这些油画大部分是未标记的全家福。座椅也都已经落后了几十年，与伏尔泰一样，埃夫勒伯爵仍然使用着最原始的舒适扶手椅。

　　十年之后，庞巴度侯爵夫人[26]在凡尔赛宫去世。她在那里的公寓曾经花费了她大量的财产，这个公寓就是从前的埃夫勒酒店，它是庞巴度侯爵夫人在伯爵去世后的第一时间抢先将它买到手，并开始现代化的地方。在那里，一组公证人为了列出她所拥有的所有财产清单而整整工作了一个星期。当然，这在现在看来是非常愚蠢的。值得一提的是像庞巴度侯爵夫人这样的人的选择，她有如此多的卧室，以至于她能够尝试每一种可行的装饰选择。例如，她保留了埃夫勒公爵的正式卧室和卧室中的一切，并毫无疑问地将其作为对她在法国王室中的地位的一个非常明显的证明。然而，庞巴度侯爵夫人也将剩余空间彻底地带入了一个新时代。她那张框架上有着大量雕刻和镀金的床被大片镶边的白色缎子包裹着，这为房间带来一种更加明亮的感觉。这里也有许多与房间的装饰相匹配的豪华座椅——其中有她最喜欢的忏悔椅之一，也就是她最喜欢的四个凹背扶手椅中的一张（在夏季，她用红色的pékin，即手绘的中国丝绸将房间的装饰转化成休闲奢华的东洋风格）。她的床完全打破了传统模式，它们像一张壁龛床一样，拥有两个床头板。但是就床柱而言，这个房间也可以被看做是一个新式的卧室。

　　壁龛床明显代表了庞巴度侯爵夫人的卧室风格，即使是像在凡尔赛宫中的带有一个高大靠背和大量雕刻的她最精致的床，也都有两个床头板。一些床是土耳其风格，一些床被壁龛完整地遮盖着；每一张床都采用了沙发的风格（在房间中也有一个土耳其式长沙发）。为了衬托出壁龛床的舒适，庞巴度侯爵夫人使用了大量的棉布。她为凡尔赛宫选择了几种不同颜色的棉布窗帘和棉布装饰品。在重新改造后的埃夫勒酒店中，壁龛与带有格子花纹的棉布相连接，并且床上的羽绒被有红色条纹的棉布覆盖着，同时在她宽敞的沐浴套房中的卧室也以一个土耳其式长沙发、一把扶手椅和一张壁龛床为特色，所有的一切都用一块带有印花图案的红色棉布来装饰。

　　在这四个人的睡眠住所中所发现的这些选择方案表明：卧室不仅可以

激发人们去表达他们的个人品位，也能够使人们沉浸在他们认为对舒适至关重要的一切事物中——他们也许会为他们的床堆上四个或者更多的床垫，或者，正如庞巴度侯爵夫人所做的那样，他们也许会使用许多"皮枕头"（其他人更偏爱长枕），他们也许会将他们宝贵的财产锁起来，他们甚至可能会拥有属于他们自己的极好的油画。

第十一章 闺房

不久之后,建筑师就计划将住宅细分成不同的空间——公用和私用、男性空间和女性空间。这样,它们之间的差异便凸显了出来。商务套房有一个最基本的元素是小房间,主人可以在这里过着不被打扰的生活,他们可以整理思绪或是静心处理重要的事务。因为女性的生活对专用空间有特殊的需求,所以,在她们的房间内往往有多个专用空间,如专门存放衣物的衣橱等。但是,在之前所设计的房间中,并没有人考虑为女性的精神世界留出这样一个空间,这便是闺房的由来。它原本就被设计为个人独有的空间,和男性一样,女性可以在这里享有私人世界,她们同样也可以去沉思、去冥想、去阅读、去写作。当在这里独处之时,她们可以随心所欲,并可以按照自己的方式放松身心,她们也可以在这里彻底地愉悦自己。庞巴度侯爵夫人有一幅著名的肖像画(见彩页),这幅画完美地诠释了她其中的一间闺房:和女性闺房的原始作用相同,这个房间是为了进行阅读和写作的。从某种意义上讲,闺房是内部空间的完美展示,它可以呈现建筑风格、家具以及内部装潢的艺术,它的内部装饰带来了绝对的舒适和私密。

根据布里瑟[①]的说法,现代建筑的顾客希望尽快逃离并摆脱公众生活的重担,闺房就成了"迷你空间"不可分割的一部分。闺房内有私人卧室,有令人舒适的高科技产品,还有盥洗室和卫生间。后来,它被分割为更多的个人专用空间,如闺房内有被用来存放重要文件的档案室。

起初,闺房一度被称做午休室(关于这个称谓,可参考一个说法,即人们会在一天中最热的时候进行小憩；因此闺房也就是最原始的午休室）。布隆代尔认为：午休室带来了绝对的安静，是冥想之佳所，因此在所有的私人空间中，它也就成为了最最私密之地。冥想原指摆脱世俗的纷繁之念，一心寻求上主。当新建筑脱颖而出之时，这个词就失去了原来的宗教意义，逐渐表示逃离外部世界、追求新潮和现世，并追求个人的内在生活的意思。午休室就成为了内心世界的最佳避所，它是现代建筑与精神生活相互影响的铁证。

很快，午休室就有了一个新名字——闺房。现在我们所称的闺房是根据词语bouder（赌气）和pout（生气）衍生出来的：依照其字面意思，闺房是私生活里名副其实、毫无噱头的副产品，是一个爱发怨气并在孤独中被宠坏的顽童而已。然而，直到18世纪中叶②，当法国小说一度喜好刻画个性鲜明的人物时，人们才开始对闺房进行阐释。起初，闺房好似之前的午休室一样，人们仅仅把它当做内在生活的避难所。

闺房的概念得到了快速地传播。1715年，这种新颖的房间首次被列入了德米埃尔酒店③的设计方案之中，在酒店最初的卧室套间中，既有盥洗室，也有卫生间。当然，我还知道关于闺房的另一个故事，它讲的是路易十四的一个决定，即当初他允许元帅德米埃尔将自己的爵位和财富传给心爱的女儿。1741年，闺房一词首次出现在一份建筑学论文里，布里瑟·于格④在文中说，"如果你拥有一套巨大的卧室套房，你可以在其中的小房间摆上长沙发，这就是闺房"。此时，在埃梅利·杜·沙托莱⑤的别墅中已经出现了卧室壁龛，那里有她和伏尔泰共同生活的温馨的"小闺房"。1738年，弗朗索瓦·德·格拉菲格尼对这个"小闺房"给出了这样的评价，"当踏进去的那一刻，你是否已经准备好了要虔诚地双膝跪地"（1751年，格拉菲格尼称赞它为"精美"的闺房）。这位皇后⑥也效仿侯爵夫人在其法国宫殿中的房间的设计，为自己布置了闺房。由此我们可以知道，庞巴度侯爵夫人是个对闺房痴迷的人⑦：她在德米埃尔酒店中为自己打造了一间闺房（房间内有独具风格的百叶窗），这与贝尔维尤城堡中的闺房完美地结合在一起，堪称闺房中的经典。

第十一章 闺房

根据建筑学资料显示，各地都有为内修生活而建的空间。布隆代尔常常将午休室作为休闲套房的一部分，他说，闺房应该有长沙发，这可以让客人休息，以使他们免于社交的纷扰。庞巴度侯爵夫人在德米埃尔酒店的浴室套房中打造了一个属于自己的闺房。在她凡尔赛宫的房间中，不光浴室中有闺房，就连卧室套房中也有闺房。在她所设计的德米埃尔酒店的闺房中，除了写字桌和书写工具之外，还有一张小的扶手椅。庞巴度侯爵夫人曾收到过最高级的外交公文包，她将其摆在了凡尔赛宫的闺房中（据说在她红漆墙壁的闺房中，她曾与凡尔赛的大使温策尔安东以及考尼茨伯爵共同起草了奥法联盟条约）。

由于人们面对的压力越来越大，而对私密空间的需求也越来越迫切，因此，这迫使他们寻找快速放松的方法，而闺房就成了最好的选择。与其他房间相比，闺房多了份闲适和隐秘。在这里，你与世隔绝，你可以进行私密的和无压力的社交活动。闺房与法式建筑风一起风靡欧洲。从18世界晚期简约的德国家居设计方案中，我们可以知道，男性有男性的空间，女性有女性的空间。在妻子的房间内，有了一个迷你闺房——在这些设计方案中，闺房是我们能找到的唯一的法语词汇。闺房的成功清晰地表明，女性在这种新观念的传播中扮演了十分重要的角色。

早期的闺房以随意和简约为主要特点（见下页）。比如，侯爵夫人的闺房中使用了朴素的春日棉，埃梅利·杜·沙托莱的"小巢"内则选用了柔和的粉色，这是那个年代的杰出女性最理想的避难所。之后的闺房就少了许多限制：以庞巴度侯爵夫人为例，她的闺房内陈列着一幅东方风味的仿画，18世纪的欧洲人觉得它的存在与舒适和简约的理念相映成趣。

庞巴度侯爵夫人在贝尔维尤城堡中（1748—1750年）的闺房当属其中的典范。在那里，她决定使用一些中国风的元素，或者增添一些18世纪中期的法国元素。她闺房的墙壁粉饰了淡淡的油漆，这让其闪着镀金的光亮；墙上挂有中国壁画，它们是利用印度的金线刺绣而成的。庞巴度侯爵夫人最喜爱

■ 这种雕刻艺术充分体现了早期闺房简约的风格。[41]

的画家布歇用一系列的油画描绘了中国的风情，它们在法国照明器材的映衬下熠熠生辉。在温森斯新的制造工厂里，瓷器上的花朵被做得栩栩如生，那里也曾是国王和庞巴度侯爵夫人最钟情的地方。

如今，人们对这种装饰褒贬不一，甚至有些夸大其词。然而，在18世纪中叶，这种异域风情的装饰与王室夫人密切相关，他们给闺房带来了全新的风貌。当内部装潢的潮流渐渐兴起的时候，庞巴度侯爵夫人就已建造了自己的闺房。另外，这位侯爵夫人可能是这个新领域里最杰出的赞助人：所有人都注视着她在装潢领域的一举一动。庞巴度风格是闺房装饰者争相效仿的典范，这种风格侧重于对边缘的装饰，如墙壁、天花板和地面。18世纪50年代后期，这种理念成为了新式闺房的基调，一夜之间，新式闺房就被设计了出来。这个隐秘的空间给了人们第二次生命，它成为了城镇中最迷人的空间。在这里，女士不仅可以整理思绪，还可以穿上自己喜爱的低领服饰，甚至可以展示自己纤细的脚踝；这里既可以展现女性的个人魅力，也可以体现她们对装饰和家居的品位，即便这是一种孤芳自赏，她们也非常满足。新潮的装潢者使人们开始批评闺房的装饰，在他们的手中，闺房成了装潢的试验品——从妓院到单身公寓，他们在揣测了这种模棱两可的说法之后，竟认为这个空间是为性而生的场所。

1757年11月，闺房有了新的身份，它成为奢华的巴黎宅邸的一部分。然而，那里与设计相关的一切事情几乎都与体现舒适的经典相悖。起初，宅邸中没有为夫人而设计闺房；她仅仅住着一套里面有十几个房间的公寓而已。这个新房客是个单身女人，她与之前追求现代建筑的女性并不相同：她不富有，既不是达官贵族，也不是著名的艺术家。

玛丽安娜·德尚是别人的情妇，且一度在妓院工作，最近，她成为了合唱队的女团员。她是微不足道的舞者，无论何时，只要她在巴黎歌剧院和戏剧院碰到报酬丰厚的差事，她就会穿上华丽的服装，戴上珠宝钻石，把自己打扮得光鲜亮丽、楚楚动人，她经常以这样的面貌出现在她的追求者面前，并得到他们的礼物。（借此来吸引新的顾客，有些人说她已经在这条道上尽显本色了。）当时，她依靠许多富有的情人，翻新了自己在卢浮宫附近一条繁华街道上的寓所。在她众多的情人中，路易·弗朗索瓦·德·波旁一世——孔蒂王子就是其中的一位，他是路易十四的曾孙和侯爵夫人的孙子(他的父亲曾在法律事务的内线交易中大发横财)，而且还有孔蒂的妹夫奥尔良公爵，路易十四的哥哥和蒙特斯庞侯爵夫人的子孙也拜倒在她的石榴裙下。由于仰慕者长期的慷慨解囊，玛丽安娜·德尚就将这些钱财存放起来（由于法国的警界一直监视着她的一举一动，因此我们能够大致知道她的经济状况；但是警局有关她在1757年到1758年的资料却消失得无影无踪）。1720年，市场的繁荣和萧条并存，正是这个女人促使闺房受宠了将近四十年的时间。当时，在约翰·劳的金融泡沫破灭之前，这位歌舞女郎大肆捞取不义之财。仅仅几个月后，由于当权者决策的再次失误，致使法国出现了这样的危机——七年战争的费用不断增加（例如：人们再一次熔化家中的银器，以缓解贵金属短缺的状况）。在这种风口浪尖中，这位饱受争议的女人所打造的闺房，立刻就成为别人的口实，因此，她成为了众矢之的。

德尚的住宅没有任何隐私可言，因为她总是迫不及待地炫耀自己在内部装饰中使用的新东西。当时，对城镇有着浓厚兴趣的外交大使达福特·谢弗尼狂热追逐着巴黎的最新潮流，唯恐哪个外交官谈起一些自己闻所未闻的东西。很快，他受邀拜访了德尚的新住所。在他的记忆里，侯爵领着他参观了一间又一间房子。而他的注意力却停留在了玫瑰红和银色相间的闺房里，在这些房间内，家具是一个基本的问题——因为其中仅有一个无靠背的长凳，墙上也没有任何修饰。德尚，她用庞巴度侯爵夫人所制定的法则，控制着周围的一切，并对奢侈发挥到极致，以满足她的欲望。闺房内的每一寸墙上和天顶上都镶满了镜子。用侯爵的话说，就是："太惊艳了。"

不到一年，德尚夸张的内部装饰理念就登上了小说家、记者兼建筑学权威让·弗朗索瓦·德·巴斯提蒂撰写的期刊。在短篇小说《La Petite maison》（《小房子》）中，巴斯提蒂讲述了一位建筑设计的受害者：一位侯爵拥有一幢引以为傲的房子，在这幢住宅内，有很多令现代建筑为之逊色的创新设计——每间屋子、每种设施、每件小器具、每件家具和每一个装饰理念，他陪同侯爵夫人在住宅内进行参观，希望能俘获她的芳心。在侯爵的梦想之家内，当然还会有一个能测验每位女士美德的闺房。

巴斯提蒂小说中的闺房，意在探寻德尚的设计理念，并从细节中找寻答案——特别是某些小绉纹绸的装饰以及达福特·谢弗尼对其沙发的修饰。《La Petite maison》同样说明了一些原理，在小说中，伯爵由于过于惊愕而忽略了最为明显的地方，即采用复杂的设计来掩盖镜子之间的缝隙："他在结合处（镜子）采用了巧夺天工的雕刻艺术，刻画了交叉的树枝。"

巴斯提蒂的小说再版过很多次，其中就闺房的描述，每次都能给读者耳目一新的感觉。1760年4月，好奇的法国人抓住机会，亲眼目睹了德尚令人目眩的财富。那个月里，用一位法国人的话说就是，"我们所有人都承受着当代的痛苦"（他说，战争让外国的客户远离巴黎，因此我们需要进一步"削减她的收入"）。德尚有责任拍卖她的财产。因此，许多的人都蜂拥而至，想一睹历史上有名的寓所。为了安全，她所居住的那条街道甚至被设了路障，保安不得不站在她家门口，将入场券散发给那些可能会投标的人（她出售了自己的床，因为有一位金融家宁愿花一大笔钱享受在那张床上睡觉的乐趣）。一踏进那幢住宅，人们就能感觉到房屋女主人是一位无辜的受害者，当时的她穿着一套"高雅的春装"。毋庸置疑，这是特地为达福特·谢弗尼而穿的，在住宅内，特别惹眼的则是新颖的镜子——由此我们可以看出，巴斯提蒂并没有夸大其词。人们所能看到的每一个地方都镶嵌着镜子，当中那些棕榈叶的连锁设计已经永远地记录在了巴斯提蒂的小说中。

一些原始闺房的观光客，眼前会浮现这样一幅情景："这是放荡和淫乱的媾和物。"荒淫的气息弥漫着原本朴素的小房子。1780年，勒·加缪·德·梅济耶尔首次将闺房内部装潢的详细说明纳入了一部建筑学论著中，其中，他抛弃了之前对闺房所做的解释，而采用了德尚对闺房的解释。因为他的解释是建立在事实分析之上，因此其中的内容并不会让人感到惊讶，并且很多东西只是进行了简单的扩充，他还引用了巴斯提蒂在《小房子》一书中对德尚闺房的描述。当然，在引用的描述中，最明显的就是对镜子描述：连锁的设计和用来掩饰接合处的交叉树枝。

勒·加缪·德·梅济耶尔将闺房称为"感官王国"的观点在1780年得到了认同，建筑师们极力推崇闺房给人的这一印象，这与布隆代尔提出的隐居观念完全不同。1832年，一本法语词典阐述了这种潮流，它描述说，"女人喜欢与她们亲密的人待在闺房里"。那时，应召女郎是闺房的最大使用群体。19世纪末，人们将克拉夫特和朗森奈特列出的著名闺房称为"巴黎最美的房屋建筑"，而镜子在闺房的装饰中起到了举足轻重的作用。《Dictionnaire de la conversation》（《语言词典》）中说，"每个人都希望能在闺房中看到镜子"。在1880年的家具商手册中，儒勒·德维尔颁布了一项条例，即：镜子以及雕刻而成并相互交织的棕榈叶设计是闺房中必要的装饰。

  1757年，闺房揭开了神秘的面纱，这就预示着"家具商的统治时代"即将到来。在1832年的《语言词典》中，闺房被描述为"整座住宅中最令人费神的空间"，这在时间的流逝中得到了印证，而那时的女合唱团员的闺房启迪了19世纪大批的家具商和装饰师。

第十二章　舒适的服装

"他们穿得像是要上床就寝一样。"这是路易十四的弟媳,也是传统礼教的坚决捍卫者——帕拉蒂尼公主所说的一句话。它集中体现了不懂时尚潮流的人对于出现在凡尔赛宫的休闲之风的愤怒。上流社会的妇女,首次抛弃了那些隆重华丽的礼服,她们身着舒适与休闲的服装出现在公共场合。这也许是有史以来最伟大的时尚变革——一次被视为具有政治威胁性的时尚变革。

新式服装公开向时代根基提出了挑战,而当时的国王路易十四也并未低估此事的严重性。事实上,路易十四一生都在抵制这种休闲之风,他的继任者路易十五也一直延续着他对休闲之风的战斗。直到路易十五在1774年去世时,这次服饰革命刚好进行了一个世纪。例如,18世纪50年代,这位当时最有影响力的西方统治者开始面临着重大的问题。法国被卷入法印战争中,这次七年大战后来被温斯顿·丘吉尔称做"第一次世界大战"。在战争迫在眉睫之时,路易十五依然在法国沿海地区负隅顽抗,他妄图迫使妇女穿老式礼服。1755年2月,宫廷内部人士吕伊纳公爵记录了路易十五发表的一份提倡穿正式礼服的声明。早在十年前,路易十五就已将妇女的服饰风格与自己的王权联系起来,而他所推崇的衣着风格与路易十四在70年前倡导的一模一样。在指责王后出席一个外省城市小型聚会没有穿国家礼仪长袍时,他说到,"国王突然就失去了权利"。

你会理解他为什么会有这种感觉。因为舒适时代的每一个创新都表明,当时的社会精英们不会再容忍旧制度的条条框框,也不会再容忍这些条条框框所带来的不适。尽管其他发明可以被隐藏在家庭的私人区，但是时尚服饰是不会被锁在家里的。当法兰西妇女们穿着像睡衣一样的外套出现在公众场合时，每个人便能亲眼看到新的时尚潮流。如同舒适时代末期查理·德·佩森奈尔所概括的那样，人们发现华丽是一种恼人的负担，这是一种人们极其渴望摆脱的负担。

这种新服饰着实让当时的社会观察家目瞪口呆，这使得在当时的一些画作中，艺术家经常会描绘一些挣脱开华丽服饰的束缚、从而享受自由的妇女形象。这些表现都充分地证明，国王的铁骑和军队并没能阻止这种无法抗拒的舒适潮流的兴起。

一方面，社会中存在正式礼服，也就是象征王权的礼服（见彩页）。这是路易十五的妻子，玛丽·莱什琴斯卡皇后身着的正式礼服，虽然它依然延续着17世纪的风格，但款式与之前的服饰不尽相同。胸衣是整件礼服的精华所在：它是服饰裁剪艺术的杰作，实际上，它是一种精心制作的对上衣具有支撑作用的服饰。它紧紧地包裹着女性的身体，这样她们的身体曲线趋向于平坦——没有一点起伏。这种胸衣牢牢地禁锢着妇女的身体，因此，穿着这样的礼服，所有女性体形看起来都差不多。这样设计是要让妇女的胸部看起来完全平坦，从而塑造一种阳刚的线条，营造一种庄严气氛，妇女绝不能流露出动人或平易近人的感觉。人们总是用笔直来形容身着正式礼服的妇女，正是这种服装让她们达到了这样的状态。这种衣着使妇女们时刻都要保持笔直的姿势。当她们坐下时，身后的椅背是完全没有用处的，因为胸衣让她们无法倚靠椅背。即使是坐着，她们实际上也从没有得到过放松，她们不能俯身、不能斜靠，也不能与人近距离接触。穿着这样的礼服跷二郎腿是绝对不舒服的，最好的放松方式就是小心地转动脚踝。

下面，我们将介绍正式礼服的替代者——休闲服装（见5页、126页和127页）。当你看到这种新款休闲服饰的图画时（这样的绘画作品有很多，因为这在当时是城市的热门话题），孰优孰劣，是显而易见的。在这些作品中，穿着新式休闲服的妇女经常惬意地坐在沙发上，它仿佛是在表明，这种舒适的时尚服饰能让妇女们的动作得到舒展，因此她们也有机会领略到新式沙发的舒适。蒙特斯庞侯爵夫人曾经在沙发床上摆出诱人的姿势，德·布隆公爵夫人①也在一款原始沙发上摆出了相似的造型。画像中的妇女的线条不再僵硬，她们在休闲和安逸的氛围中熠熠生辉。

在17世纪70年代最关键的几年，还出现了一项重要发明，也就是在那几年，路易十四及其情妇蒙特斯庞侯爵夫人建造了小特里亚农宫和佛塔。实际上，在1673年末，当时的新闻媒体报道了小特里亚农宫的建成，它还声称，现代家具和室内装饰的起源都受到了小特里亚农宫的影响。时间的选择非常关键，因为在1673年，蒙特斯庞侯爵夫人正怀着她的第一个女儿——路易斯·弗朗索瓦，即未来的公爵夫人，她后来成为倡导舒适时代新发明的最伟大勇士。数年以后，在帕拉蒂尼公主对于卧室潮流的长篇指责中，她依然对侯爵夫人用自己发明的休闲服来掩饰怀孕这件事耿耿于怀，而这种新奇的服饰却宣传了侯爵夫人的地位，并为她赢得了额外的尊重。新潮流的保卫者却并不赞同这种观点。

事实证明，奢华时代的正式礼服为日常生活带来了诸多不便，妇女在怀孕时穿上它们会感到极为难受。妇女们——毫无疑问，首先是蒙特斯庞侯爵夫人——清晰地表明，她们之所以穿着休闲服，既不是想掩饰怀孕也不是想宣传她们怀孕，她们只是为了避免这种服饰带来的极度的不舒适。因此第一个皇家特赦出现在1686年，太阳王的儿媳妇怀孕了（即后来的贝利公爵夫人），但正式礼服给她带来巨大的痛苦。四月份，她在床上待了整整一周的时间，4月24日，国王颁布了诏书："因为她身材日趋丰满，因此特别恩准她穿'舒适裙装'。"起初，只有王室继承人的母亲才享有这项特权，后来其他人也开始争取这种待遇。1713年，在生于1686年的贝利公爵成人后，他的妻子贝利公爵夫人也感到了不适，她的乳房因奶水而肿胀，于是国王批准她可以不穿僵硬的胸衣。

从那以后，这位深受时尚潮流影响的年轻的公爵夫人——贝利公爵夫人充分认识到，华丽的正式礼服已经过时了。孕期一结束，她就将所有年轻的公主聚集在一起，并与她们讨论下个季节所流行的时装；公爵夫人在讨论中发现，所有人都渴望那些新款服饰能立刻走进她们的生活。我们可以肯定的是，当时已经很少出现鱼骨胸衣了，因为在路易十四统治末期，时尚服饰已经成为了一个名副其实的产业，那些轻松舒适的休闲服得到了人们的广泛使用。

为什么会出现这样的情形呢？原因在于时装工业需要那些极具吸引力的潮流风尚。老式礼服已经毫无吸引力，它们穿着起来特别不舒服，甚至可以说令人厌恶。因为需要一些精细的佩饰，所以它们的价格还非常昂贵。除了象征王权的这种诱惑力之外，号称"大礼服"或"宫廷礼服"的老式礼服并无其他可取之处，因此，它们很少在宫廷之外的地方出现。

而形似睡衣的新时装却极具可销售性。从现代意义上说，它是第一个真正被广泛宣传的潮流风格，因此它标志着现代意义上的时装的开始。它被人们不断地复制和模仿，并影响了很多人的穿衣风格。这一风格取得了广泛成功，它的影响遍及法国的各个阶层，并且越过了法国国境。此外，它持续的时间也非常久，致使到1770年左右，基于这一基本风格的外衣依然主导着欧洲时装界，只是它们的名字五花八门而已。1770年左右，英国设计的一种新款式终结了由法国独占整个高级时装领域的时代。休闲服饰是舒适时代最卓越、最完全、也最伟大的胜利。

蒙特斯庞侯爵夫人所设计的孕期外衣当然要比她的睡衣优雅体面，这种舒适的外衣与德·布隆公爵夫人的外衣很相像。只是公爵夫人的衣服有袖子，而蒙特斯庞侯爵夫人的则没有，但是它们都很宽松而且裁剪简洁。因此，我们现在就可以理解人们为什么会有这样的说法，即长袍最早是中西方的混合产物，早期的亚洲服饰曾影响过欧洲的高级时装。

自从荷兰和英格兰与印度建立贸易关系后，与香料商品一起被带回来的，还有一些独具异域风情的衣服，例如日本和服。在16世纪和17世纪早期，欧洲国家开始流行这种新奇的衣服，这种服饰刚开始的时候主要是在男性间流行。荷兰、英格兰和法国的每位时尚男性都想拥有一件这样的衣服。在英格兰，人们把它叫做睡袍，但是它并不是人们在睡觉的时候穿的衣服。这种宽松的长袍基本上是由进口的织物制成的。在刚开始的时候，它只是一种家居服饰，人们只在家里穿它。渐渐地，有些人在拜访客人时也开始穿这样的衣服。到了18世纪早期，在英格兰和荷兰，人们开始身着这种衣服出现在公众场合，特别是在咖啡屋。1711年，正如斯蒂尔在《旁观者》中所提到的那样，这种时装甚至成了一种权利的象征。它表明，如此着装的人们不需要早上八点钟就急匆匆地去工作，而是可以穿着他们的睡袍在咖啡屋闲逛。

而法国人追逐这种潮流已经是至少一个世纪之后的事情了。在18世纪60年代的法国，睡袍仍然只限于在家中穿着，直到18世纪80年代，才有时尚人士开始整天穿着这种衣服在城里到处跑。从那时起，人们将这些服装称做绳绒线，因为它们通常由天鹅绒般柔软的丝绸制成。法国女性对舒适的衣服情有独钟，她们纷纷效仿蒙特斯庞侯爵夫人，并展示这种时装怎样改变着她们的生活。因此，与同时期英格兰和荷兰那些在家穿着睡袍的女同胞不同，她们做了法国男性都不敢做的事情：穿着休闲时装上街。从此，法国称霸高级时装的时代开始了。

1678年1月，一家名为《风流信使》的巴黎报纸描述了一种前所未有的现象："由于现在的每个法国人都希望享受舒适的感觉，人们几乎不再刻意装扮……（宫廷服饰）一般只在庆典场合才会出现……当人们拜访友人或者散步时，已经不再穿宫廷服装了。"这份在公共论坛发表的声明揭开了舒适着装时代的序幕。在短短的五年内，蒙特斯庞侯爵夫人的例子一直鼓励着皇室妇女们抵制陈旧的胸衣。现在在巴黎，她们外出时会穿休闲的服装，这种服装被报纸称为一种叫做斗篷的衣服。

这是人们第一次给取代正式礼服的时装命名，尽管我们无缘见到17世纪法国妇女的服装，但是这种斗篷似乎与蒙特斯庞侯爵夫人在宫廷颇受瞩目的衣服联系紧密。它们同时登上了时尚舞台，根据当时的一本字典的记录，两者剪裁非常类似。唯一不同的是，这种叫做斗篷的衣服有收腰设计或者带有腰带。

一些早期的斗篷服装来自印度。在1672年到1673年间，《风流信使》还报道了另一件史无前例的事件：一家巴黎商店在销售来自于一个遥远的东方国度的衣服，一位名叫戈蒂耶的商人出售由印度棉布制成的斗篷。在这家商店，有一些衣服以典型的异国情调（掺杂着花朵与人物）图案为特色，另一些则采用了欧洲的设计。例如，戈蒂耶有一系列印有安格泰尔圆点的印度裙子，它们采用了当时最时尚的手工花边样式。而真正具有裁剪技艺的裙子成本较高，据这家报纸报道说，戈蒂耶的印度仿冒品非常廉价，几乎所有女士都拥有一件。

在法国，体现舒适或异域情调的裙子首次公开亮相，所以被看做很有新闻价值的一大进步也就不足为奇了。在其他国家的男性才刚尝试穿着袍子的时候，法国贵族妇女们身着印度斗篷的景象的确会让人惊讶不已。20世纪初的传奇服装设计师保罗·博瑞特认为：这种新的时装潮流为以后东西方时尚碰撞的原则作了明确定义。斗篷宽松的裁剪在身上优雅地飘拂，让人感到无比惬意和自由。人们一直都对东西方混合体推崇备至，因为它们充满异域风情，因为它们更适应女性生活，也因为它们解放了女性，使其不用再忍受身体上的束缚——在博瑞特的重要作品中，就有几款服装是他特意为怀孕的妻子丹尼斯设计的。

17世纪，法国妇女会在飘逸的外衣里面套上短裙。她们也会穿胸衣，但这种胸衣已不再固定在外衣上，它已成了一种单独的内衣，与之前臭名昭著的宫廷胸衣比，它的样式更自然（一些妇女甚至开始穿着没有骨架支撑的胸衣）。与以前的胸衣压制身体曲线这一目的不同，这种新式胸衣刻意突出女性的曲线美，德·布隆公爵夫人的肖像画就很好地诠释了这一点。与之前刻意保持平坦无起伏的设计风格不同，新式的衣服较为宽松，因此它可以适应妇女身体的变化，使她们能更随意地做出各种动作。穿着休闲服装的妇女可以将腿跷起，她们可以轻松地坐在任何座椅上，她们也终于可以享受靠背的舒适了。

这就是为什么身着新式法兰西晨衣的女性会成为新家具宣传海报上宠儿的原因：她们终于可以实实在在的享受到沙发和舒适椅子带来的那种舒适感觉了。这也让我们明白了这些女性为何会对舒适衣服上瘾——从蒙特斯庞侯爵夫人到她的女儿公爵夫人（在她去世时她的衣柜里有39件休闲服装，而大礼服一件都没有）。而且她们非常喜爱新式座椅家具：她们可以陶醉在座椅与衣服共同营造的舒适氛围中。此时，妇女的形象出现了前所未有的转变，她们或伸懒腰，或闲逛，因为这些动作都可以轻松实现。这也最终解释了为什么男性喜欢穿着休闲服饰的女人，例如，王储就喜欢同父异母的妹妹公爵夫人，而这种新潮流也使敦实耐用座椅的出现成为可能。

因此，服饰成为了人们认可时装的一种常见的标准。例如1690年的一本法国字典指出，"最好的穿衣方式就是穿得舒服"。从那以后，越来越多的女性开始效仿蒙特斯庞侯爵夫人——不只是皇室女性，宫廷外的女性也开始紧跟这种新潮流。因为不需要任何配饰，所以这种新式晨衣非常便宜。很快，休闲服中又出现一种叫做印花布的印度长袍，因这种长袍进口到法国时已经裁剪好了，加工厂只要缝制即可，所以其价格更为低廉。1680年，报纸中的一篇文章写到："会针线活的人几乎都能自己缝制一件，"并说："没有什么比这更能让你感受到贵族氛围的。你立刻便能在商店买上一件这样的长袍，并立马能将其穿在身上。"

这种早期的服装既廉价，又能立马穿在身上，既能让你享受惬意的自由，还能让你看上去很自然——我们还有什么好奢望的呢？怪不得《风流信使》中说巴黎的每个女人都拥有一件。在18世纪早期，法国绘画作品中描绘的售货员以及贵妇人的女仆都穿着与贵族妇女相同样式的罩衣，只是她们都站在主人的旁边。舒适时代末期，休闲服装已经成为一台彻底的社会平均机。正如佩森涅尔所说"那些宽松的衣服……掩盖了人们的社会地位，所以我们无法分辨谁是谁"。

而这正是路易十四和路易十五所恐惧的地方。根据1678年的一篇文章中的记载，妇女们不但穿着这种休闲服装，而且还出现在公共场合。大约一个世纪以后，私生活史才首次承认这一事实，并且从那时起，人们在巴黎就只会看到休闲服饰，而宫廷服饰成为了一种只在宫廷内穿着的服装。

17世纪70年代，人们开始把斗篷、晨衣、睡衣和罩裙换着穿。比如，凡尔赛宫1686年的法令上说"从今以后，王妃可以只穿晨衣"。从那以后，与现在的女用贴身内衣裤一样，休闲服装也有了自己的名字，它也标志着休闲服装在向社会生活的各个方面渗透——它将卧室搬到了大街上。

接着，休闲服饰占领了遵守礼节的最后堡垒——宫廷。1699年的狂欢节让天平倾向了休闲服装。2月6日（星期五），皇室在马尔利城堡举办了一场盛大的假面舞会：宫廷的贵妇们在皇室叛逆者勃艮第公爵夫人的带领下，穿着晨衣在舞会现场肆无忌惮地聊天。更为糟糕的是，王储殿下与一群伪装成女人的王室成员出现在了舞会上。他们头上带着你在现实生活中从未见到过的非常夸张的金色假发，并穿着晨衣。同年10月，在一次戏剧演出中，事情完全失去了控制——所有的宫廷贵妇都身着晨衣出现。1701年，当英格兰的詹姆斯二世去世之后，路易十四要去会见流亡在法国的新国王，以表达哀悼之情。当时，所有的王室公主都要和他一起去……并且她们全都穿着晨衣，圣·西门（这个从未注意过人们穿着的人）十分吃惊，他对此竟然毫不知情。这时正是伟大的路易十四执政期。

1702年，路易十四出台了一个新的规定："在被视为他的正式住所的凡尔赛宫中，所有出现在国王面前的人必须穿大礼服；但是在马尔利城堡，妇女可以穿斗篷。"然而，平静往往是短暂的。1704年，在弗隆泰恩布洛剧场里，妇女们的举动又一次触怒了国王：她们既拒绝为演出化妆——即拒绝穿着胸衣，又躲在角落里不想被发现，因为她们穿着罩裙。圣·西门记录到：

"国王坚持让她们执行命令,并说了一些埋怨她们的话,之后所有的王室妇女对大礼服都表现出一丝不苟。"

然而,所有的一切,甚至连国王的"盛怒"(借用圣·西门的话说)都不能阻止罩裙的迅速蔓延。让我们欣赏一下这张油画(见下图),它描绘了星期天凡尔赛宫公园里的景象,部分画卷表现了人们生活在一个虚拟的花园美景中。有一处场景以"水剧场"为主题,在此处人们可以欣赏到喷泉的水层叠喷出。绅士们用手指着景物,母亲拉着孩子的手。在画面的中部有两个亮点,两个女人坐在喷泉的台阶上——坐姿随意,互相拍着对方的膝盖,她

■ 这幅1714年的景物画描绘了在凡尔赛宫花园踏青的人们(这个花园当时是对公众开放的)。坐在草地上的两位女士动作舒展,行动自如,开心地享受着惬意的时光,而她们穿着舒适风格的衣服,这种衣服在当时的凡尔赛宫是被禁止的。[42]

们的休闲外衣给了她们足够的自由来展示她们曼妙的身姿和惬意的姿态（需要指出的是，国王在那时可能已经决定改变态度，不再反对休闲服装：凡尔赛宫所用的购买物品目录中就列出了罩裙，包括已经制成的和从印度直接进口的裁剪好的布料）。

从17世纪60年代到1714年，妇女穿的晨衣经历了漫长的发展历程。在长达几十年的时间里，晨衣与斗篷和宫廷礼服一样，它也有裙摆。如上图插画中所展示的那样，妇女们用裙撑将裙摆固定下来。在17世纪90年代，晨衣出现了新的款式，后来，这种款式被人们称之为"贝叶"或"哈欠裙"。这种款式的衣服的腰间不用系紧，因此更加的方便和宽松。有些贝叶裙以清晰的活褶为特色，尤其是在后背，活褶的使用就更为频繁，它通常没有裙摆。

1714年，凡尔赛宫的时髦人士可能并不知道这种新款式，但这种刚出现的新潮流很快就消失了。大约在1718年到1720年期间，外衣又恢复到原来的样子。这时的款式受亚洲国家的影响，衣服上有四分之三长度的袖子，这称为宝塔袖。当人们弯曲胳膊时，里面要短一些，而外面的活褶会绕在肘部。冬季，女士们还会戴上一种新的配饰，叫做手套。这种手套将手指的上半部分露在外面，公爵夫人的手套还添加了毛皮。

最重要的是，晨衣首次出现了真正像袍子的款式，这也成为现代服装的前兆。在这种款式中，前面的腰部不再敞开，妇女需要先套上它然后再系紧。这也许就像特洛伊的画作《爱的宣言》所描述的那样，与系紧旗子一样，欧洲的男士袍子也体现了这一奇特之处。据文字记载，在那个时代，为了保证衣服穿着整齐合身，穿宫廷礼服的妇女经常自己缝制她们的礼服，这是一种激进的想法。与之前罩衣必须在女仆帮助才能脱下有所不同，现在的罩裙（在衣服下背部的活褶处有一个精心设计的与上背部相连的松紧装置，妇女们可以通过它调节上背部的松紧，苗条的上身外形与宽大的裙摆相得益彰）有明显的松紧带，因此这也表明妇女拥有了另一种自由，即自己穿衣服的自由。

由于新式休闲服装的种类日趋完善，款式也更加完美，因此，需要有一系列的新名字来指代它们，于是出现了晨衣，或叫做飘扬裙（见下图）。1730年左右出现的这种裙子，有少数流传了下来（可能是因为它们未经穿着——那时妇女们已经拥有了超出实际需要的衣服），它们是流传下来的最早的法国时装。其中的一件，是由华丽的法国丝绸制成，它非常圆而且没有裙摆，说明它只适用于在民间，不能进入宫廷。其突出的饱满形状以及布料的飘逸很好地诠释了休闲时装的几个新名字，例如robe flottante(浮裙)以及芭蕾裙，"芭蕾"这个词本身是形容词，意为若无其事地摆来摆去。特别是在几年之后，这种摆动就表现得更为明显。因为人们将裙撑加了进去，当穿着这种服饰的妇女走路时，罩裙会前后摆动。

■ 这款就是飘扬裙，裙子里面有被我们称为裙箍或裙撑的一个圆圈。裙撑可以改变飘扬裙的形状，并且使穿着者在走路时更为摇曳多姿。[43]

当提到法国服饰里的裙撑时，我们会很自然地想到18世纪末的一种衣服样式，它的裙撑是椭圆形，当人们将它穿在前面呈扁平的裙子的下面时，就会变成一个古怪的形状，它迫使妇女们小步前行并只能在走廊中侧身而过。这种款式的裙子，上面很宽，妇女可以将胳膊肘放在上面。正如《风流信使》中所描述的那样，飘扬裙所用的裙撑与之完全不同，它的裙撑是钟形的，底部圆而宽，顶部略窄。与新式胸衣一样，这种形状能配合身体行动而不是束缚身体。它也能配合妇女们走路时的摇动，并且妇女在运动时可以将裙子轻轻托起，这就使得在高时服装中，女性第一有机会将脚踝和小腿显露出来——或许这也促成了另一个相关的时尚潮流，即充满无尽幻想的、图案错综复杂的丝袜的出现（见彩页）。那时，巴黎人刚发现他们正在经历着经济的衰退，而后在约翰·劳时期又突然出现了经济繁荣，高级服装就是在这样一个时代背景之下产生的。因此，最近人们将这种前期现象称为"底边指数"：随着飘扬的裙子一起蓬勃发展的还有丝袜市场。在这一时期，也有人提出了腿是人体最性感的部位这一说法。

妇女们运动时，又圆又大的裙摆会随之上提——这看起来多多少少与芭蕾有关。的确，它就是起源于芭蕾的。在巴黎，裙撑首先出现在歌剧——芭蕾舞剧舞台上，其中，皇家芭蕾舞团的演出令路易十四最着迷。从17世纪80年代开始，妇女们开始在公众场合展示原本包裹着的部分身体。芭蕾舞演员的服装上安了一些小铁圈（见右图），以保证最佳的旋转效果，这些小铁圈被叫做"吱吱叫"，因为它们会随着舞蹈演员的旋转沙沙作响。在那个正式礼服都是拖地长裙的时代，这些服装相对而言确实非常短，这也是19世纪的芭蕾舞短裙的真正源头。

"Tutu"被认为是孩子们对臀部的称呼。我们不知道17世纪的舞蹈演员是否真的在演出中露出她们的隐秘部位（由于在18世纪末以前，妇女不太可能穿内裤，她们有可能真的露出了重要部位），继而所有的纺纱裙子都被当成触动快感的符号。对男人们来说，芭蕾舞成了一种性的象征——当11岁的路易

■ 这是17世纪末的一幅雕刻画，它描绘了巴黎歌剧院中演出芭蕾舞剧的一个舞蹈演员。这位舞蹈演员服装的特色在于：就那个时代而言，她的裙子相当的短，因为当时妇女的裙子一般都是拖地长裙。[44]

十四被舞台上"戏剧里跳舞的女孩子"吸引时，这被认为是不健康的。而从女性为服装解放而斗争这一方面来说，芭蕾舞同时也是时尚的象征。随着飘扬裙的极度流行，芭蕾风格对高级时装所产生的影响获得了公众的承认，而男人们也开始公开承认这种新样式很有吸引力，因为它使女性展示出了迷人的脚，以及腿的一部分。

因此，在18世纪20年代，法国休闲服装又惹来新的争议，即放荡的女人才穿松散的外衣。早在17世纪末，英格兰就已经确立起了这一观念，这也就很好地解释了为什么当时英格兰的女性从来不提倡舒适的服装。虽然法国的这种争辩早已平息了数十年，但偶尔有这样的批判也不可避免。例如，在17世纪80年代，休闲服饰开始被叫做"脱衣服"，它来源于动词"脱衣服"，然而这个词在这里仅仅是指不穿宫廷服饰。事实上，"脱衣服"甚至获得了正面的诠释，如穿衣"不做作"，一种"真正的"风格。接下来我们说说反面的理解。当艺术家们将休闲服装与特定人物，例如德·布隆公爵夫人联系在一起，并给她们设计姿势造型时，很明显，他们是想在宽松的外衣和放荡的女人之间建立起某些联系，但是这依然是徒劳。人们仅仅将这种"不拘束"认为是漫不经心的"便装"：不拘束代表天生的酷，意味着不做作。随着丝袜市场开始火爆，法国人的态度也随着经济情况的变化以及新的奢侈品客户的出现而发生转变。

以现代眼光来看，沃尔特长裙更为保守。较之以前的休闲服饰来说，它更加端庄。但是，从文字记载上看，当时的记者反映，男人们认为穿着沃尔特长裙的女人就好像没穿衣服一样。1718年，当飘扬裙焕然一新时，马利沃给《新信使报》的信激起了千层浪。他声称这种裙子几乎等同于裸体，并认为它让女人看起来很危险，并且这是一种"高风险"，因为一旦她们穿上那样的裙子，就好像在说："快看我……是我让衣服有型，而不是衣服让我好看。"同一年，朱斯特·万·伊芬告诉荷兰期刊《琐事》的读者："巴黎妇女似乎只关心她们穿得舒适与否。"并坚持认为"她们的四肢要享受充分的自由"。很显然，万·伊芬不喜欢这一时尚潮流；他继续表达着对于沃尔特长裙的观点："她们选择如此轻盈的布料以使自己尽可能地与男人靠近。她们的衣服就好像是用纸做的一样，或者说她们似乎什么都没有穿。"

在警告外国读者巴黎街上出现了危险的女人的同时，万·伊芬还教给他们一个形容沃尔特长裙的新词语：不受约束的裙子。在一个被准则约束的时代，一条不受约束的裙子会让人非常惊讶。新闻记者并没有将沃尔特长裙看做是女性追求舒服和时尚的象征，相反，这种不受约束的裙子料子如此轻薄，并可以随风飘扬，他们认为，这是对礼教的公然挑衅。

在接下来的十年里，批判者将穿这种裙子的妇女视作是道德的威胁："这种宽松的裙子很容易让人联想到裸体，那些想吸引眼球的妇女就是想激起人们淫荡的欲望。"如同闺房一样，这款裙子的设计初衷被扭曲了。它已不再是一款让孕妇感觉舒适的裙子，它饱受非议，人们怀疑其宽松的设计就是为了掩盖女性非正常怀孕的事实，他们甚至认为它助长了不道德的社会风气，因为它为其充当了保护伞。因此，当这款裙子迅速蹿红于巴黎之时，它已不仅仅是对宫廷礼仪的挑战，妇女们对它的喜爱也变成了一件可耻的事。

不知何故，在能轻松赚钱的动荡之年，人们开始习惯财富的突然变化，并将原本难以想象的事情看做理所当然，新闻记者掀起的在全国范围宣传的东西会被人们广泛接受。结果，只要在18世纪的法国小说里出现了一个穿着沃尔特裙子的女人，我们就知道她是哪种人。你也会知道，大多数情况下，她会躺在自己闺房的土耳其沙发或坐卧两用椅上，而且她比天真、年轻的男主角要大些，经验更丰富些——最终，她将不择手段地采取任何方法使男主角顺从于她。

在接下来的几十年里，小说家前仆后继不遗余力地炒作着舒适服饰。其中最为夸张的例子是《安哥拉，一个印度传说》一书，书中描述了纵欲过度的女主人公只喜欢一件东西，即从遥远的印度带来的休闲袍子。无拘无束是衣着的最高境界，女人们知道这一点。她们了解每一处褶皱，所有无比迷人的事物，她们的感觉是任何语言或情景都无法比拟的，而男主人公最终会明白，这一切都是她的圈套。在多米尼克·维凡·德农的小说《没有明天》中，一个年轻人生涩地接触到一位年长的女人以及她的错综复杂的时尚礼服，他为能轻易脱去对方的裙子而感谢上帝。

舒适时代的妇女不承认她们以激起男性的爱慕来抬高自己的身份这一说法：她们反复强调这种服饰只是为了愉悦自己。1721年，对薄如纸的衣服以及其激起的肮脏想法这一话题还在继续。巴勒鲁瓦侯爵夫人因不想与丈夫分别，便随同丈夫在各省访问，访问期间，她收到一封信，信中说到，"因为睡衣比较舒适，所以巴黎的妇女不管在什么地方都穿着它，她们依然在安静地发明更为舒适的服装。"

她们逐渐抛弃了在法国流行了数十年的过时的大头饰。我们从一幅描绘凡尔赛宫草坪的画中可以瞥见，德·布隆公爵夫人和其他贵妇们将一种新发型与她们的早期休闲服饰相搭配，这种发型是这样的：她们将头绳绑在头上，形成一个平塔的造型，然后用形状奇怪的丝巾将头发夹起来，将一缕头发梳到前面，丝巾的其余部分搭在后面。在18世纪10年代，原来高耸的头饰已经不再那么流行。当贵妇开始穿飘扬裙时，她们开始追求一种类似于腾飞时代（20世纪20年代）的一种波波头，这是最早的发型之一，它至今都不过时：整齐小巧的小卷，剪短的头发（只有三指长）紧紧地绕在脖子的周围，让人看上去非常有女人味。她们依旧在头发上扑粉，因为那时以灰白色头发为美。有时她们也用带有花边的帽子将头发盘在头顶，然后用花或蝴蝶结装饰帽子。

18世纪20年代到30年代，新的发型经常登上报刊封面②，从"蝴蝶"发型到"暧昧"发型，新发型可谓层出不穷。1729年，一款名为"忽略"的发型被称为是短得不能再短的发型；而在1730年，发型又开始变得高耸起来，发型前面部分也变得卷曲。小巧的发型依然是庞巴度时代的首选，是她让这种发型的设计者闻名于世，随后这位发型师又陆续发行了五本关于发型的著作，这使得庞巴度发型（令人不解的是，使这一小巧发型闻名的庞巴度侯爵夫人的名字却被用来命名一种男士风格的发型）在整个欧洲流行起来。在18世纪70年代，随着舒适时代的逐渐消失，烫发技艺达到了前所未有的高度。

短发指的是头发的长度不超过脖子和喉咙。所以，为了保证冬天的舒适，在18世纪20年代，社会上流行一种新的女性头饰，这种饰品叫做曼提雅，它不是西班牙式的头巾，而是一种肩幔，类似于我们说的披肩③。聚在沙龙进行阅读（见彩页）成为冬天的一大景观：妇女们身着最暖和的天鹅绒和锦缎外套去参加沙龙,画面左侧的妇女就戴了肩幔。当时它非常流行,1729年的报刊上写到"每个女人在冬天都戴着肩幔"。这种肩幔的两端可以系到背后,其两端都有非常华丽的流苏。这个妇女所戴的肩幔的颜色是当时最流行的,底色是红色的,边沿配着金色的刺绣。在1729年的一篇文章中,还有一张用以解释"怎样将肩幔两端系到背后"的插图,其中还配有详细的文字说明。德·布隆公爵夫人有好几件这样的肩幔,其中有一条装饰着动物的毛绒。

肩幔也许是当时另一款新服饰的小配件,不过这款叫做长袍(舒适时代形容高级时装的词汇是家居服,而长袍都被用来命名性感内衣,这真是极具讽刺意味的事)的衣服确实只能在私人场合出现。它与睡袍同时出现,其实它只是一块有花边的布料,妇女们将其披在肩上,并将头发裹在里面。刚开始的时候,它演变成像肩幔一样的服饰,由于有花边,因此也被叫做"花长袍";到舒适时代结束时,它有了袖子,这些袖子通常是由一些透明的面料裁剪而成的,如精纺棉布等,它们都有花边,其长度到膝盖,人们用缎带将其系在颈部。贵妇们穿着它以防灰尘弄脏她们的外衣和头发:庞巴度侯爵夫人[4]有十件这个款式的衣服。

舒适年代的妇女无视男士在信中对她们衣着的指责。对她们来说,穿这样的衣服是理所当然的事,而法国国王的意见则另当别论。路易十四曾被胸衣事件困扰,他的继任者路易十五也同样遭遇了相同的境况,其处境极其相似。我们所了解到的关于路易十四的信息,大部分都来自凡赛尔宫的知情者当若侯爵的日记。18世纪30年代,他的孙子吕讷·得·路尼斯公爵也开始记录当时的王室情况。这两本日记的内容非常相似:它们都很枯燥,无非是罗列了每天发生的主要事情。他们都对服装不感兴趣,只有在迫不得已的情况下才会记录这一方面的事情。

当若侯爵提到了正式服装与休闲服装长期的斗争过程,而在他孙子的日记中,几乎每周都有需要记录的服装危机。

尤其是在18世纪30年代,凡尔赛宫正进行着以大礼服为目标的彻底变革。似乎宫廷里的每位女士都能找到不穿大礼服的托辞——由于路尼斯公爵的妻子是王后的女伴，所以对于服饰变革的每一次斗争，他都了如指掌。变革首先从孕妇装开始，到18世纪30年代，就连王后都可以不穿正装。（虽然她是法兰西的王后，只能穿宫廷礼服，但是1737年6月⑤在她接见威尼斯大使时获准不穿胸衣，随后，一名强烈要求王后穿正装的法庭官员被告上法庭，因此，王后也可以不用穿正装了。）没过多久，她的女伴就开始游说⑥，并最终为她赢得在王后怀孕期间可以不穿胸衣的权利。

接着是在旅行方面⑦。起初，妇女在公路上可以不穿正装，但在草坪上就要穿。1738年，法国人有了这样一种习惯，即任何旅行的前两天都成为了休闲"星期五"，他们可以随意穿着。接着，这种变革便出现在了最让人纠结的宫廷典礼中，如葬礼和婚礼。1737年，贵妇们已经认同了在这种场合不一定非穿正装的观点⑧。仅仅在两年以后，情况发生了翻天覆地的变化，人们想象中最重要的场合——王储的婚礼上，除了那些位置过于瞩目（比如太靠近圣坛）的妇女外，其他人都可以穿休闲服出席⑨。

王后自从开始喜欢上舒适风格的服饰后，就加入了王室妇女为服装斗争的队伍中——由于她的作风比较谨慎，所以她在这件事情上所持的勇往直前态度对服饰变革起到了较大的作用。1744年，在她对老式礼服忍无可忍之时⑩，曾公开抱怨"正式的礼服穿着不舒服"。1746年，她在凡尔赛宫教堂参加一次集会，在接待来访者并与他们就餐过程中⑪，她一直穿着新式服装——但是做工非常考究，路尼斯公爵对这一点进行了强调。在接下来的时间里，她不但在出席凡尔赛宫教堂的集会时会穿非正式的服装⑫，甚至在她支持的庄严的升旗典礼上，在王室权利的象征面前，她依然穿着曾经被认为是卑贱的新式服装出席，这就是著名的天鹅绒革命。

三年以后，这场持久战基本结束⑬。当路尼斯公爵夫人穿着旧时的宫廷礼服出现在一次盛典上时，这让国王非常震惊——但是国王允许了她出席这次盛典。对于王室的公主们来说，他们在这个领域开拓了一条伟大的道路。

1761年[14]，珍妮·热内·康庞，这位不久之后成就一段维多利亚夫人与轻便沙发邂逅佳话的年轻女子，曾这样写到：她们迅速地穿上圈环裙，并在腰间系上裙摆，然后在外面套上披风，掩盖这种不修边幅的衣着。典礼结束后，她们回到自己的房间，解开披风[15]，继续做自己的事情。

因此，在舒适时代末期，老式礼服就像巡游卧室一样早已被人遗忘。1762年，当克洛伊主教的女儿出现在宫廷时，克洛伊[16]首次看见自己的女儿身着宫廷装（这是第一次，也是唯一的一次），她是舒适用具的强烈拥护者，曾在自己的婚礼上拒绝所有的旧式卧室用品。1767年，时尚界权威——裁缝师弗朗索瓦·加尔索宣布了时代对老式礼服的最后的死亡判决："这种风格是过时的，它将只存在于宫廷内。"休闲长袍最终取得胜利。

18世纪40年代中期，当王后加入服装变革斗争的行列时，她并不知道早在18世纪40年代，路尼斯公爵就开始评论服装变革了：她的丈夫在实行双重标准。那时国王的情妇因谋杀罪早就离他而去，他没有遵守除了宫廷礼服之外的任何东西[17]，因为他的妻子喜欢。据记载，有一天，痴迷建筑的国王正在陶醉于他的楼面设计时，波旁的先驱者之一，麦利伯爵夫人穿着沃尔特长裙走进宫廷。这位伯爵夫人曾宣称，她绝不可能穿着这样的衣服出现在国王面前，但马伊伯爵坚持让她这样打扮。

这绝不是偶然，1745年，当庞巴度侯爵夫人出现在宫廷后，王后变得更加大胆。很难想象，庞巴度侯爵夫人会经常穿老式礼服。在庞巴度侯爵夫人去世时[18]，她的90件长礼服里只有10件老式礼服。这一情形使国王的双重标准昭然若揭，而她的品位也集中体现了那个时代的特色：在布隆代尔[19]为一位女士设计的套房中，他将无背长椅沙发附近的一个角落设计成专门存放她的新式服装的衣柜。

的确，在庞巴度侯爵夫人到达凡尔赛宫时，长袍已经走过了漫长的岁月。大约在1725年，宽松的背面褶皱演变成双框褶皱，它们不再有坠感，而更具结构感。随后，当妇女们将肩幔的两端裹起并绕到背后系好时，这就给宽松服饰注入了新的灵感，那是一种随着长袍的消失而消失的元素：紧腰带（紧身样式也可能是受芭蕾服饰的启发的）。1730年之后，一本时装书中出现了系着肩幔的蝙蝠装和一款新型的塑身休闲服。这种服装已经显示出其强大的影响力，它注定要成为典范。

这本在法国名为《法国流行服饰》的新书，其英文名为《庞巴度服饰》：庞巴度服饰就是庞巴度侯爵夫人在布歇为其所作的画像里所穿的衣服。从画像能清楚地看出，休闲服装在两位侯爵夫人（蒙特斯庞侯爵夫人与庞巴度侯爵夫人）身上的衍变过程，尽管它仍保留了背面宽松的褶皱，但已失去了原来自由舒适的风格了，而变成了一种装饰性的服饰。在庞巴度时代之前，这种服装的随意性似乎有明显的矫揉造作的痕迹。我们不能忽视，她用人造花取代昂贵的珠宝（她不缺这些珠宝），并将其佩戴在胸前、颈上、头发上。然而，休闲服装仍然被视为是非正统的服装——当你将庞巴度侯爵夫人的画像与王后的画像进行比较时，你就很快明白为什么我会这么说了（见彩页）。

在王后的画像中，她在一个大厅里，大理石地板和坚固的半露方柱彰显着这个房间的华丽氛围。她似乎很压抑，好像不能动弹。胸衣牢牢束缚着她的身体，使身体显得很笔直也很僵硬，她手旁（实际上，她正指着放王冠的桌子）是洛可可式的嵌墙桌，其柔和的线条与王后的僵硬的身体线条形成鲜明对比。

另一方面，庞巴度侯爵夫人的画像表明她生于舒适时代，并秉承着舒适至上的信念，她鼓励"每一种能使生活更舒适的发明"。她的画像与她的内心世界是非常符合的。分散在房间里的花就像佩戴在她身上一样，她的服装与她的内心世界息息相关。1752年，大约就是这幅画完成之时，谢弗尼[20]曾评价说"她是一切柔和曲线的集合体，不管是她的手势还是她的身体，都与小桌上那些可爱的小摆设以及旋转窗帘互相呼应，相得益彰。甚至连她的姿势都具有曲线美，使其呈现出一份惬意、闲适和满足，并与整个房间的风格融为一体"。画布上的她非常优雅，我们看到她妩媚地靠在舒适的沙发上，显示着家具和衣服的舒适给予妇女最大程度的自如活动和惬意感受。

　　庞巴度侯爵夫人的画像于1757年在卢浮宫举行的年画展中与公众见面。布歇[21]所画的那幅画被放在展厅的中心，它被置于一个特别的浮雕台上。这强有力的事实证明，在路易十五统治时期，法国画家在整个欧洲都是一流的。显然，这次展览很好地证明了庞巴度侯爵夫人对法国宫廷带来的影响，同时它也有力地证明了舒适的衣服彻底战胜了宫廷礼服：布歇所画肖像被认为是"自然"风格的典范。在法国，最有权势的女人只会佩戴简单的丝绸花，而不戴上象征她女王地位的钻石。因为她是一位能使草帽成为最时尚配饰的女人，她想让全世界都知道，是她——蒙特斯庞侯爵夫人的努力才让1678年的宣言最终成为正式文件：人们不必再穿得非常正式，如今的每个法国人都希望穿得舒服一点。

第十三章　生活中的纺织品

棉布非常柔软，它便于洗涤并且非常实用。没有它我们该怎么办呢？在人们追求舒适的年代，西方国家中最早体会到这种感受的便是欧洲人。

17世纪以前，欧洲人衣服的料子全部都是天然材料——毛料、亚麻和丝绸，这些材料沿用至今，而棉布却是唯一从外面引进的。当棉布从印度直接运到欧洲的时候，它顷刻间成为顾客的挚爱，甚至抢了本土纺织品的风头[1]。毫不夸张地说，法国政府以迅雷不及掩耳之势发动了对本土服装原材料的保卫战，其速度和力度都超过了其他国家。但事实证明，棉布势不可挡。在舒适年代的初期，棉布在普通家庭中非常罕见（大部分的家庭都将其用作床单），它主要出现在一些从事海外贸易的商人家中。但随着时代的发展，棉布随处可见。棉制品出现在房间的各个地方，墙布、窗帘、床罩、桌布和装饰布全部用到了它。棉布也成为了衣料：每种类型的裙子都是由棉布制作的，当然豪华礼服除外。无论是女售货员的工作服还是巴黎淑女昂贵的套装，甚至是偏僻乡村穷苦人民的唯一一件衣服，用料全都是棉布。在欧洲的历史上，从来没有一种纺织品的应用有棉布广泛。

当时，对舒适感的追求已经成为人们生活中的一个基本价值观，这种现象在各个领域都很明显，而棉布也是这种现象的例证之一。当时，进口货似乎会使生活变得比较随意，从类似于和服的衣服到土耳其床再到中国式睡榻之类的亚洲物品，都被看做是对西方铺张的生活方式的矫正。人们在化妆室的座椅靠背或者土耳其沙发上使用棉布，显然是想要得到放松，而且装饰一新的房间内处处散发着一种奢华舒适的气息。

在欧洲的其他国家，比如葡萄牙、荷兰和英国，棉布最初被带到国内只是作为香料贸易的附属品。在东印度公司开始真正把棉布输入欧洲之前，棉布在法国的消费规模还很小。马赛曾是亚洲货物运往欧洲的港口，古老的路线是通过陆路运输，即从亚洲出发穿过地中海沿岸到达马赛。然而，在舒适年代到来之前，棉布贸易对以后社会和经济的重要影响在当时根本就看不出来，所以卖到马赛的棉织物往往就滞留在当地了。葡萄牙从来都没有对纺织品的销售产生过真正的兴趣。最初在与印度的贸易中，荷兰和英国也并没有想到棉布贸易会产生深远的影响。

17世纪下半叶，从法国开始认真对待印度贸易的那一刻起，形势发生了戏剧性的变化。在这个时候，进口货物的数量猛增。在中世纪，棉布贸易只是英国对外贸易中的一个部分，1684年，东印度公司每年向英国出口一百多万件印度棉制品②。1691年，东印度公司在伦敦的董事告诉他们的驻印机构："你们可以输送印度所产的任何东西，因为所有的印度货品在这里都非常抢手。"早在1680年，著名的小说家拉法耶特伯爵夫人就已经敏锐地察觉到了这一变革，她提到，"在法国，我们喜欢从印度输送过来的所有东西"③。法国服装业的萌芽促使了这一形势的产生，当高端时尚走向大众化时，棉质衣服成为了每个追随时尚潮流的法国女人的必备服装。此后，棉质衣服在西方服饰中的地位日趋重要。

我们很容易理解这种新型纺织品为什么会迅速获得欧洲消费者的青睐，因为棉布和纤维纺织品（比如羊毛和亚麻）有几个关键的不同。首先，棉布很轻。对于女人来讲，她们以前的裙子需要耗费很多纤维纺织布料才能制成，羊绒或者锦缎丝绸材质的长袍穿在身上让人感觉很沉重，而棉布裙子则是对沉重感的真正解放。其次，棉布很容易清洗。最初的一些知名的洗衣店，比如"洗衣坊"（dégraisseur）④或者"超效洗衣店"（great removers）就是在棉布还没出现在巴黎之前出现的，它们专门帮助人们清理高级纤维纺织品服装上的烟渍和污垢。这些洗衣店的出现，证明了人们的衣服需要洗衣店来清洗，然而如果衣服是棉布布料的话，他们就完全可以自己来清洗了。

另外，印度纺织品也很少会出现明显的质量问题，它们不褪色，即便是经常清洗，它们的颜色也依然明亮（《百科全书》[5]竟然宣称这些纺织品每次洗完之后颜色将会变得更加鲜亮）。它们的色彩是人们以前在欧洲市场上从未见过的，是由各种不同的颜料和多个漂染步骤调染出来的[6]。它们的色彩鲜艳明快，事实的确如此，几种强烈的色彩排列在一起形成了鲜明的对比，给欧洲带来了一种强大的色彩冲击和全新的色彩体验，街上和室内也首次变得五彩缤纷。它们的出现还使得一些颜色变得平民化：比如说，在舒适时代到来之前，深红色是一种帝王色，因其染制成本很高，所以是威望和地位的象征。然而由于棉布的进口，红色逐渐变成了普通百姓常用的颜色。

与其他的纺织品不同，印度棉纺织品还有很多全新的图案。之前的欧洲纺织品往往有一个统一的设计风格，但是印度纺织品（混合机印和手工彩绘制成）用单一的底色和多彩的图案形成鲜明对比，从而使其图案极为突出。印度人的那些图案的类型带来了纺织品文化的巨大冲击。

在以奢华为主要特色的年代，纺织品的设计是对称的，较为古板的图案整齐地排列在不同的地方，似乎是受到了严格的控制。随后，亚洲纺织品出现在了欧洲，其中最主要的是印度纺织品，当然也有一些中国的印花丝绸和暹罗国（即泰国）[7]的纺织品。大约十年之后，纺织品上传统单一的图案模式逐渐发生了改变，暹罗国开始在混合图案上加入了条纹图案。欧洲人意识到，纺织品也是带有寓意的——的确如此。因为依照当时的观念，那些使用从暹罗国和印度出口到法国的纺织品的人通常都被认为是"小人物"，而他们的地位甚至不会比动物和蔬菜高（见彩页）。最后，印花图案出现了，亚洲的印花织品极大地改变了欧洲人的室内装饰和服装样式[8]。

以前，欧洲人的裙子和室内装饰上很少用到印花。在室内装饰品中，刺绣品（比如绒线刺绣）和挂毯的背景图案有的时候会采用印花设计，但是印在纺织品上的花显得太匀称了，它无法让人联想到任何自然界中的花。亚洲纺织品的出现向欧洲人展示了一个全新而又巨大的花卉世界。自从首次在进口的纺织品上看到了多种鲜花（比如牡丹、玉兰和茶花）之后，欧洲人开始进口这些真正的花，西方世界突然就变成了花的海洋。最初，人们在床罩上印上带花的图案。随后，他们在整间屋子的墙上都贴上印花贴纸。最后，女人们的裙子上也全都印上了花朵和植物的图案。从此之后，那些规矩正式的图案和装饰一下子就消失了，取而代之的则是这种带有舒服随意风格的图案。在追求舒适感、私人空间和睡衣等的年代里，出现了新式的为舒适而定制的纺织品，它们和纯白色的天花板一样光滑和素净。这时，新的坐卧起居生活方式也需要与其搭调的新式纺织品，以便人们能够更加地放松和自由。简便是生活中的新趋势，而棉布就意味着简便。

欧洲人开始看到，周围涌现出的这些新产品非常精致漂亮，它让顾客都以为自己可能是买到了真正的外国商品。因为印度的纺织品工业已经发展得相当完善：当时，印度是世界上最大的纺织品生产基地和出口供应国，几百年以来它一直扮演着这样的角色，并且它还输送棉织品到中国、波斯以及非洲各国。过去的印度人总是能满足外国人的需求，主要是因为他们知道一些东西虽然不是完全在印度生产，但是经过特制以后，它们看上去就像是从印度进口而来的。

因此，当英国东印度公司的董事下发了如何取悦这些最新的棉布消费者的指示之后，针对欧洲市场，印度方面迅速修改了纺织品的图案。1673年，在巴黎销售的棉制衬衣仿照了欧洲流行的花边图案，这为他们的多样性生产提供了一个绝好的例子。东印度公司曾经把红色的纺织物送到英国，但在得知英国人比较喜欢白色之后，它们便迅速地消失了（它们可能被送到英吉利海峡对岸，凡尔赛宫喜欢红色——见彩页）。与此同时，人们也不愿意让棉纺织品失去异域特色，因此，尽管荷兰东印度公司的董事已经把欧洲图案样式送给印度方面参考了，但他们还是要求完全按照印度风格或者仿照印度风格来生产这些纺织品。

欧洲商人的这些想法，都是希望印度能生产出一种优质的纺织品，它们永远都漂亮。再比如，法国雕刻家亨利·博纳尔选取《堂吉诃德》上的一个场景画了一幅插图，英国公司的董事就要求印度设计师模仿这幅插图的创意⑨，或者要求他们模仿王储最喜欢的设计师让·贝雷因壁画的创意，以此来进行纺织品图案的创作设计。当然，当这些设计被运回欧洲时，它们已经经过了印度画家的重新创作，西方的消费者可能永远也不会猜到他们疯狂迷恋的印度纺织品其实并不是印度人生产的。就拿16世纪的西班牙来说，法国人对它的印象跟17世纪的印度人对它的看法很相似，因为他们都是以一个外国人的角度进行的审视。同样，这些纺织品在东方人看来是外国货，而在西方人眼中同样也是外国货，但它们也正好因为带有些许变化的异国情调而迎合了西方消费者的需求。

很快，印度纺织品成为了欧洲人发现泛亚洲花纹图案系列的窗口⑩。尽管印花棉织品图案一般都带有印度的风格，比如说大象在外来植物中穿梭（如果这些植物的颜色改成蓝色怎么样呢），但在很多时候，其实它们都向西方人展示了一种泛亚洲大杂烩的风格。比如，"小人儿"形象的图案肯定是中国的风格，而花团锦簇的树和盛开的鲜花这样的图案则很明显是日本的风格。1681年，伦敦公司的老总们摒弃了维持棉织品竞争力的核心原则——比如在女装店必须要有收藏版服装，女士们为欧洲市场上的一件新服饰愿意付出的价钱是她们为之前的流行服装所付的价钱的两倍。

1681年，法国贵妇开始穿着最新流行的便装走上街头。随后，她们越来越多地使用同样时髦的新式纺织面料来制作服装。同英国东印度公司的老总一样，法国时装界的老板，比如商人戈蒂埃也开始意识到季节性地更新产品会带来更好的效果⑪。里昂的丝绸织工是法国纺织品工业最具影响力的部分，他们紧跟时装潮流的步伐。不久以后，印度人开始和法国人相配合，他们在一年里推出了两个甚至四个系列的产品。

1735年，让·安东尼·弗雷斯出版了《在波斯、印度、中国以及日本图案风格的影响下的中式图案集》，它对在法国售价最昂贵的亚洲纺织品系列进行了模仿改造，这些纺织品被公爵夫人的儿子孔蒂王子（这个王子在禁令期间发了一笔横财）所收藏。弗雷斯鼓吹，他仿造的东西非常具有"中国风格"，以至于都可以拿来糊弄印度人了。他的创作证明，法国的纺织品设计师已经完全领会到，亚洲产品能够成功进军欧洲市场主要在于将异域图案和当地人所熟悉的图案巧妙地结合在了一起。它同时还证明了，当时法国的设计紧跟印度风格潮流这一步伐。的确，在18世纪的前半期，法国丝织品中所有主流风格（学者现在将其概括为花边图案、怪诞兼自然风格）的大部分灵感很明显是来自印度纺织品上的图案。因此，法国制造的很多纺织品，比如绸缎制成的飘逸长裙等，看上去都不像是国产的，它们更像是从外国进口的，其色彩对比鲜明而大胆，图案则是羽状叶子和奇怪的花簇。东西方之间的交融如此紧密，以至于我们有时都无法辨别出一件纺织品的产地，比如说，挂毯《嘉德骑士》是亚洲设计师（中国或日本）为欧洲市场设计的产品，还是欧洲生产的具有亚洲风格的法国庸俗品？

纺织品的多重色彩和多元文化催生了舒适时代的来临。17世纪末18世纪初，法国的服装充斥着各式各样的图案和明艳斑斓的色彩，其大胆的程度和种类的繁多在十年前是完全无法想象的，因为它们的样式和色彩完全不符合正规的礼仪规矩的要求。

如今，我们用"印花棉布"这个词来形容所有印有花卉图案的装饰面料：这个词能让人联想到轻松随意且无拘无束的场景，它可以让人们随便靠在椅子上，房间的设计让人有种家的感觉而不是觉得压抑或恐怖。那些开创舒适时代的人在最初买这些新式纺织品时都觉得它们有让人无以言表的舒服。起初，布料和纺织品面料被简单而笼统地称为"帆布"，在日常用语中，人们称棉布为薄亚麻布，称印度布料为印度帆布。1680年，在棉纺织品贸易开始盛行之时，他们了解了一个新词——印花棉布（chitte）。北印度人称带有斑点图案的摩擦轧光印花棉布为"chitta"，法国人将其改为 chint

（复数是chintes，英语中，"Chint"这个词可以指代包括 cheetes 和chints在内的所有的印花棉布）。

法国人并不经常使用"chintz"（印花棉布）这个词，他们使用固定用语"toile peinte"来表示印花帆布，或者简单地用"indienne"（印度布料）来表示相同的意思。他们知道自己喜欢什么：买得起印花棉布的人追求的是优质的生活。不久之后，便出现了波斯棉布。当时波斯棉布的产地根本不是波斯，而是印度，最多也就是从印度运到法国的时候经过波斯。但是，最初的波斯棉布有一个蓝色的背景，形容词"perse"既指"波斯的"[12]，也指"蓝色的"，因此，蓝色的棉布产自波斯的说法也就诞生了。为了与中国瓷器搭配，王储和勃艮第公爵夫人等选用了蓝白相间的装饰设计，为此，他们让室内装潢师使用了波斯棉布。

一直以来，那些爱好印度棉布的贵族承受着巨大的压力。因为人们认为，穿着室内的连衣裙出现在公众场合是对正统礼仪的蔑视：他们所炫耀的东西都是最不符合礼仪的。不仅如此，他们在享受这些舒适的棉布的同时，也面临着更大的风险。庞巴度侯爵夫人的衣柜里塞满了不计其数的非正式礼服，勃艮第公爵夫人和王储等贵族们在狂欢舞会上穿的棉布衣服有一个共同点：全部与法律相抵触，事实上它们是被禁止的。因此如果发现有人穿着这种衣服但他又不能完全得到皇家的保护，那他将会面临刑事诉讼。而且，他们事先非常清楚这样做的危险性。1687年，路易十四发现他的儿子，也就是他的继承人正在发动一场印花棉布的运动后[13]，颁布了一条皇家规定："国王下令烧毁王储的衣服，并对纺织品销售商进行罚款。"

17世纪70年代到80年代晚期，法国开始真正销售印花棉布。然而，那个时期却是进口贸易的一个困难时期。路易十四和他的财政大臣让·安东尼·弗雷斯开始实施一项贸易保护政策，以保证法国奢侈品工业的地位以及法国良好的贸易平衡。当外国商品开始成为一种时尚，而商人被禁止进口国外产品时，人们就开始要求法国的生产制造商仿制这些产品。因此，当流行的棉布饰物和纺织品风靡整个欧洲市场时，法国制造商大发横财。但是，人们对于印度棉布的狂热并不会如此轻易地就被遏制。法国纺织工开始制作假冒的印花织品。然而，法国传统纺织业的纺织工，特别是里昂的丝绸织工，对这些本土生产的冒牌印花纺织品提出了抗议，声称它们和印度棉布一样对他们的生存造成了威胁。因此，太阳王路易十四将所有的印花棉布都判了死刑——无论是外国原单进口还是法国本地仿制生产的物品都被禁止使用。这个法令的官方用语是"禁令"，它执行了将近一个世纪的时间。

17世纪，历书中开始有了插图，它与现在的日历一样[14]。在1681年的历书中有一幅插图，主角是两个披着披肩的女人，其披肩的用料就是印度棉布。其中一个女人是一位棉布销售商，另外一位则是时尚达人，前者正在请求这位时尚达人不要离开巴黎，而这个时尚达人则回答她说，是时候让其他国家的女人见识一下我们的新形象了。插图的注解说，"棉布热"最早可以追溯到1677年，法国《风流信使》杂志在1687年1月的简讯中着重对其作出了评价："如今所有的法国人都想要过舒适的生活。"

1686年10月，太阳王路易十四认为，人们对棉布的狂热不但难以控制而且会带来法国经济的衰退，因此他颁布了法国禁止销售棉布的第一部成文的法律。商人们被禁止销售印度棉布，法国人被禁止穿印度棉布衣服或者在家中使用棉布装饰。已经拥有了这些物品或衣服的人可以把它们交给政府盖章，以证明是在1686年以前购买的。否则，一旦被发现，就会被没收并且予以重罚。走私犯会被处以一半的罚款，最严重的会被处以三年有期徒刑。

巴黎警方负责人尼古拉·德·拉·雷尼永远保持着高度的警惕，在他的带领下，这场对印度棉布的打击战拉开了序幕。1691年5月，尼古拉·德·拉·雷尼在给省督察的报告中说，在当年国家已经没收了超过15000立方英码的被禁商品（1692年12月，这些纺织品被烧，1691年，被烧掉的纺织品数量更多）。1711年10月，纺织品制造中心特鲁瓦的墙上贴满了这个最新的禁令[15]。执法人员在街上四处转悠，"只要看到女孩儿和妇女穿着印花棉布的衣服,就抓去对其进行强行剥脱"。18世纪早期,警察冲进商店没收了店内的印花棉布商品[16]。1737年,一位名叫雅布的女顾客被他们狠狠扇了一记耳光;1750年,包括卢韦尔夫人在内的很多女商人被捕,因为她们把棉布藏在裙底以方便将其运到市内。1715年6月,巴黎警察甚至开始对贵族住宅进行搜寻,他们在内勒侯爵夫人家里没收了一件棉布连衣裙[17]。当她要求警察归还裙子时,巴黎警方的首领阿尔让松在她面前将其剪成了碎片。

虽然这些措施很极端,但是它的赌注很大。1692年,拉·雷尼说,因之前其他国家盲目追随法国的时尚潮流,以前大量购买法国纺织品的欧洲人现在转而购买棉布了;他争辩称这对于国家造成了惊人的损失[18]。据他估计,损失总计已达到了50万里弗(古时法币),它是巴黎1685年新皇家大桥费用的三分之二。来自里昂和鲁昂的议会代表极力请求政府遏制这一毁坏法国纺织品工业的棉布"热潮"。

很多人认为,这股"热潮"势不可挡。1732年,萨瓦里·德·布吕斯隆称,无论是最初的禁令还是随后颁布的三十多条法令都对遏制顾客对棉布的狂热无效[19]。直到1750年,当评论家们开始在报纸上争辩禁令对经济造成的影响时,人们才知道法国人每年要花费大约1600万到2000万里弗在印度棉布的消费上。[20]

主张撤销禁令的人们也考虑到了它所带来的人员伤亡。《经济日报》的编辑们估计,法国人中,每年有1200人在去往美洲的途中因海难或病痛而死,每年有6000到7000人死于棉布保卫战中(他们既包括被走私贩杀死的士兵,也包括在后来被拷打而死的走私贩[21])此外,用来保障源源不断的士兵守卫边境以及所有关口的费用也必须由国家来承担。经济学家和自由贸易的倡导者文森特·德·古尔奈[22]提出了一个不同的平衡论点:政府可以强行使几千(纺织工人)换工作或者暂时失业,也可以强行违背2000万法国人的心愿继续在边境进行无休止的战争。

伤亡人数如此之多是因为法国部队根本不是走私贩的对手。与当地武装分子一样，他们对地形特别熟悉，且极易潜伏，而且还受到当地人保护。1710年12月[23]，费朗布列塔尼的督察写信给巴黎财政部长[24]，告诉他说自己可能不会服从命令去没收布安岛上仓库里的走私品："当地的居民非常难对付，我们至少需要派出一个步兵团才能完成这项任务。"

他们更难以对付的敌人便是巴黎的民众。内勒侯爵夫人的棉质服装不是被剪碎了吗？一个月后，巡查的警察在杜伊德里公园发现她穿着新式的印度风格的印度棉质衣服。第二年，在国家财务委员会的一次会议上，德·诺阿耶公爵抱怨说："只要我们不处罚国内穿着印花棉布出席公共场合的漂亮女士，那么禁令永远就不会产生任何作用。"在他说完之后，圣·西门公爵[25]站起来，声称他们只需要逮捕公爵夫人，在她脖子上套上铁链，然后将其绑在公共场合的墙上示众，以儆效尤。说到这里，议员们全都放声大笑，讨论也就到此结束了。这同样是一场连衣裙风波，只不过它的规模更大而已。

但是，特里亚农宫是真正开始大量使用棉布的地方[26]。1671年，国王和蒙特斯庞侯爵夫人的房间中都有一个小房间是全部用红色的印度棉布装饰的，房间里所有的装饰都是棉布面料：窗帘、床单、巨大的墙壁挂毯（是指在辉煌时期经常挂在宫殿墙上的毯子，明亮鲜艳的印花织布代替以前的黑色针织挂毯，这是装饰风格突然变得非正式过程中最突出的部分）、几十把折叠椅的椅垫，甚至还有两个房间之间的走廊的墙壁。1675年，凡尔赛宫中，有两个卧室（毋庸置疑还是为国王和蒙特斯庞侯爵夫人准备的）的墙是用棉布装饰的，红色背景白色的设计。1686年1月，巨大的一船棉布挂毯运到马尔利城堡（他们是不是在最初宣布禁令之前已经囤积了一批棉布呢），法文最初称这些棉纺织品为chitte。

1701年，梅纳格丽城堡[27]中的一间卧室被棉布材料装饰得美艳绝伦，此后，棉布成为室内装饰的绝佳选择。在这间卧室中，有一张传统样式的带蓬床，它成为了第一张用印花棉布铺饰的床。还有一把扶手椅，它是人们以前使用的款式，也是配以棉布椅套来配合屋里的装饰风格，房间中所用的装饰材料都用了所谓的"波斯"棉布。"波斯"棉布后来成为舒适年代装饰中最受追捧的纺织品("波斯"棉布最早于1680年在法国出售,这是历史上棉布用于装饰的最早记录)。

同时,这也是历史上有记载的棉布首次装饰坐类家具[28](例如,最初荷兰人就喜欢用棉布做壁毯,但是直到18世纪才开始将其用在椅子上)。人们知道,棉布不实用,它没有传统纺织品装饰那样耐用,它很容易撕坏,但是这些并不会阻止人们使用它。如果你试着比较王室城堡在1669年和1699年购买的纺织品,就会认识到,在30年的时间,法国人的室内装饰已经发生了革命性的变化。1669年,装饰所用材料全部都是天鹅绒、绸缎和锦缎,其中大部分都是在里昂生产的;1699年,法国纺织品只占了所有装饰材料的四分之一,其余是印度棉布。它们色彩各异,但灰绿色较为常见;色调丰富,从淡紫色到紫色深浅不一;图案纷繁,印有诸如"金龙"和"五彩大花"的各种图案。无疑,当10英尺长的软凳在1729年运到凡尔赛宫后,其装饰材料就是波斯棉布。这是年轻的国王第一次尝试使用印花棉布,在将印花棉布推到最高装修殿堂顶峰的过程中,他和庞巴度侯爵夫人对其作出的巨大贡献无人能及。

一开始,棉布就令法国国王的日常生活舒适惬意。例如,在1686年运来的一大船货物中,其中包括三块棉桌布、大量棉布餐巾(其中有12块中间和边角有印花图案)以及太阳王路易十四的第一张棉布床单(床单一头有印花图案)。当路易十四决定装新梅纳格丽城堡时,他很清楚当时被禁的棉布制品很受年轻贵族的追捧,因此便选用了棉布作为其特色装饰材料。他下令关掉棉布店铺,剪碎棉布披风,但是却开始出台放宽纺织品工业的政策,其伪善程度比路易十五的情妇的双重剪裁标准更胜一筹。

有了路易十四做榜样,臣民公然无视禁令也就不足为奇了。1691到1692年期间,尼古拉·布雷尼出版了他所有的法语书中最好的两册图书,这一年,警方负责人正自豪地记述着正在烧毁没收的纺织品[29]。同年,公开宣称销售棉纺织品的商人从一人上升到了四人。德·特鲁瓦的作品《爱的宣言》

表达了对讲求舒适的这个年代的赞美，在这幅画中，女装肥大的飞袖所专用的高耸的蓬松垫肩，很显然都是由印度棉布面料做出的装饰效果。这幅油画后来在卢浮宫挂了出来，在画中女人的一条腕带上，德·特鲁瓦的签名清晰可见。法国阅读量最高的报纸上有一篇文章对画中蓬松的棉布垫肩及其参观人数作出了高度评价。

然而，令人诧异的是，有一些人还是不敢去尝食"禁果"。

皮埃尔·克罗扎特是一个最好的典型。他清楚棉布的优点：他在餐桌上使用棉制品，并拥有至少684块棉布餐巾以及大量的餐布；他的床上也是棉制品，并拥有数十条棉布床单。但是，他的这些物品全是纯白的棉布面料，没有图案，也没有染色，因此也不会受到禁令的约束。（当很多纯白棉布用料纺织品也受到禁止之后，一些权贵把它们都送给了穷人。）在放皮革家具的房间里，克罗扎特选择了棉布窗帘来与风格随意的坐具相搭配，同样，这些窗帘一律都是纯白色的。夏洛特·黛丝玛也是一个遵守法律的皇室公民的模范，她也有大批的棉布桌布、餐巾以及床单，其中260多件专门供仆人使用，所有这些东西均是纯白色，她的很多棉布窗帘也是纯白色的，有几件也只用了一些违禁物品的碎布片（所谓的碎布片也就是将以前的纺织品裁剪得来的），她只是偶尔违规而已，比如使用蓝白相间的印度棉布或者是红白相间的条纹织布。

平民百姓或许是出于对法律的敬畏而对棉布织品的禁令进行了妥协，但是王公贵族则对其不以为然。埃夫勒伯爵选用的亚麻制品的面料确实是白色：其中有114条优质上乘床单，312条普通床单；55块大桌布，20块小桌布；960条为晚餐而预备的餐巾（因为法国人还是经常用手抓食物而不是银器，所以他们要预备很多的餐巾），其中的96条是为喝咖啡而准备的。但是，他在私人卧室的装潢中却选用了彩色棉布：其中有两条是条纹与格子的混合。置身在埃夫勒酒店，也就是现在的庞巴度酒店，就仿佛是在庞巴度侯爵夫人[30]的家中一样，这位侯爵夫人只想要最好的材料：纺织品方面，最好的也就是波斯棉布了。18世纪60年代，提起波斯棉布，不再只是指蓝底的印花棉布了，比如说庞巴度夫人在卧室的卫生间以及化妆室使用的波斯棉布底色就是红色，它们带着条纹或者格子图案。香榭丽舍大街上神话般的花园里的椅子上，她选用的是传统的棉布。但是，就像黛丝玛一样，庞巴度侯爵夫人并不只是单纯地追求纺织品装饰，她临终之前定做的家具直到她死时都没有运到，这些家具中有一些装饰用料是白色的绸缎，其他的是印花棉布，上面印有假冒的中国人物图案。虽然爱丽舍宫之前的这两位主人都不用接受纺织品检察官的检查，但是她们也不会把所有的钱都送给印度。

为此，法国人可以依靠公爵夫人。没有人可以像蒙特斯庞那样公然地违抗父亲的法令，她将随意的装潢风格带到了凡尔赛宫。这位国王在他女儿的宫殿里的所见使他意识到，他对纺织品虚伪的态度使得他的士兵们正在追杀的走私贩大发横财。虽然是这样，他还是敦促蒙特斯庞开始重新装修城堡。她在餐桌上和床上所用的棉纺织品数量如此之多，以至于她临终的遗嘱中耗费了四张纸才列出了所有的东西。并且，她的城堡中完全用印花棉布装潢的房间数量也同样让人惊叹：书房（格子和"小人儿"混合图案）、化妆室（花朵图案）、浴室（灰色花朵图案），此外，用棉布装饰的坐具的数量也同样惊人（仅举两个例子：四个沙发。沙发套是白底，花枝曼妙其上；一张软凳，配搭的扶手椅上面装的棉布椅套，它们是白底蓝花）。她对外国纺织品的钟情是众所周知的事情：圣·西门知道，他只要提起她的名字就能博得满堂喝彩。

衣服剪裁和品味与房间的装潢风格完全吻合。克罗扎特衣柜里没有一件印度棉布衣服，甚至连一件睡袍也没有，但伯爵却拥有相当多的白色棉布衣服：110件衬裙（比现代的衬衫长，是男人穿马甲和短衫的时候搭在里面穿的基本服装），50多件用薄纱制成的衣服——这种薄纱是一种薄细的半透明棉布，它像羽毛一样轻盈，并在17世纪30年代开始风靡时尚界；除此之外，他还有一件印花棉布睡袍。庞巴度侯爵夫人的78件法式服装里有数十件是波斯棉布面料，至少四件是薄纱面料。另外，她还有六件印花棉布质地的休闲服装，这些不但显示了她的魄力，并且为她赢得了公众的支持。但是这跟公爵夫人相比就不值一提了，在公爵夫人39件内室穿的便服中，有37件是由违禁的棉布制成，它们的图案丰富多样，有的是紫底的花朵图案，有的是法国市场特别定做的葡萄藤主题图案，有的是黑白相间的条纹图案，还有的是树木、果实和花朵等色彩斑斓的白底混合图案。

跟她妈妈一样，公爵夫人开创并引领了未来的流行风格。18世纪80年代中期，一位年轻的法国女子亨里埃特·露西·狄龙[31]，在嫁给未来的拉·图尔·杜潘侯爵之前，耗巨资置办了嫁妆，这些嫁妆填满了很多个特大的衣柜，昂贵的嫁妆完美地证明了棉布热潮如何改变了法国的时尚潮流。在欧洲其他国家，上流社会的妇女使用印花棉布做成室内连衣裙这类的衣服，严格来讲，它们只是一种室内着装，在出门的时候，她们只有穿上欧洲纺织品支撑的衣服才可以被人们接受。但是在法国，上流社会的女士们也会毫无顾忌地在公共场合穿着印花棉布质地衣服。当荷兰记者范·埃芬[32]在法国见到飘逸的裙子时，他非常震惊。他认为，这种风格的衣服低俗不雅，有失体面，并将大部分责任归咎于印度棉布面料上，是它们使女士穿着如此轻浮，他甚至称呼其为"裸露的纺织品"。

在讲求舒适的年代里，棉布制品风格自然，比如室内连衣裙、随意的便服以及风衣。"裸露"般的半透明性，指的是棉质类衣服飘逸而又随风而动，如摇曳飘逸的巴兰特长裙。也正是在这个时代，纺织品首次成为高级时尚界不可或缺的重要组成部分。而且，棉布越轻，它与法国高级时尚的联系就越紧密，薄细棉布和纱布就是这样。18世纪20年代和30年代，《法国信使》杂志上出现了一些时尚小窍门[33]。比如，如何在白色内衣外面搭配一条粉红色薄纱裙子以创造一种迷人的效果。

在禁令实施的几十年间，法国之所以成为欧洲棉布贸易的中心，风流韵事是很重要的原因。法国的各个社会阶层都在使用棉布，任何纺织品都从未有过如此广的传播范围。早在1709年，鲁昂纺织品工业的政府督察就报告说，他们发现上流妇人穿着棉质衣服，而之前穿着鲁昂生产的纺织品制品的中层社会的妇女甚至是底层社会的妇女，现在却只想要棉布制品[34]。尽管棉布不是很耐用，但它可以做出各种档次的服装，因此，不论人们需要什么款式，棉布都可以实现人们的愿望。著名经济学家和《百科全书》的编纂者弗朗索瓦·德·格拉菲格尼[35]解释说，品质最好的棉织品被个别富裕的人预定了，较便宜的棉织品被人们广泛使用，质量最次的棉织品被制成了普通百姓日常穿的服装。尽管这些普通百姓在一些讲究的场合也能买得起一套档次更高的衣服，但是他们还是愿意选择这些价格便宜的棉纺织制品。事实上也确实如此，到18世纪80年代，在巴黎工作的女仆们所拥有的衣服中，有一半以上是棉质面料。[36]

在法国对印度纺织品的依赖日渐增长的过程中，时尚行业是促进其发展的源头。供观赏的开放型卧室的消失以及室内装修的兴起为印花棉布开创了另一个重要的市场。在荷兰和英国，棉布首次用于床上。在棉布被运送到特里亚农宫之前，法国人几乎对棉布闻所未闻。在对巴黎装潢的研究中，我们发现在1671年以前的研究资料中，印花棉布床罩只被提到过两次。但在舒适年代，棉布成为新兴私人卧室的同义词。公爵夫人等人最先尝试在床上使用印花棉布制品，装饰床和顶篷的面料上有一种图案，比如说是花卉图案，而这种面料的背面和顶篷里层则使用与其相异的颜色和形成鲜明对比的图案。

为了与整个房间的风格统一，房间中的坐具和墙也选用棉布装饰。路易十四所谓的富有青春面貌的装修风格已经成为当时的现代卧室的主要装修风格。从卧室开始，装饰用的棉纺织品逐渐在内室的装潢中得到了使用，例如化妆室以及较公共的房间。1770年，室内装潢大师比蒙宣称，就沙发坐具来说，不同材质的印花棉布是绝好的选择，因为它会让沙发舒服、好看，并且有品位[37]。届时，在所有需要装修的领域中，人们认为，在对纺织品的运用中，品位最高的是法国经典的室内布置。

18世纪的最初几十年间，人们很肯定地认为《爱的宣言》（见彩页）

中那位女子穿的飘逸长裙所使用的面料是法国生产的（一种所谓的蕾丝图案绸缎）。但也有人可能会注意到它并不是完全由法国生产的，因为裙子上的图案设计灵感来自于印度纺织品上的异域植物图案。他们也会知道这种面料（见彩页）是一种印度手绘棉布，裙子上面细小的花枝和蕾丝图案借鉴了当时法国绸缎制品的创意，《爱的宣言》中的绸缎裙子就是一个典型的例子。

三个世纪以后，这些区别已不复存在。这种图案跟18世纪早期的印度图案相同，它们是由法国纺织品制造商利用现代技术重新仿制的产品（见彩页）。这些纺织品看上去很舒服，其使用的布料主要用于制作印花棉布挂毯、家具饰品，以及床围等，这就是路易十四所谓的"富于青春的风格"。如今，室内装饰师随口所说的法国生产的纺织品，极有可能不是真正的法国制品。如果自称是室内装饰师的人在今天看到这个样品，他们肯定不会猜到这块色彩斑斓的纺织品实际上是印度生产商大约在1700年为欧洲市场生产的印花染色棉布，而那块蓝白相间的纺织品是18世纪早期的印度纺织品，它大约在2000年时曾在法国被仿制和销售。

18世纪，亚洲棉布对欧洲市场的冲击曾让法国的政府官员对国内纺织品工业的未来充满焦虑，但在三个世纪之后，它却以一种意想不到的方式发挥着作用：在17世纪和18世纪之交为年轻的贵族所创建的"富于青春的风格"，现在被世界各地的人们模仿，这是太阳王路易十四统治时期的人们想都不敢想的事。如今的舒适随意风格完全是对之前的法国流行风的传承，这正是路易十四和科尔波特颁布禁令的初衷。

第十四章　身体的舒适

据描述，18世纪的法国人与同时代的其他欧洲人最大的不同之处在于他们身体语言的表现形式。当然，并不是所有的画像的动作都是舒适时代的法国人发明的，但是，他们的确创造了一些动作，例如，将一只手臂搭在沙发背面。他们对一些姿势进行了改造①，例如以一种前所未见的放松姿势落入座椅中，他们还首先做出了无拘无束的姿势，其中的典型例子便是他们泰然自若地斜靠在椅子上或者在躺椅上舒展着身体。

一方面，随着舒适时代不断涌现出的新发明，行为举止②也随其不断变化——内部房间的出现使生活更加无拘无束，新的坐具能给身体提供更多支撑，新式的服装可以允许大幅度的动作，这些都促进了身体姿势的不断变化。另一方面，行为举止的改变也受到了某些特定人物的影响，他们的行为举动被同时代的人所效仿，那些首先提倡沙发、棉布衣服和卫生间的人，即最早睡在具有现代床雏形的床上的人们带动了行为举止的改变。

奢华时代以呆板僵硬的身体语言为特色：贵族们花费大量的时间来保持身体笔直和步调规矩；事实上他们的所有举动都被不计其数的繁文缛节约束了。这些行为准则规定了所有动作行为的标准——从怎样进入房间到怎样就座，从就餐礼仪到跳舞礼仪；此外，一个人是否被看做贵族，关键就是看他对这些规定的了解以及演绎这些标准的能力。在这样一个氛围中，无所拘束地行动的理念——悠闲地靠在家具上或坐在草地上——将具有明显的感染力。对那些所受的礼节教育不是很严格的人来说，情况尤其如此，比如：国王的情妇，或者法国王子的外国新娘。因此，当勃艮第公爵夫人③——这位出了名的热情四射的女人出现在法国宫廷时，她古怪的行为，如在宴会中大声嚷嚷，然后在椅子上手舞足蹈，着实使传统礼教的捍卫者帕拉蒂尼公主④受到了震撼，这位国王的弟媳宣称"再没有人比她更没教养的了"，并且由此心生忧虑。因为据她看来，王室正在走向衰败。

礼节自然比年轻的王室成员所给予的任何东西都持久；在外国游客看来，凡尔赛宫依然是社交礼节和宗教礼节的缩影。在数十年内，为了禁止18世纪晚期首次出现在宫廷内的姿势和坐相，一些规定被反复修改。它们妄图阻止那些看起来和做起来都很自在的肢体语言的传播，这些规定中包括：不能跷二郎腿，不能将胳膊搭在椅背上，不能散漫地向后仰。⑤

但是，一些本质的东西却在发生变化。如同在18世纪早期房间被划分为公共房间和私人房间一样，很快，肢体语言也分为两种。在公共典礼上，凡尔赛宫的统治者依然保持严格的行为举止规范，即便是勃艮第公爵夫人也努力让自己看起来严肃、端庄，并且受人尊敬。然而，在他们的室内套房里，以前的庄严和高贵神态却很少出现，他们开始越来越放松。在私底下，可以看到勃艮第公爵夫人有时坐在国王宝座的扶手上，有时，还会在宝座周围活动。换句话说，就好像太阳王的宝座不再是王权的象征，而只是一把舒服的椅子。

与舒适的面料和舒适的衣服一样，这种使身体得到放松的肢体动作并没有被局限在私人房间和走廊内太久。首先，正式场合出现了轻松随意的行为举止。例如，1705年，奥辛公主带着她的查理王猎犬（这个猎犬品种因英国的查理国王而流行起来）大摇大摆地参加舞会，"手里牵着猎犬的她就像在自己家一样；没有人能想象在这种场合竟然有不拘礼节的行为，就连勃艮第公爵夫人也不敢这样做——更难以想象的是国王竟然去抚摸这只猎犬"。在令人兴奋的岁月里，即丝袜市场繁荣的前后，这种新的肢体语言在蜕变中的现代城市巴黎蔓延开来——甚至蔓延到像杜乐丽花园这样的公共场所，在那里人们的举止行为都很随意。

实际上，新坐姿和卧姿很快就被记录下来，为后世了解那个时代的坐姿保留了资料：这些姿势，从容流畅，富于曲线，法国艺术家们为此深深折服，他们开始雕刻和描绘真实人物——不再是神话或寓言故事中的人物——这些人物处于当代场景中，衣着时尚，家具新潮，以几十年之前无法想象的举止风度展示着自己。艺术家们展示了新式家具使日常生活更便利后人们的生活方式，同时也展示了人们穿着新式休闲服装的新面貌。这类画作，现在被归为一个绘画流派。因为这个画派记录了现代建筑和现代设计的所有新作品，所以，当时它或许是以现代生活画或私生活画闻名于世。这些题材广泛的人体绘画在最主要的公共展览区展示，继而法国的所有居民都意识到肢体语言在逐步走向现代化。

这种大胆的新举止的征兆大约是17世纪70年代初出现的。这些征兆表明，非正式的肢体语言实际上同时出现在公众场合和私人场合。

这次酝酿于王宫中的革命的导火索是一组描绘蒙特斯庞侯爵夫人斜躺着的画像。在这些画像里，这个对舒适时代的很多主要思想的形成起着至关重要的作用的女人，为当时的居民提供了休闲坐姿的最初范例。这些坐姿在此后的几十年里，着实让与她同道的同胞和外国观察家震惊和着迷。很快，人们创造了一系列词汇，以称呼因使用新式坐具而产生的这些令人瞠目结舌的姿势。

因此（开始，这些词汇带有强烈的排斥感），人们不再只是"坐"在椅子上，相反，舒适的扶手椅一经问世，人们就开始沉浸在扶手椅所能带来的舒适里。他们或将身体后仰，或半倾斜地向后靠，或跷着二郎腿（意思是两腿在膝盖部交叉）；他们甚至敢将他们的腿伸到另一个椅子上或者将腿搭在椅子扶手上——所有的这些姿势都被第一个记录并将其载入史册的人称为不体面的姿势。

随着新式坐具的不断普及，人们的坐姿也越来越放松。人们在描述蒙特斯庞侯爵夫人的姿势时说"她的身体完全舒展开几乎躺下去了，就像躺在床上一样"。顺便提一下，这些语言首先被用来描述皇室的超级享乐者：殿下和勃艮第公爵夫人。帕拉蒂尼公主留下了一幅王储坐在沙发上的肖像画，这幅令人难忘的画表明，王储在创造这些新坐姿上起了至关重要的作用⑥。的确，他就是为沙发而生的："他能在沙发一样大的扶手椅上躺一天……并且一言不发。"

不计其数的雕刻和绘画作品很快就开始刻画座椅家具，以证明王储并没有像他那顽固的伯母所想象的那样叛逆：没有画作描绘人们单调地坐在沙发上。以《沙发上的贵妇人》为例（见106页）：她一只胳膊搭在沙发背上，一条腿放在沙发上，显得极端漫不经心。这种前所未有的姿势成为使用新式舒适座椅的基本方法之一。这幅18世纪中期的作品正见证了这点（见右图）。与17世纪80年代的先驱为自己惊世骇俗的姿势而产生的大胆反抗式的骄傲不同，身着法国连衣裙的后来者已经对这样的姿势习以为常。画中的她全神贯注地读着手里的信，似乎并没有注意到自己伸出的腿，也没有注意到一只拖鞋已从脚上滑落。

她的这种自然状态有据可考。无数关于沙发的绘画作品表明，法国人在那时已经开始使用布隆代尔等工艺师设计的新式书房和新式座椅家具⑦，并且，他们已经开始做我们所说的拿着一本好书蜷缩在沙发上这样的动作。在很多绘画作品中，这些最初的现代读者总是这样的姿势，就像这位贵妇人一样：斜靠在垫得很舒服的座椅上，一条腿或者双腿伸到前面，放在膝盖的手上握着一本打开的书或信。这是最早的关于新的阅读方式的描绘，它不是学者式的阅读，也不是一种教育活动，而只是作为一种消遣式的追求，是一种打发闲暇时光的方式，这种行为就像沙发本身一样随意。在1779年的最初有关私生活的记载中，这种理念的标新立异得到证实："一个世纪前，没有人会想到阅读会成为一种娱乐方式。"

随着18世纪的到来，艺术家们描绘了一系列人们在沙发上的新姿势，

■ 这幅画描绘了18世纪中期，舒服的坐姿等休闲举止很快使一些人习以为常，例如这位年轻的妇女。她看上去一点儿都没注意到脚上的一只拖鞋在不经意间已经滑落。[45]

它们将舒服自在的肢体语言展示了出来。这本书的插图（见彩页）中特鲁瓦的三幅画展示了欧洲其他国家的不可思议的举止，特别是女人的举止：向前倾——她们看起来非常轻松，看似漫不经心，却妩媚动人（《吊袜带》）；懒懒地斜倚着，没有僵硬的胸衣支撑，她们靠在各式各样的软包座椅上（《爱的宣言》）；躺在低低的扶手椅上——一只胳膊斜靠在椅子上，女士斜靠在一只胳膊上向前倾，就像侧卧一样在舒展自己的身体，她深深地陶醉在舒适的怀抱里(《解读莫里哀》)。

新式座椅家具催生了另一种姿势——跷二郎腿的出现,当时,这种姿势在男士中都是很少见的,而在女性中更是前所未见。这幅17世纪晚期的画作(见右图)描绘了让·玛戈莱的巴黎商店,他是皇后的御用刺绣师。两个商人正在向前来购物的一对富有的夫妇展示着一件刺绣夹克和几件刺绣设计。较大的玻璃窗使商店宽敞明亮,通彻透气。为了让顾客更为自在舒适,玛戈莱在商店里摆放了许多又大又舒服的扶手椅。这种做法达到了他预期的效果:这位女士像在家里一样自在,她跷着二郎腿,惬意地坐在椅子上。也许这是最早的关于女性在公共场所使用这个动作的描绘,而对于玛戈莱的富有的顾客来说,他对这个动作并不陌生,所以玛戈莱才可能在公众场合将这样的人物形态表现出来。因为商家在店外的招牌上复制了这种肖像,因此,这样的雕刻作品被称为商店的招牌。这些肖像被印在较大的纸上,商家用它们包裹顾客所购的商品。这就像现在蒂芙妮的蓝色盒子或印有商店商标的购物袋,商家主要是想向所有看到此包装的人宣传他们的商店并告诉购买者商店的地址。

但是,这些与在户外——在公园、在巴黎的草坪上、在树林里,以及在法国户外的一切场所的坐姿相比,简直是小巫见大巫。事实上,迫不及待地想将草地变成供人休息的大沙发的行为,比舒适时代以往的任何举动,都更惊世骇俗。这些行为最初的迹象同样来自于17世纪70年代蒙特斯庞侯爵夫人的画像中。一些画像中的姿势与她在沙发床上的姿势一样,她舒展着身体,只是她不是斜卧在座椅家具上,而是躺在修剪得非常漂亮的草坪上,这些草坪通常位于美丽的花园或公园里。法国艺术家并不是简单地创造了与文艺复兴时期寓言绘画作品相类似的作品,他们创作的灵感来自于现实中的行为。

1671年,塞维涅侯爵夫人[8]像蒙特斯庞侯爵夫人一样躺在草坪上,不同的是,蒙特斯庞侯爵夫人只是在画像中这样做了,而她是在现实世界以及现实生活中。这一年的三月,塞维涅侯爵夫人去巴黎郊区的利夫里拜访一位好

第十四章 身体的舒适　239

■ 这幅画描绘了17世纪晚期，一位妇女的史无前例的坐姿：她在公众场合悠闲地跷着二郎腿（她正坐在一家刺绣店里，仔细观赏着刺绣师的作品）。新式的宽大的扶手椅一定怂恿了她尽情地放松；她的舒服自在的姿势也得益于她连衣裙剪裁的休闲，这样的裁剪没有给她的行动造成束缚。[46]

朋友。有一次，在出去散步时，她抑制不住写信的冲动。这封信被保留了下来，因此我们知道她并没有像我们推测的那样：一位因其美丽的衣服和优雅的举止而家喻户晓的高贵夫人走进房间，坐在书桌旁，并开始动笔写信。她扑通一下趴到草地上，开始给她亲爱的女儿写信："我经常坐在你以前坐的那张siège de mousse（青苔椅）上。"

这个青苔椅是有记载的人们渴望更开阔座椅的首个例子，它激起了家具制造商创造所有现代形式的座椅家具的灵感。而这封信中出现的坐姿也是有记载的首个在18世纪到来之际迅速蔓延的姿势：在公众场合躺着休息。在整个舒适时代，所有的法国人都纷纷（书信、回忆录以及直观记录告诉我们）效仿塞维涅侯爵夫人，在大自然里寻找着惬意与自在。我不知道青苔椅到底是什么样子，也不知道它是怎么制成的。但是我知道，户外座椅家具的数量将会激增，这时出现了草皮或草坪长椅（bancs de gazon）、青苔床（lits de mousse）以及草皮或草坪床（lits de gazon）。有时，人们坐在这种"座椅"上就像那两位身着休闲连衣裙的妇女坐在凡尔赛宫的水剧院的台阶上休息一样（见203页）。然而更多的时候，他们坐在户外座椅上就像坐在室内一样，或许他们的姿势与今天的人们"坐"在草地上的姿势一样：他们躺在那里，或是将头靠在一只胳膊上，或是将头向后斜靠在双臂上，或是双手支着头趴在草地上。

这种举止随处可见。在小说中，如果女主人公有点疲倦，不论是穿着最精致的非常轻盈的便装，还是身在巴黎市中心的杜伊勒里宫中，她都会不假思索地在"苔皮床"上小睡一会儿⑨。男主人公则会为调情去找一张苔皮床。而在现实生活中，人们也是这样做。因此，人们这样描述1752年克洛伊公爵⑩在杜伊勒里宫遇到一个熟人的情形：克洛伊公爵立刻和他一起坐在草地上聊天。

在记载各种各样的新式肢体语言并保留给后世这方面，金融家克罗扎特最喜欢的艺术家安东尼·华托的贡献是最大的。他经常住在克罗扎特豪华奢侈的住所中，并在那里画画。在早期的绘画生涯中（约1709年），华托致力于描绘在沙发上的肢体语言及时尚人物的肖像。在这之后（大约1710年），他很快地开始描绘坐在草地上的女性形象的绘画，依次出现的便装从晨衣到披风再到沃尔特长连衣裙都在她们身上体现出来。不久之后（大约1712年），华托的作品开始关注衣着和举止都相似的女性。第一幅这样的画作可能是《视角》（现在保存在波士顿博物馆的美术馆里），画中的草地其实是克罗扎特的郊外住所——蒙特默伦西城堡。在画中，贵妇中只有一人站着，其他人都悠闲地躺在草坪上，仿佛这就是这个世界上最自在的举止，她们丝毫不在意青草会弄脏她们华丽的丝绸衣裙（会不会存在这样一种可能，奉公守法的克罗扎特不允许他的客人穿棉布衣服——或是不允许棉布衣服出现在他家的画师的作品中）。

躺在草坪上只是一种最普通的行为，这一观念在华托的《香榭丽舍》（大约1717年）中体现得更为明显。这幅画的背景是一片树木繁茂的区域，它紧挨着埃夫勒酒店的花园。油画主要描绘了处于画面前景中的四位贵族女性，她们身着开襟的华丽晨衣（1714年的凡尔赛宫的女贵族们经常这样穿）。我们还能在背景中瞥见其他的贵族妇女，她们同样享受着草地这个天然的座椅。在窗户边或者在花园散步期间，眼光独到的伯爵觉察到，这些时尚的贵族女士向每个过路者展示的一切都体现出：舒适时代不仅创造了一些史无前例的肢体语言，并且成功地将这些肢体语言变得与自然界的本能一样自然。

在接下来的几十年里，法国画家继续描绘这种场景：在他们的作品中，身着华服的人们打扮得十分漂亮，作品中的人物都出现在草地上，仿佛这才是世界上最舒服的沙发。就连喜欢描绘长沙发和座椅的特鲁瓦，他的与《爱的宣言》和《吊袜带》一同展出的还有一幅画作，这幅画面的前景处是一个在草皮床上熟睡的人。1737年，卡勒·梵鲁接到了国王的一个命令，即画一幅挂在路易十五位于枫丹白露城堡的小套房的餐厅中的画像。在所画的作品中，他选择了一个适合皇家的狩猎狂热者的主题：一群狩猎者吃午餐的情景。画中的贵族女士身着专门的骑射装，紧紧地束在腰间的短上衣的上面有漂亮的挂小弓的结。因为所有的狩猎者都坐在地上，他们准备一头扎进装满火腿、野味派和烤兔子的野餐篮里，所以她们鲜艳宽大的丝绸裙子铺在了地上。

在18世纪30年代到40年代，尼古拉斯·朗克雷和布歇先后拓宽了这种休闲举止出现的场景，他们的作品延伸到了描绘公园的周末景象。朗克雷创作了一系列的画作，其中的一幅目前被珍藏在华盛顿国家美术馆里，这幅画描绘了著名的芭蕾舞者在做即兴演出，而观众们几乎都躺在了地上。芭蕾舞者明显受到了当时流行趋势的影响，为了取悦观众，穿着短裙和裙箍的她们正快速旋转。布歇将赤脚融入了作品，从此以后，腿部作为新的性感区域备受人们的关注。他将自己的很多作品都称为田园牧歌,因为它们代表了牧羊人和牧羊女(其中许多人物的装束实际上与法国连衣裙很相似)在公园草地上光着脚散步时的场景。

布歇也将公园里的沙发姿态发展到鼎盛时代。我们知道,庞巴度侯爵夫人是所有座椅家具的提倡者和拥护者,不管这些座椅的使用地点是在室内还是室外,她都一律支持。在贝尔维尤城堡[11],她亲自与她的园林设计师拉苏朗斯和加尼叶·迪索一起规划了唯一有史料记载的草皮沙发的建造过程:"他们正在为她准备一个简朴的宝座,这个宝座用沙砾和草皮制成。"1758年,布歇为她画了她坐在这个简朴宝座上的肖像:其实,她的姿势与她之前在沙发床上半躺的姿势如出一辙。尽管她这次靠在布满鲜花和绿草的天然的座椅上,但她的姿势与之前自称为模特的蒙特斯庞侯爵夫人画像中的姿势非常相似。这一次,她不再将胳膊支在厚厚的垫子上,而是支在一叠被翻得极其破旧的书上。布歇又一次将庞巴度侯爵夫人塑造成那个时代的代表。大自然是一张巨大的沙发,并以其无与伦比的舒适惬意欢迎人们拿着一本好书蜷进里面。

同时,在18世纪中期,达福特·谢夫尼伯爵对新式的肢体语言进行了评论。他认为,同时代的法国画家(他特别提到了布歇)重新定义了"理想美"[12]。这个重新的定义也许就来自于新式的肢体语言。在沙发姿势的影响下,艺术家们将注意力从永恒的理想化的躯体转移到完全不同的、具有时代性的身体上来。以《浴室里的女人》(《La toilette》,约创作于1716年)为例,华托似乎创造了现代裸体画。对于女性身体的描绘仿佛一下子从严肃的宗教神话氛围(这种严肃使现代人怀疑其是否是女性的真实写照),转移到对熟悉的生活中的人体的随意描摹上来了。

这幅画因以其平凡的生活为题材而特别引人注目。我们从画中看到,在一间新式的内室里,躺椅上有这样一个女人:她赤裸着身体,但她的姿势并不是马奈式(绘画风格上的自然主义——编者注)的公然挑逗姿势。她的形象与德加画作中那些洗完澡正在擦拭身体的略显局促的女性一样,她侧躺着,为了快速穿上无袖衫,她的胳膊伸到了头顶上。在这幅画的背景中,我们还看到一个女仆,但是她并没有来帮忙。画面中的女人正在安静地思考,她的身体形成了一条自由的曲线:她似乎正陶醉于自己穿衣服的自由中。

实际上,她的身体代表了一种新的理想美,也表现了一种独特的魅力。这种魅力并不是体现在僵硬刻板的姿态上,而是体现在漫不经心的动作中。它体现在一个女性可以随意地做出局促的动作(将衣服从头顶套进去从来不是最优雅的动作),因为她处在私密和舒适的环境里。它还体现在这位身体可以如此自由自在和轻松惬意的女士身上。通过对自由舒适的裸体的描绘,华托为后来所有沙发姿势的出现铺平了道路,就像特鲁瓦的《爱的宣言》开启了这样的研究一样:他暗示了为什么法国人不像欧洲其他国家的人那样使用家具。

舒适椅的设计者胡伯说:"像英国人那样笔直地坐着是让人非常疲惫的姿势。"[13]据胡伯观察,18世纪的法国人不会轻易疲惫或生病,因为家具让他们避免了英国人忍受的那种痛苦。华托进一步表明舒适革命的推动力来自于身体对座椅家具的需求。在这些新式房间里,处于现代便利设施雏形的人们,开始体验到他们身体里一种从未有过的舒适感。舒适时代的所有创造——从新款的家具到新式的衣服,都是为身体的舒适感而量身打造的。

尾声　生活的艺术

　　1743年，就在阿瑟·戴维斯为布尔先生及其夫人绘制画像前，赫拉斯·曼恩爵士①就曾在给赫拉斯·沃波尔的书信中感叹了布尔家那死板、正统的英式画室（见彩页）："肯定没人像我们一样缺乏对生活的艺术的理解了。"这两位通信者会毫无疑问地同意他们的同胞在18世纪30年代（舒适年代的标志性成果——从内部建筑到内部装饰，再到衬垫饱满的座位，已经成为焦点）已经开始表露的情绪：弥补英式风格不足之处的唯一方法就是模仿法国，因其已经给了全欧洲一个主调。1790年，阿瑟·杨②为所有亲身体验了巴黎生活方式的人们所共有的态度提供了一个简明的阐述："在生活的艺术上，法国风格已为全欧洲普遍推崇，已经达到最高水平。"

　　"生活的艺术"这个词曾在18世纪被很多人用来概括他们看到在自己的国家缺乏而在法国却辉煌展现的所有一切，现在已不再常用了。然而在那时人人都知道"l'art de vivre"（生活的艺术）这个在18世纪早期首次被广泛使用的法语表达的意义。它最明显的意思是指舒适时代最有代表性的发明如内部装饰和新式家具之类，也指法国自从17世纪70年代设定了其步法的两个领域：美食和服装。那些精通生活艺术的人们沿用了法国美食和服装、家具和装饰的风格。

　　然而，它们也传达了一种有形的资产的感觉。例如，阿瑟·杨在他对法国的评论中继续说道："他们的礼节相应地比其他任何国家都更多地被模仿，他们的习俗被更多地采用"。因此，在舒适年代的晚期，人们普遍认为家具和装饰极大地改变了人们的行为举止，而且通过新式的家具设计和原创的内部装饰，法国的建筑师和工匠已经改变了礼节，甚至习俗（做事的标准行为或习惯方式）——不仅是在法国，而且是在法国样式被采用的所有国家。这个有着私人房间、沙发、白色的天花板和不太正式的服装的国家对全欧洲人的习惯有重要的影响，这点因此成为"生活的艺术"的第二维度。法国的评论家们却认为这个概念仍有更复杂的含义。

在法国，当家和家的内容在被重塑的时候，很多东西也跟着在变化。最显著的是启蒙运动作为一个全新的哲学和政治运动正在成形的年代。启蒙思想家见证了倡导启蒙运动事业的一部著作的出版。传播启蒙运动思想的必不可少的人际关系网和策略在当时都已被准备好，启蒙思想的根基也已被打好，这个纪念碑式的作品的精髓以及这个运动的目标和哲学都被记录了下来：这些构成狄德罗和达朗贝特的《百科全书》（1721—1772年）的十七卷大开本的文字和十一卷整页插图（后来的一个附录增添了四卷文字和一个整页插图）。

《百科全书》与舒适的发明被复杂地纠缠在一起。首先，两个工程共有很多贡献者。也许，最显著的是雅克·弗朗索瓦·布隆代尔，一个以他的建筑平面图的选集和他的论文记录了现代法国建筑成就的繁荣的建筑师。布隆代尔负责《百科全书》中与建筑和室内装饰相关的条目，因此保证现代法国建筑和设计得以作为现代家居的进步视点被推广给《百科全书》的国际读者。

其他的合作虽然不那么正式，但不失其重要性。"舒适"的每个发明的坚定拥护者之一庞巴度侯爵夫人，同样也是《百科全书》的坚定拥护者；在《百科全书》的反对者们成功让其停止出版后，同样不知疲倦地竭力劝说路易十五允许它继续出版。她的两幅著名画像——分别由昆迪恩·德·拉·杜尔于1755年和布歇于1756年所画，《被选的侯爵夫人》的油画被展示在《百科全书》的大开本文卷里；在布歇所作的画中，在写字台下的大开本的书显眼地与侯爵夫人的盾形徽章挨在一起；昆迪恩·德·拉·杜尔所作的画像的标题可从书脊中破译。这两幅画像都被放在卢浮宫展示给公众，并因此成为她在《百科全书》陷于批评者最猛烈炮轰的时刻对其事业的忠诚拥护的非常明显的标志。侯爵夫人在画像中可以不穿棉布衣服,但为了支持进步的出版物,她毫不犹豫地穿上了棉布衣服。

此外,就其本质而言,《百科全书》与舒适的创造者的观点一致。它的副标题——科学、艺术与工艺详解词典说明了一切:狄德罗和达朗贝特把在住宅中使用了现代装饰和家具的工匠与手艺人放到与科学家和艺术家平等的位置上[3]。《百科全书》描写当代法国工匠作出的贡献与描写当代法国科学家和艺术家作出的贡献的笔墨一样多。确实如此,考虑到它一步一步地以图文并茂的方式解释如做丝带、做家具等多种多样的工艺——室内装饰师的店铺的阐释就是这样的一个整页插图——甚至可以说《百科全书》把最显著的笔墨用来描写当代法国工匠在各领域作出的进步了。

当然,进步是启蒙运动时期的流行词,是百科全书派在他们身边看到并为他们的读者恰当绘制出的、由各领域的发展改进带来的、后世希望的最明显标志。这意味着被视为生活艺术必不可少的每个成就——从新式的座椅到新式的自来水,也被视为启蒙运动的扩展。这点在一个词汇成为现代语言的早期——在Encyclopédie(《百科全书》)开始发表时被广泛使用。

在"文明"逐步在法语中获得认可的过程中,它的概念经过了三个阶段。最初,它意指使个人变得社会化的过程——就是能够在社会中很好地生活,善于社会交往。接着,它变成意味着作为一个社会能够前进到物质、社会和文化发展的一个更高水平的结果的进步。最终,到了《百科全书》的最后一卷面世时,这个词也被用来表明我们谓之civilization(文明)的涵义——即一个以物质、社会和文化进步为特征的社会。

文明(Civilization)的现代涵义与《百科全书》(Encyclopédie)的发展并不是偶然。进步的观念对它们两个都至关重要,艺术和物质的同时进步导致社会进步这个观念对它们也同样重要。18世纪的下半叶,全欧洲的思想家想当然地认为日常生活条件的进步(更为方便,更为舒适)是一个社会文明程度必不可少的证据。

因此标志着舒适时代的所有发明——从它的精品如"分支"或室内,到现代建筑,再到不那么明显的大窗格的窗户,它们毫无疑问地都被当做18世纪法国的高度文明的证据而展示。不是所有人都使用civilization(文明)这个新兴的词语;像曼恩一样的人称其为art of living(生活的艺术)④,还有人将它称之为moeurs(风俗)、mores(习惯)或customs(习俗)和usages(惯例)。然而,人们一致认为,伴随着当代科学、医学发现和当代法国艺术和文学的卓越,人们住宅中更加明亮,更加舒适、便利的家具使法国在成为古希腊的继承人,以及成为一个正在教化欧洲的国家这两点上发挥了作用。

Art de vivre这个词组代表"生活的艺术",正如18世纪使用它的人所知道的那样,它是指拉丁语中的 ars vitae 或者 ars vivendi,它是由希腊斯多葛学派中的一个概念翻译而成的。古语中的"生活的艺术",就像18世纪的一样众所周知,有一个哲学立场:一种使个人凭借它得以运用理性思考(有别于宗教信仰)的内在心灵状态。新词Art de vivre 更新了这个概念。那些使用这个词的人并不认为把装饰艺术和手艺归入其涵义的范畴有什么不妥;他们主张个人只有处在舒适的环境中才能真正地进行理性思考。启蒙运动的价值观和舒适观念的同时传播更证实了这个观点。

伏尔泰在《百科全书》里说"每个国家都有一种特征,如今,法国的目标是成为欧洲最文明的国家与其他国家的楷模"⑤。情况正是如此,因为法国那种舒适风格为全欧洲所喜爱。(伏尔泰当然是这种事上某种程度的专家:弗朗索瓦·德·格拉菲格尼⑥曾于1738年12月在伏尔泰和埃米利·夏特莱夫人的府上做客,在描述这一经历的信中还赞美了他们为使牛顿在说法语的国家更有名所做的努力和锡莱城堡的建筑与内部装饰——它可爱的浴室和壁龛式卧室筑成的迷人"小巢"。)

具有讽刺意味的是,伏尔泰在一篇题为《法国人》的文章中阐述了上述观点,因为这种对法国文明的信仰根本不是一种宣扬民族主义的形式。实际上，所有欧洲人都拥有这种信仰，最早的这批人觉得他们是欧洲公民或世界公民，而不只是一个特定国家的公民，最早的这批人可以用现在逐渐流行起来的一个词来形容他们自己，即"世界公民"。事实上，将法国文明的作用看成新希腊的这一信仰在增强欧洲意识方面扮演着至关重要的作用，而这种作用一直持续了一个多世纪：1888年12月尼采⑦写给奥古斯特·斯特林堡的信印证了这一点，"没有任何文化能与法国文化媲美……不可避免地，它就是合适的"。

伏尔泰的追随者甚至给出了更雄心勃勃的主张，他们也更加强调物质享受在文明进程中的作用，随着18世纪的深入，这些物质享受越来越不是社会最富裕阶层的特权，法国的普通人也开始享受这些家具带来的便利。因此，路易·安东尼·卡拉乔利侯爵，以及驻凡尔赛宫的那不勒斯大使，在一篇题为《欧洲理性之旅》⑧中说：艺术和科学的进步在整个欧洲遍地开花，创造出一群新型的欧洲人，即"世界公民"。这显然意味着社会发展的较高程度："欧洲的所有国家现在都变得更为开化。"卡拉乔利侯爵随后解释了这种情况出现的原因。他特别指出："在文明发展进程中，最小的事物也有其意义，那些穿着法国服装的人们开始逐步模仿法国人的语言和举止。"也许这个意大利世界主义者是第一位在出版物上声称，为了更文明而践行法国式生活方式的人。

四年之后，在同样形式的名为《论路易十五统治时期艺术和人类理性的进步》一文中⑨，居丹解释到："在路易十五统治时期，人类理性几近完美的同时，以令人瞠目结舌的飞速——舒适取代了华丽。房屋布局、室内装饰、灯光、取暖都已经变得如此完美，似乎我们今天享受到的舒适度不可能再被超越。"他特别强调了他所称的"机械艺术"，比如他写到："发明抽水的机器和设想新的悲剧概念要花费同样多的精力。"精巧物品和舒适艺术的同时"进步"反过来又意味着法国人创造了一种真正的"行为科学"，从而使他们的优势得到整个洲的认可。瑞士人、意大利人甚至连英国人都承认，优雅的法国举止正在逐步占有一席之地。同样是在1776年，卡拉乔利侯爵也发表了同样的言论："拥有了舒适而方便的法国床和桌子的结果就是欧洲已经法国化。[10]"

在这之后的一年，卡拉乔利侯爵的论述三部曲以《巴黎，其他国家的典范》收尾，在这篇文章里，他比以往更为直截了当地阐述：舒适时代在改变人们日常生活方式的同时，也改变了欧洲人的思考方式[11]。在1700年之前，欧洲人只注重华丽而从不考虑舒适问题，而现在，源于巴黎的新发明和新的生活方式使世界的罗盘，即旧的行为方式——意大利的豪言壮语，德国人的礼仪规章，西班牙的傲慢自大都败下阵来。现在，因为有了这个世界上最舒服的国家的存在，产生了一种普遍的欧洲风格："欧洲人正在学会放松。人们以为他们只是接受了一种新的穿衣风格，其实他们的风俗和习惯也随着他们的衣着而发生了彻底的变革。"

在接下来的十年间，欧洲人听到了来自各方面的关于这个观点的各种论调。例如，私生活的最初记录者勒·格兰特·奥西[12]向他的读者解释说：建筑、家具和服装等多种因素造就了法国人的思维方式。法兰西生活方式较之其他生活方式的优越性现在已经被广泛认可，于是，为了更像法国人，"被启蒙"的欧洲人正接受着源于法国的室内艺术，拥护着这些文化带来的舒适生活。1784年，安东尼·德·瓦洛尔指出：来自于法国生活艺术的强大吸引力使法语成为欧洲的通用语："法国现在正行使着统治权，这是任何国家从未享受过的权利。"思想的成就和能工巧匠的作品的双重影响将欧洲置于法国的统治之下。

现在你了解了哲学和家具的联合、启蒙运动和舒适的联合，作为同样文明发展进程的一部分的信仰，使欧洲变得更为理性，更为随意。法国创造了最早的现代文明，最早被那些新创造的词所提及的文明，因为法国人不但教授了他们的欧洲同胞们怎样启迪思想，还教授他们怎样使自己的身体感到更为舒适。

根据法国生活艺术拥有的文明力量来制定目标的那几年，是启蒙运动的鼎盛时期。例如博马舍的亲密合作者居丹等美国独立战争的支持者认为1776年前后的这一时期就其自身价值而言是一个胜利。（这样的时间选择就解释了在所有关于舒适对欧洲的开化作用的探讨中，为什么英国被视为唯一勉强接受法国方式的国家。）1784年，在大事宣扬新计划的时候，没有人会料到，一些事件正一触即发，而这些事件最终证明是对启蒙运动作为开化力量的荣誉，以及舒适生活艺术的积极作用的荣誉的最大挑战。法国大革命期间及之后，这些舒适时代的建筑遭到了大规模的破坏——从建筑物到家具再到水管线路。法国大革命刚结束之后，舒适文明又经历了一个又一个充满波折反复的衰退期。

　　一些地方又相当快速地活跃起来。例如，室内装饰和家具设计的技工又很快恢复工作。专家们认为他们生产出的新家具已不再舒适——它们垫得又软又厚，不能给予合适的支撑力。很快，装饰也变得异常烦琐，但是这个领域至少幸存了下来。在大革命结束不久，至少有一个领域较之大革命前的状况来说有所发展：在18世纪90年代，出现了一种新的壁炉，这是英裔美国人本杰明·托普森——即拉姆福德伯爵的作品，被宣传为期待已久的能解决壁炉边烟熏的方法，这种壁炉（历史学家认为拉姆福德壁炉并没有彻底解决烟熏问题，这种壁炉的设计比戈热设计的款式要差很多）很快被广泛地传播开来。

　　在很多领域中，舒适曾占据了主导地位，人们采用那些古老的生活方式的时间都很短暂。例如，在19世纪早期的巴黎，有一些大的浴室（因为没有完整的文字记载，所以我们不确定里面是否真的装有自来水）。但是到19世纪30年代为止，所有的室内卫浴设备都消失得无影无踪。从此以后，那些住在巴黎最豪华的住所中的人们，他们的生活设施较之一个世纪前的先人们，舒适和方便水平相去甚远。很快，英国人成为舒适领域的领导者。随着时代的进步，他们重新开发，获得新的专利。而这些只是早在18世纪就已经应用的设备的更为精密的实用版而已。这些新的设备很卫生，较之它们所取代的设备有很大的进步，但是个人卫生不再是一种享受。三个世纪过去了，舒适时代对于舒适的标准和定义又一次被人们展示了出来。

沙发和书桌是否真的有可能传递了一种哲学启迪呢？随意的姿势和有着舒适坐垫的椅子在文明的传播中能起到作用吗？休闲的高级时装真的服务于启蒙运动吗？我只能说在法国大革命之前的数十年里，欧洲人似乎觉得这样的理由貌似绝对正确、可信。在达福特·谢弗尼伯爵[13]的回忆录中，他描述了巴布罗·德·奥拉维德·哈乌雷吉这一典型的启蒙运动改革者在1760年左右怀揣着将西班牙从深陷的黑暗中拯救出来的目标来到巴黎。他自然地将大量的书籍带回家，而他同时几乎将巴黎最美丽的家具一扫而空，然后装船运回了马德里[14]。同样的理由也可以解释杰斐逊1789年从法国返回美国时在蒙蒂塞洛添置的称心如意的卧室家具，以及他一路从巴黎带来的四把围手椅和两把躺椅（还有44把各式各样的椅子，大多数椅子都有圆形靠背）。在他的心目中，也许它们不仅仅是简单的装饰选择。他从它们身上看到了思想价值和生活的艺术，这或许就是他来巴黎的原因。总之，这些家具和装饰有力而又如此谦逊地纪念着这座曾经创造了新的生活方式的城市。

鸣 谢
Thanks

  包括历史学家、馆长、档案保管员,以及独立学者在内的许多人都与我分享了数据、图片、见解和参考文献。如果没有他们的慷慨相助,如果不是以已经创立的相关的学术团体作为基础,我将永远无法完成这本书。

  从一开始,以下两位建筑师就为我提供了巨大的资源。艾伦·奇马科夫回答了我的各种各样的问题,为我提供了尽可能多的我可能会使用到的具体实践,甚至还使用了图像处理软件。艾米·加德纳提出了很多不错的问题,并愿意阅读我的初稿。

  一些对博物馆世界一无所知的人迅速地走到了尽头。然而,所有的门都在迈克尔·弗里德面前敞开,并且他也仁慈地用其中的一些关键部分启发了我。已故的菲利普·柯尼斯比馆长是具有慷慨的学者风度的典范。他总是有求必应,并总是帮我找到最合适的人选。科林·贝利在一个紧要关头挽救了大局,基思·克里斯滕森则在另一个紧要关头挽救了大局。菲力浦·波尔德回答了关于肖像画的问题。克里斯汀·米歇尔在面对许多信息请求的时候都非常有耐心。尼古拉斯·米洛瓦诺维奇为我展示了凡尔赛宫中的一些隐蔽的角落。昂·德·托瓦希·达莱姆为我介绍了在茹伊·昂·乔纳斯的棉布博物馆。帕斯卡尔·古尔盖·巴列斯特罗为我开启加列拉博物馆的储藏区。伯特兰·朗德为我展示了惊人的敏锐感,以及对装饰艺术博物馆中家具收集品的一个经过精心准备的游览。奥雷耶·塞缪尔为我介绍了吉美博物馆中的纺织收藏品。韦罗尼克·贝罗带我参观了装饰艺术博物馆中的藏品,这也许会成为我的学术生活中的一个绝佳的经历。她为我展示了我正需要去寻找的服装,以及我可能会遗漏的一些细节。我非常感激这些与我接触过的人,他们看起来就像是认识法国博物馆中的每一个人;同时我也非常感谢在这些年来一直不断帮助我的一个人——芭芭拉·斯帕达奇尼·达伊。

几名学者为我解答了一个我发现特别难懂的主题——印度纺织品的一些问题,他们分别是阿迪蒂亚·贝尔、黛博拉·克拉克和泽维尔·佩蒂克尔。我想感谢他们所有人,因为他们为我提供了宝贵的意见并帮助我识别纺织品。山迪·罗森博姆帮我联络了这个领域的专家。

我非常感激皮埃尔·弗雷-布拉克尼耶大厦和乔治·勒·玛纳克大厦,因为他们允许我在他们的收藏品中复制历史上著名的纺织品。皮埃尔·弗雷-布拉克尼耶大厦的档案保管员索菲·鲁亚尔亲切地为我展示了他们的收藏品,并提供了关于每个收藏品的年代、日期方面的信息。乔治·勒·玛纳克大厦的安妮·百欧斯·杜普兰欢迎我去他们的大厦,因为我可以在那里以拍照的方式记录下他们的收藏品。而且阿兰·达拉曼是一位完美的摄影师。

对我的研究来说,没有哪一个图书馆比巴黎的阿森纳图书馆更有价值——这并不值得惊奇,因为这个图书馆储藏了曾经在私人生活的早期历史发展中受到委托的人—保洛米侯爵的收藏品。萨比娜·科隆凭借他们所收藏的大量的雕刻品提供了最慷慨的帮助。在宾夕法尼亚大学的范佩特图书馆的第六层工作的每一个人都用各种各样的方式为我提供了帮助,正如他们经常做的事情一样。我要将最特别的感谢送给琳妮·菲林顿和约翰·波拉克,为了他们对收藏的作品的扫描。尚蒂伊城堡中档案室的总馆长艾曼纽·托莱,在对勃艮第公爵夫人的研究上给了我极大的帮助。在蒙蒂塞洛分校的伊丽莎白·迟伍善良地为我提供了杰斐逊在格雷万的财产装箱单的一份复印件。沃兹登庄园的普洛克为我提供了他们收藏品中的关于商业名片的信息。我也同样要感谢克洛伊·威格斯顿·史密斯,因为她发现了那些能引发我的兴趣的名片。

几个同事也为我解答问题、提供参考书目,以及教我度过灰色地带。和平常一样,丹尼斯·罗切是信息的一个显著的来源。在涉及从座椅到家具商的主题方面,大卫·里德巴罗是一个朝气蓬勃的谈话者。英国的肖瓦尔特帮助我找到与弗朗索瓦·德·格拉菲格尼的著作一致的参考书目。并且克里斯汀·诸豪德在所有的方面——从解释难懂的18世纪手稿到翻译复杂的18世纪文件等方面都对我进行了帮助。

让·尼利亚·罗恩弗尔真的是自成一派。没有人对法式家具的了解能够比他多，而且没有人能够比他更慷慨地与人分享所有的知识——从详细的技术方面的信息到详细的家具方面的信息。他也用他巨大的个人资料库来为我查找房地产的详细目录。

兰斯·唐纳森-埃文斯和杰里·辛格尔曼阅读了我的草稿，回赠给我一个笑容，并且提出了极好的修改建议。安妮·吕坦和阿尔克纳·奥尔布赖特提供了专家级的研究帮助。凯西·贝尔登的阅读引导我完成一个最终的转变，而且还引导我对手稿的几个部分进行了重新思考。爱丽丝·马爹利也是一个完美的读者：没有人能够比她更加细心，她在努力实现自己想法的同时，还鼓励方案被否决的设计师。能够和她一起工作我感到非常幸运。

查理·赖茨曼夫人亲切地允许我研究她所收藏的一些作品。孔塔德侯爵夫人向我开放了她的住宅，并且带我参观了蒙特杰弗罗伊城堡中的私人房间，这也是少数几个将舒适时代的建筑、家具和室内装饰完整地保存下来的地方之一。当我稍稍在那里停留一会儿，独自站在一个由18世纪的建筑师设计的精致的室内门厅中的时候，我理解了为什么我在编写这本书的几年里会有一种压迫感。

最后（在这种情况下，最后并不意味着最不重要），没有哪个学者能够比维多利亚博物馆和艾伯特博物馆的四位馆长更加慷慨地，或者说是更加明智地将他们的时间和专业知识与我分享。莱斯利·米勒设计了我的访问，给了我关于18世纪纺织品的亲身实践的经验，并在这几年间继续帮我提供复杂的例子。安东尼亚·布罗迪为我提出的答案作出了非常有思想的回答，而且花了一下午的时间陪我待在收藏室中，为我讲解法国和英国的家具是如何操作的。萝丝玛丽·克利尔将她对印度纺织品的热情和渊博的知识用一种极其富有耐心的方式传给了我；她总是愿意帮助我分析非常难懂的例子。苏珊·诺斯帮助回答我的问题、帮助我解决时尚历史中的难题，并且乐意阅读我的部分手稿。他们带有学者风度的慷慨远在他们的职责范围之外。

费城　2008年9月12日

图 注

〔1〕《克拉涅城堡前的蒙特斯庞侯爵夫人》，根据亨利·嘎斯卡同名画绘制，1765年。佚名。图片来源：法国国立图书馆。

〔2〕皇家建筑师雅克·弗朗索瓦·布隆代尔设计的一豪华公馆的底层图纸。出自于《百科全书》。图片来源：宾夕法尼亚大学范·佩尔特图书馆稀有书籍与特藏区。

〔3〕克洛德·普罗斯贝尔·若洛佑·德·克雷比永（小克雷比永）的作品《夜晚与时刻》，1755年，临摹画师佚名。图片来源：宾夕法尼亚大学范·佩尔特图书馆稀有书籍与特藏区。

〔4〕"可以放书籍以及一些自然史方面著作的带有壁柱与壁橱的收藏室立面图"。雅克·弗朗索瓦·布歇，出生于1750年。现藏于巴黎历史图书馆。图片来源：杰拉德·雷利斯。

〔5〕《夏天的快乐》，1744年。作者：B.佩特/L.瑟汝格。私人收藏。

〔6〕J.C.德拉佛思，《浴缸正面》，1760年。图片来源：帕特里克·洛雷特。

〔7〕让·马里埃特，《浴室的内部装饰》，1732年。法式建筑。图片来源：宾夕法尼亚大学范·佩尔特图书馆稀有书籍与特藏区。

〔8〕安德烈·雅各布·胡伯，各种浴缸的平面与立面图，1769年。现藏于巴黎历史图书馆。图片来源：杰拉德·雷利斯。

〔9〕《浴者》，1767年，佚名。现藏于巴黎历史图书馆。图片来源：杰拉德·雷利斯。

〔10〕雅克·弗朗索瓦·布隆代尔的《阀门装饰部位的平面与侧面图》，1738年。现代风格。现藏于巴黎历史图书馆。照片来源：杰拉德·雷利斯。

〔11〕雅克·弗朗索瓦·布隆代尔的《阀门所处位置外观图》，1738年。现代风格。现藏于巴黎历史图书馆。图片来源：杰拉德·雷利斯。

〔12〕安德烈·雅各布·胡伯所画的各种沙发椅的平面、截面、立面图，1769年。现藏于巴黎历史图书馆。图片来源：杰拉德·雷利斯。

〔13〕扶手椅式抽水马桶及其零部件，1786年。出自皮埃尔·基罗《便携式厕所》。图片来源：帕特里克·洛雷特。

〔14〕让·马里埃特，《若克劳尔公馆内的壁炉装饰——建筑师勒·如克斯的设计图》，1732年。现代建筑风格。现藏于巴黎历史图书馆。图片来源：杰拉德·雷利斯。

〔15〕高杰改进后的火炉设计图局部。火炉配备有装饰作用的壁炉台。出自尼古拉斯拉·高杰的《火炉的设置》，1713年。现藏于宾夕法尼亚大学范·佩尔特图书馆稀有书籍与特藏区。

〔16〕克洛德·吉优所画的《葛里翁》，1719年。图片来源：帕特里克·洛雷特。

〔17〕安德烈·雅各布·胡伯所画的凹型椅背的扶手椅的平面、截面、立面图，1769

年。图片来源：帕特里克·洛雷特。

〔18〕 J.C.德拉佛思所画的沙发躺椅，1768年。图片来源：帕特里克·洛雷特。

〔19〕 J.C.德拉佛思所画的可分为三部分的沙发躺椅，1768年。图片来源：帕特里克·洛雷特。

〔20〕 让·迪艾·德·圣让所画的《双人沙发上的贵妇》，1686年。图片来源：帕特里克·洛雷特。

〔21〕 安东尼·特鲁万所画的高背扶手椅上穿便服的布隆公爵夫人，1690年。图片来源：帕特里克·洛雷特。

〔22〕 让·马里埃特作品，1690年。图片来源：帕特里克·洛雷特。

〔23〕 安东尼·特鲁万所画的罗昂公主，1696年。图片来源：帕特里克·洛雷特。

〔24〕 软垫家具店。商店内部摆设以及几种软垫家具款式。出自于《百科全书》。现藏于宾夕法尼亚大学范·佩尔特图书馆稀有书籍与特藏区。

〔25〕 J.C.德拉佛思所画的土耳其式长沙发，1768年。图片来源：帕特里克·洛雷特。

〔26〕 J.C.德拉佛思所画的造型独特的长沙发椅，1768年。图片来源：帕特里克·洛雷特。

〔27〕 安德烈·雅各布·胡伯所画的一些大沙发椅的立面图，1769年。现藏于巴黎历史图书馆。图片来源：杰拉德·雷利斯。

〔28〕 雅克·弗朗索瓦·布歇所画的餐具橱立面图，1750年。现藏于巴黎历史图书馆。图片来源：杰拉德·雷利斯。

〔29〕 安德烈·雅各布·胡伯所画的梳妆台与床头柜的平面、截面、立面图，1769年。现藏于巴黎历史图书馆。图片来源：杰拉德·雷利斯。

〔30〕 朱斯特·奥利莱·梅森涅尔设计，噶布列拉·余凯制作的比林斯基伯爵定制的沙发椅，1735年。现藏于巴黎历史图书馆。图片来源：杰拉德·雷利斯。

〔31〕 巴贝尔所画的门的上部与顶部装饰，1751年。出现于《乡村房屋建造的艺术》。现藏于宾夕法尼亚大学范·佩尔特图书馆稀有书籍与特藏区。

〔32〕 雅克·弗朗索瓦·布隆代尔所画的从餐具橱方位看餐厅的装饰，1738年。出自《现代风格的建筑》。现藏于宾夕法尼亚大学范·佩尔特图书馆稀有书籍与特藏区。

〔33〕 巴贝尔所画的细木护墙板，1751年。出自于《乡村房屋建造的艺术》。现藏于宾夕法尼亚大学范·佩尔特图书馆稀有书籍与特藏区。

〔34〕 皮埃尔·帕特所画的木工活儿细节。大小方块的窗玻璃，1771年。出自雅克·弗朗索瓦·布隆代尔的《建筑课》。现藏于宾夕法尼亚大学范·佩尔特图书馆稀有书籍与特藏区。

〔35〕 凡尔赛风格的镶木地板。出自于《百科全书》。现藏于宾夕法尼亚大学范·佩尔特图书馆稀有书籍与特藏区。

〔36〕 埃夫勒公馆的豪华房间，1732年。出自于让·马里埃特的《法国建筑》。现藏于宾夕法尼亚大学范·佩尔特图书馆稀有书籍与特藏区。

〔37〕 雅克·弗朗索瓦·布隆代尔所画的卧室的装饰图（床是凹进去的），1738年。出自于《现代风格的建筑》。现藏于巴黎历史图书馆。图片来源：杰拉德·雷利斯。

〔38〕公爵夫人床。出自于《百科全书》。现藏于宾夕法尼亚大学范·佩尔特图书馆稀有书籍与特藏区。

〔39〕 壁龛床。出自于《百科全书》。现藏于宾夕法尼亚大学范·佩尔特图书馆稀有书籍与特藏区。

〔40〕 土耳其床。出自于《百科全书》。现藏于宾夕法尼亚大学范·佩尔特图书馆稀有书籍与特藏区。

〔41〕 雅克·弗朗索瓦·布歇所画的护墙板装饰与小客厅的壁龛床，1750年。出自于巴黎历史图书馆。图片来源：杰拉德·雷利斯。

〔42〕 皮埃尔·勒·波特、F.德拉芒斯、G.方太尼尔所画的凡尔赛花园的喷泉，1714年。手绘彩版画。图片来源：帕特里克·洛雷特。

〔43〕 有裙箍的裙子，1725年。佚名画。图片来源：帕特里克·洛雷特。

〔44〕 让·马里埃特所画的巴黎歌剧院跳舞的马斯汀小姐。出现于17世纪80年代 或 17世纪90年代年代。图片来源：帕特里克·洛雷特。

〔45〕 路易·奥贝特与小皮埃尔·杜甫罗所画的《情书》，1755年。私人收藏。

〔46〕 让·麻古勒的名片。其人为女王的御用刺绣工。他在17世纪90年代早期从事蚀刻与绘画工作。瓦德斯顿·马诺友情提供了琼恩·尚德的照片。

彩图：

❶ 让·弗朗索瓦·德·特洛伊，《爱的宣言》，1725年，私人收藏。

❷ 阿瑟·德维斯，《埃塞克斯的理查德·布尔夫妇》，1747年。现藏于纽约大学美术学院。照片提供：约什·乃夫斯基。

❸ 扶手椅，1705—1710年，皮埃尔·克罗扎特定制。佚名。现藏于卢浮宫博物馆。图片提供：国立博物馆联盟、丹尼尔·阿诺德。

❹ 路易·托克，《玛利亚·雷金斯加的肖像画》，1740年。现藏于卢浮宫博物馆。图片提供：国立博物馆联盟、杰拉德·布罗特、克里斯丁·让。

❺ 费朗索瓦·布歇，《庞巴度侯爵夫人的肖像画》，布面油画，1756年。图片提供：慕尼黑的阿尔特·皮纳扩泰克、皮纳扩泰克·布罗尔、格纳姆·阿托泰克。

❻ 让·弗朗索瓦·德·特洛伊，《在沙龙中阅读》，1728年。私人收藏。

❼ 飞扬裙，1730年，现藏于巴黎时尚与纺织博物馆装饰艺术区。图片提供：洛朗·叙立·若尔莫。

❽ 让·弗朗索瓦·德·特洛伊，吊袜带，1725年，私人收藏。

❾ 印花棉布，1750年。现藏于乔治·勒·马纳什收藏中心。图片提供：阿兰·当拉绵。

❿ 印花棉布，1740年。现藏于皮埃尔·弗雷·布拉克尼埃收藏中心。图片提供：阿兰·当拉绵。

⓫ 印花棉布，1750年。现藏于乔治·勒·马纳什收藏中心。图片提供：阿兰·当拉绵。

⓬ 印花棉布，18世纪早期，现藏于皮埃尔·弗雷·布拉克尼埃收藏中心。

⓭ 印花棉布，18世纪早期，现藏于皮埃尔·弗雷·布拉克尼埃收藏中心。

⓮ 拉瓦莱特丝绸，现藏于皮埃尔·弗雷·布拉克尼埃收藏中心。

BINLIOGRAPHY

参考文献

概述

① 《诺阿耶》卷二：186页。
② 《安托万》528页。
③ 《吕纳》卷十：439页。
④ 《法国信使》11页，1755年7月。
⑤ 《克劳利》142页。
⑥ 《美居》508页，1678年1月。
⑦ 凡埃芬的《琐事》155页，1718年7月11日。
⑧ 《达福特·谢弗尼》卷一：135～136页。
⑨ 《布里瑟》序言，728年。
⑩ 《温馨的家》92页。
⑪ 《达维勒》卷二：375页，1691年。
⑫ 《灵魂之都》57～58页；参阅《布隆代尔》卷四：123页，1752年。
⑬ 《视觉》175～205页。
⑭ 《发明者》卷二：271页，298页、483页、678页。1672年。
⑮ 《胡伯》卷二：607～608页、638页。在18世纪的法国发明舒适座椅时，参阅《起源》7页。
⑯ 《胡伯》卷二：18页～19页、615页。《安德里德的舒适生活》卷一：70～72页。
⑰ 《圣·西门》卷二：904页～905页。
⑱ 《灵魂之都》卷三：471页，1689年1月12日。
⑲ 《帕勒泰恩公主》361页，1981年。
⑳ 《发明者》卷二：22页。
㉑ 《帕勒泰恩》卷一：218页，1857年。
㉒ 《格拉菲尼》卷十一：383页，1751年。
㉓ 《克雷比永》44页，1736年。
㉔ 《百科全书》附录，卷四：303页。
㉕ 《法国的信使》卷二：225页。
㉖ 《盖特建筑》95页。
㉗ 《克雷比永》184页，1751年。

第一章 现代舒适生活简史

① 《圣·西门》卷三：361页。
② 《圣·西门》卷三：361页；《塞维尼》卷一：157页。
③ 《塞维涅》卷一：734页，1675年6月14日。
④ 《达维勒》卷二：331页，1691年；《布隆代尔》卷二：31～32页，1774年；《布隆代尔》卷三：87～88页，1771年；《梅济耶尔的宫殿》108页。
⑤ 《圣·西门》卷一：302页。
⑥ 《圣·西门》卷二：968～977页。
⑦ 《发明者》卷二：540页、1143页。
⑧ 《塞维涅》卷三：873页。
⑨ 《达维勒》卷二：362页、1193页。
⑩ 《帕勒泰恩》卷一：262页，1857年。
⑪ 《沃森》卷一：26页，1956年。
⑫ 《发明者》卷二：459页，2003年。
⑬ 《发明者》卷二：356页、1174页。
⑭ 《机密》49页。
⑮ 《金伯尔》59页。
⑯ 《塞维涅》卷二：881页、886页，1680年3月。
⑰ 《圣·西门》卷四：403页。
⑱ 《布莱》87页，1691年；《布莱》12～15页，1695年。
⑲ 《泽斯金》5～14页。
⑳ 《探索》卷九：251页，1707年1月20日。
㉑ 《圣·西门》卷十四：364页。
㉒ 《圣·西门》卷二：891～892页。
㉓ 《奥西尼公主》270页，1706年12月11日。
㉔ 《帕勒泰恩》412～413页，1999年。
㉕ 《圣·西门》卷四：408页。
㉖ 《霍姆斯》58～60页。
㉗ 《泽斯金》13页。
㉘ 《皮加尼奥尔》卷八：311页。
㉙ 《利维》20页。
㉚ 《巴罗伊》卷二：304～305页，1721年3月30日。
㉛ 《帕勒泰恩》597～598页，1999年。
㉜ 《巴罗伊侯爵夫人的信使》卷二：132页，1720年3月9日。
㉝ 《波斯快报》卷二：149页。

㉞ 《梅西埃》卷七：949页。
㉟ 《法律》卷三：401页。
㊱ 《皮加尼奥尔》卷一：31页。
㊲ 《巴罗伊侯爵夫人的信使》卷二：103页。
㊳ 《马里埃特图片》159～161页。
㊴ 《布赖斯》卷一：298～299页，1725年。
㊵ 《布隆代尔》卷三：120～121页，1771年。
㊶ 《布隆代尔》卷三：156～157页，1752年。
㊷ 《布隆代尔》卷一：267页，1752年。
㊸ 《圣·西门》卷六：576页。
㊹ 《帕勒泰恩》卷二：9页，1857年。
㊺ 《安托万》513页。
㊻ 《安托万》111页。
㊼ 《卢泽恩》4～5页。
㊽ 《达福特·谢弗尼》卷一：319页。
㊾ 《国王》222页。
㊿ 《达福特·谢弗尼》卷一：69页。
㉛ 《克洛伊》卷一：336页。
㉜ 《克洛伊》卷一：62～63页。
㉝ 《书信》卷一：63页。
㊴ 《圣·西门》74～76页。
㊵ 《克洛伊》卷一：72～74页、91～92页、95～96页、196页。

第二章 舒适的建筑

① 《日尔曼·布赖斯》卷三：1～2页，1717年。
② 《皮加尼奥尔》卷一：39页，1742年。
③ 《帕特》115页，1754年。也可参阅《布隆代尔》卷一：19页、92页，1771年。
④ 《博弗朗》11页，1745年。
⑤ 《布隆代尔》卷四：208页，1771年。
⑥ 《卡洛琳》219页。
⑦ 《布隆代尔》卷一：27页，1752年。
⑧ 《克洛伊》卷一：72～73页。
⑨ 《演变》235～236页。
⑩ 《百科全书》卷二：488页。
⑪ 《布隆代尔》卷一：159页，1737年。
⑫ 《吉德》264页，1978年。
⑬ 《法国美居》168页，1755年2月。
⑭ 《布隆代尔》卷四：384页，1771年。
⑮ 《布里瑟》22页，1761年。
⑯ 《德·克鲁瓦》卷一：253页。
⑰ 《德·克鲁瓦》卷一：528～529页。
⑱ 《达福特·谢弗尼》卷一：327页。
⑲ 《帕勒泰恩公主》卷一：192～193页，1857年。

⑳ 《布隆代尔》卷一：165～166页，1737年。
㉑ 《巴达耶·嘎拉布朗》36～37页。
㉒ 《勒·加缪·德·梅济耶尔》217～221页。
㉓ 《布隆代尔》卷一：160页，1737年。
㉔ 《布隆代尔》卷一：156页，1737年。
㉕ 《吕纳》卷七：5页。
㉖ 《达福特·谢弗尼》卷一：271～272页。
㉗ 《布隆代尔》卷二：149页，1737年。
㉘ 《布赖斯》卷一：384～385页，1706年。
㉙ 《帕特》6～7页，1767年。
㉚ 《托尔冬》18～19页、138～139页、145页，1984年。
㉛ 《布隆代尔》卷三：106页，1752年。

第三章 浴室

① 《淋浴史》卷四：842页。
② 《托尔冬》321页，1978年。
③ 《埃罗阿尔》卷二：1935页。
④ 《索格兰》358页，1716年。
⑤ 《优雅墨丘利》91～177页，1680年4月。
⑥ 《吉鲁阿尔》256页，1978年。
⑦ 《年轻》291页。
⑧ 《达维勒》218页，1738年。
⑨ 《布隆代尔》卷一：273～277页，1752年。
⑩ 《圣·西门》卷二：694～695页。
⑪ 《布隆代尔》卷一：239页，1752年。
⑫ 《圣·西门》卷七：357页。
⑬ 《布隆代尔》卷一：278页，1752年。
⑭ 《布隆代尔》卷一：72～74页；卷二：129～135页，1737年。
⑮ 《布里瑟》7～8页，1743年。
⑯ 《沐浴》卷二：19页。
⑰ 《布隆代尔》卷二：130页，1737年。
⑱ 《达维勒》11～12页，1710年。
⑲ 《布隆代尔》卷三：92页，1752年。
⑳ 《达维勒》122～123页，1755年。
㉑ 《巴达耶·嘎拉布朗》132～133页。
㉒ 《李斯特》154页。
㉓ 《巴黎日报》，1790年10月30日。
㉔ 《巴勒鲁瓦》卷二：332页，1723年4月12日。
㉕ 《奥特卡尔》卷三：203～204页；《巴达耶·嘎拉布朗》133页；《索瓦热》40页。
㉖ 《佩里埃》6页、4页、23～26页。
㉗ 《奥克斯隆》7页，1769年。

㉘ 《佩里埃》22页。
㉙ 《巴达耶·嘎拉布朗》138页。
㉚ 《罗奈斯》90～91页。
㉛ 《安托万》527页；《费莱》204页。
㉜ 《圣·西门》76～78页。
㉝ 《库尔岱》22页。
㉞ 《库尔岱》160页。
㉟ 《圣·西门》100页。
㊱ 《莱恩》255～258页。
㊲ 《法国信使》178～182页，1768年7月。
㊳ 《噶索尔》36页。
㊴ 《基洛瓦尔》232～235页，2000年。

第四章　水冲厕所

① 《德维尔》卷一：450页；《盘点》卷二：350页、1130页。
② 《奥特卡尔》卷四：202～203页。
③ 《圣·西门》卷四：400页。
④ 《圣·西门》卷二：694页。
⑤ 《圣·西门》卷二：271～272页。
⑥ 《维沃莱·勒·杜克》卷六：163～164页。
⑦ 《圣·西门》卷二：694～695页。
⑧ 《布隆代尔》卷一：239页，1752年。
⑨ 《达维勒》181，1691年；《艺术家作品》61页、62页。
⑩ 《布赖》1691年，82页。
⑪ 《布赖》12～15页、17页，1695年。
⑫ 《布里瑟》卷一：71～72页，1728年。
⑬ 《布隆代尔》卷一：29、73页、87页，1737年。
⑭ 《达维勒》81页，1755年。
⑮ 《卡尔乃因》203～204页。
⑯ 《哈佛》卷二：954页。
⑰ 《巴比尔》卷三：226～227页。
⑱ 《布隆代尔》卷一：238页、267页，1752年。
⑲ 《巴比尔》卷七：246页。
⑳ 《勒·加缪·德·梅济耶尔》134页。
㉑ 《哈佛》卷二：950页；《亨特·斯提伯尔》56页。
㉒ 《达让松》卷三：264页。
㉓ 《西门》80～82页、92页。
㉔ 《胡伯》卷二：263～264页。
㉕ 《吉罗》23页、25页、26页。
㉖ 《吉罗》58～62页。
㉗ 《巴比尔》卷三：195页。
㉘ 《布隆代尔》卷二：136页，1771年；

《胡伯》卷一：203页。
㉙ 《卡尔乃因》248～249页。
㉚ 《吉鲁阿尔》233页；《赖特》104页，1960年。
㉛ 《哈灵顿》85页、160页。
㉜ 《赖特》106页，1960年。
㉝ 《赖特》107～110页，1960年。
㉞ 《路易丝·哈佛》6～7页。

第五章　取暖设备

① 《圣·西门》卷三：312页。
② 《帕拉蒂尼》卷二：12页，1857年。
③ 《赖特》6～14页、19页，1960年。
④ 《哈佛》卷一：773页。
⑤ 《德让》199～200页。
⑥ 《高杰》163页。
⑦ 《高杰》42～43页、52页、216～217页。
⑧ 《高杰》42页、54页、99页、216页。
⑨ 《卡斯塔尔德·拉巴特》104页、114页、121页。
⑩ 《布里瑟》62～64页，1728年，。
⑪ 《布里瑟》卷一：7页，1743年。
⑫ 《家》185页。
⑬ 《法兰西学士院》字典，1762年版。
⑭ 《弗兰克林》2页。
⑮ 《弗兰克林》2页、11页、24页。
⑯ 《佛西》2页。
⑰ 《高杰》63页。
⑱ 《帕拉蒂尼》卷二：10页，1857年。
⑲ 《达福特·谢弗尼》卷一：324页。

第六章　舒适的座椅

① 《康庞》32～34页。
② 《吉迪翁》260页、309～310页。
③ 《哈佛》卷三：756页。
④ 《托尔冬》52页、93页，1978年。
⑤ 《家具清单》卷二：270页、415页、476页、1576页。
⑥ 《优雅墨丘利》17页、19页、33页，1682年12月。
⑦ 《尼希米·泰辛》280页。
⑧ 《胡伯》卷二：602页，1769年。
⑨ 《哈佛》卷一：900页。
⑩ 《优雅墨丘利》卷四：341页，1673年。
⑪ 《加诺》54页，1993年。
⑫ 《哈佛》卷二：651页。

⑬ 《胡伯》卷二：608～609页、614页、638页、643页。
⑭ 《托尔冬》174页，1978年。
⑮ 《托尔冬》198页，1978年；
⑯ 《维多利亚》2页。
⑰ 《百科全书》文章《安乐椅》，卷六：439页。
⑱ 《哈佛》卷二：642页。
⑲ 《胡伯》卷二：643页。
⑳ 《科尔代》136页、140页、154～158页。
㉑ 《科尔代》50页。
㉒ 《胡伯》卷二：642～643页。
㉓ 《法国信使》10页，1755年7月。
㉔ 《胡伯》卷二：650页。
㉕ 《加诺》44页，1993年。
㉖ 《家具清单》卷二：347页、1061、1095页、1107页、1174页。
㉗ 《哈佛》卷二：1038页；《圣·西门》卷一：388页、403页；卷三：616页。
㉘ 《沃波尔》卷十八：332页，1743年10月3日。
㉙ 《圣·西门》卷一：891页；卷四：783页、788页。
㉚ 《托尔冬》17页、213页，1978年；《比尔德》82～83页；《爱德华》卷三：70～105页。
㉛ 《沃波尔》卷十八：315页，1745年10月3日。
㉜ 《沃波尔》卷十八：332页。
㉝ 《迪拉妮夫人》205页。
㉞ 《圣·西门》卷一：170页；卷六：435页。
㉟ 《家具清单》卷二：1356、1808页。
㊱ 《家具清单》卷二：459页、2003页。
㊲ 《托尔冬》217页，1978年。
㊳ 《比尔德》82～83页。
㊴ 《托尔冬》102页。
㊵ 《布隆代尔》卷一：123页，1752年。
㊶ 《米勒》181页，1738年。
㊷ 《布雷尼》卷一：284页，1692年。
㊸ 《哈佛》卷三：1205页。
㊹ 《科尔代》158页。
㊺ 《胡伯》卷二：652～653页。
㊻ 《卡里尔》112～113页。
㊼ 《审美》67页、79页、81页、106页。
㊽ 《哈佛》卷四：1038页。
㊾ 《科尔代》9～22页。
㊿ 《布隆代尔》卷二：134页，1737年。
㉛ 《格拉菲尼》卷一：197页。

㊷ 《隆佛尔》72～73页。
㊸ 《布隆代尔》卷一：122页，1752；《胡伯》卷二：600～601页。
㊹ 《法国信使》11页。
㊺ 《德扎利埃·达尔基维尔》94页；《吕纳》卷十二：325页。
㊻ 《卡拉乔利侯爵》120～124页。

第七章 便利家具

① 《常用家具明细表》卷二：473页、487页、514页。
② 《吉迪翁》305页。
③ 《布隆代尔》卷一：22页，1752年。
④ 《哈佛》卷一：149～164页。
⑤ 《圣·西门》79页，83页。
⑥ 《哈佛》卷四：991页。
⑦ 《布里瑟》卷二：165～167页，1743年。
⑧ 《哈佛》卷一：454页。
⑨ 《圣·西门》71页，76页。
⑩ 《法国信使》208～210页，1769年7月。
⑪ 《优雅墨丘利》36页、39页，1682年12月。
⑫ 《山顶、螺钉》174页。
⑬ 《达维勒》卷一：457页。
⑭ 《科尔代》50～55页。
⑮ 《库拉觉德》卷二：432页。
⑯ 《拜恩格》卷三：156～157页。
⑰ 《托尔冬》25页，1978年；《哈佛》卷四：1126页。
⑱ 《胡伯》卷二：740页。
⑲ 《圣·西门》342～344页；《沃森》卷一：204～207页，1966年；《哈佛》卷四：1126页；《比佛》44页。
⑳ 《克莱沃公主》186页，1737年。
㉑ 《哈佛》卷四：1126页；《胡伯》卷二：740页；《格拉菲尼》卷一：199页。
㉒ 《迈耶》卷一：122～130页。
㉓ 《胡伯》卷二：734～736页。
㉔ 《哈佛》卷一：8页。
㉕ 《斯科特》250～256页，2005年。
㉖ 《沃森》卷一：254页，1966年；《莱恩》269页。

第八章 1735：建筑师设计的座椅崭露头角

① 《欧卡德》52页、55页、56页。
② 《金伯尔》159页。

第九章　室内装饰和舒适房间的起源

① 《艺术家作品》209页，44页。
② 《费莱》1～10页。
③ 《格拉菲尼》卷十一：390页，1751年2月9日。
④ 《卡尔·泰辛》97～98页，1740年7月11至22日。
⑤ 《布隆代尔》卷四：702～704页。
⑥ 《托尔冬》14～17页、48～49页，1984年。
⑦ 《皮埃尔·让·马里埃特》卷二：101页。
⑧ 《法国信使》卷二：1391页，1724年6月。
⑨ 《莱恩》195～197页、224～229页。
⑩ 《费伊》162页、284页。
⑪ 《布隆代尔》卷二：108页，1737年。
⑫ 《布隆代尔》卷一：122页，1752年。
⑬ 《布隆代尔》卷二：87～88页、108页、119页，1752年。
⑭ 《达维勒》3页，1738年。
⑮ 《帕特》64页，1767年。
⑯ 《帕特》64页，1754年。
⑰ 《优雅墨丘利》卷四：332～341页，1673年。
⑱ 《达维勒》399～400页，1738年。
⑲ 《布雷德》18页。
⑳ 《费莱》164页；《巴达耶·嘎拉布朗》171～172页。
㉑ 《达维勒》卷一：228页，1691年。
㉒ 《费莱》160页；《斯科特》2页，1995年；《波夫朗》62页、64页、97～98页。
㉓ 《布雷德》10页，1983年。
㉔ 《布莱》10页，1691年。
㉕ 《沃尔波尔》卷三十一：87页；卷二十三：312页；卷三十二：261页，1765年12月25日。
㉖ 《布里瑟》卷二：174页、176～181页，1741年，。
㉗ 《帕特》64页，1754年。
㉘ 《达维勒》180页，1691年。
㉙ 《艺术家作品》165页。
㉚ 《艺术家作品》165页。
㉛ 《波夫朗》45页。
㉜ 《克劳利》38～44页。
㉝ 《泰辛》276页，1926年。
㉞ 《布莱》262页，1691年。
㉟ 《艺术家作品》322页。
㊱ 《风流信使》卷四：339页，1673年。
㊲ 《布隆代尔》卷六：454～455页，1771年。
㊳ 《达维勒》386页，1738年。
㊴ 《布隆代尔》卷一：267页，1752年。
㊵ 《布隆代尔》卷一：27页，1737年。
㊶ 《风流信使》卷四：302～303页，1673年。
㊷ 《法国信使》卷一：211页，1750年12月。
㊸ 《哈佛》卷四：118～122页。
㊹ 《金伯尔》26页。
㊺ 《托尔冬》46页，1978年。
㊻ 《建筑物账目》卷一：1013页；卷二：430页、610页等。
㊼ 《布莱》268～272页，1691年。
㊽ 《达维勒》卷一：351页，1710年；《达维勒》卷一：405页，1738年。
㊾ 《隆佛尔》41页。
㊿ 《泰辛》276页，1926年。
㉛ 《布勒格尼》卷二：123页。
㊾ 《艺术家作品》20页。
㊾ 《布隆代尔》卷二：103页、122～123页，1737年。
㊾ 《布隆代尔》卷二：61页，1737年。
㊾ 《胡伯》卷二：654页。
㊾ 《布隆代尔》卷二：103页、108页，1737年。
㊾ 《布隆代尔》卷二：106页，1737年；《百科全书》文章《门窗》，卷十：349～357页。
㊾ 《乔伯》卷二：9～10页。
㊾ 《迪拉妮》110页，还可参阅321页，1752年4月11日。
㊾ 《布隆代尔》卷三：120～121页，1771年。
㊾ 《勒·加缪·德·梅济耶尔》113页。

第十章　卧　室

① 《托尔冬》57页，1984年；《沃尔顿》76～81页。
② 《哈佛》卷一：658页；卷三：372～441页。
③ 《安东尼》47页。
④ 《吕伊纳》卷二：175页。
⑤ 《克洛伊》卷一：76页；卷二：30页。
⑥ 《勒·加缪·德·梅济耶尔》111页。
⑦ 《托尔冬》71页，1984年。
⑧ 《布隆代尔》卷一：177页，1752年。
⑨ 《勒·加缪·德·梅济耶尔》111页。
⑩ 《布隆代尔》卷四：386页，1771年。
⑪ 《胡伯》卷二：670页。
⑫ 《风流信使》卷三：298～299页，1673年。
⑬ 《查理·佩罗》133页。
⑭ 《家具清单》卷二：2006页。

⑮ 《胡伯》卷二：667~681页。
⑯ 《施泰因》51页。
⑰ 《科代尔》23~24页。
⑱ 《哈佛》卷二：934页。
⑲ 《勒·加缪·德·梅济耶尔》88页、131页。
⑳ 《百科全书》文章《陈列室》，卷二：488页；《勒·加缪·德·梅济耶尔》88页、131页。
㉑ 《圣·西门》卷四：758页。
㉒ 《布里瑟》卷一：23~24页、49页、126页，1743年。
㉓ 《布里瑟》卷一：23页，1743年。
㉔ 《勒·加缪·德·梅济耶尔》219~220页。
㉕ 《哈佛》卷三：681页。
㉖ 《科代尔》27~28页、53页、52页、22页。

第十一章 闺房

① 《布里瑟》卷一：22页，1741年。
② 《法兰西学士院》字典：1832页，1762年版。
③ 《布隆代尔》卷一：273~277页，1752年。
④ 《布里瑟》卷一：24页。
⑤ 《格拉菲尼》卷一：198页。
⑥ 《金伯尔》246~247页。
⑦ 《科代尔》23页；《皮加尼奥尔》卷九：42~43页。

第十二章 舒适的服装

① 《布隆》卷二：335页。
② 《法国信使》952~955页，1726年5月；615页，1729年3月；2316页，1730年10月。
③ 《法国信使》951页，1726年5月；614页，1729年3月。
④ 《科代尔》79页、81页。
⑤ 《吕纳》卷一：262页，1737年6月。
⑥ 《吕纳》卷一：361页，1737年9月。
⑦ 《吕纳》卷二：279页，1738年11月。
⑧ 《吕纳》卷一：352页，1737年9月。
⑨ 《吕纳》卷三：16~19页，1739年8月。
⑩ 《吕纳》卷六：64页，1744年9月。
⑪ 《吕纳》卷七：320页，1746年5月。
⑫ 《吕纳》卷八：284页，1747年8月。
⑬ 《吕纳》卷十：347页，1750年10月。
⑭ 《珍妮·热内·康庞》23~24页。

⑮ 《克洛伊》卷二：92页。
⑯ 《吕纳》卷三：185页，1740年5月。
⑰ 《吕纳》卷三：170页，1740年4月。
⑱ 《科代尔》74~82页。
⑲ 《布隆代尔》卷四：387~388页，1771年。
⑳ 《达福特·谢弗尼》卷一：319页、69页。
㉑ 《法国信使》卷二：155~159页，1757年10月；《莱恩》267页；《斯哥特》250~256页。

第十三章 生活中的纺织品

① 《布雷德》23页。
② 《勒米尔》68页，2003年。
③ 《拉法耶特伯爵夫人》卷二：99~100页，1942年。
④ 《裕尔多》卷二：639页。
⑤ 《百科全书》文章《染布》，卷十六：370页。
⑥ 《经济日报》，1756年6月—9月。
⑦ 《金伯尔》139页。
⑧ 《勒米尔》69页，2003年。
⑨ 《勒米尔》13页，1991年。
⑩ 《布雷德》32页。
⑪ 《德尚》47~49页；《米勒》181页；《弗雷斯》简介。
⑫ 《萨瓦里·德·布吕斯隆》卷三：799页；《哈佛》卷四：248~256页。
⑬ 《单若》卷二：67页。
⑭ 《德国》卷一：53页。
⑮ 《德国》卷一：64页。
⑯ 《布料大全》47页、51页。
⑰ 《普通农民书信》卷三：577页。
⑱ 《普通农民书信》卷一：227页。
⑲ 《萨瓦里·德·布吕斯隆》卷二：1153页。
⑳ 《福博内斯》11页；《莫洛》215页。
㉑ 《迪普泰尔》84页。
㉒ 《古尔奈》75~77页。
㉓ 《普通农民书信》卷三：334页。
㉔ 《普通农民书信》卷三：577页。
㉕ 《圣·西门》卷五：870~871页。
㉖ 《家具清单》卷二：441页。
㉗ 《家具清单》卷二：1916页。
㉘ 《莫尔莱》106页；《德维尔》卷一：194页。
㉙ 《布勒格尼》26页，1691年；《布勒格尼》卷二：13页，1692年。
㉚ 《科代尔》15页、22~23页、48页、

136~137页。
㉛ 《潘塔》82页。
㉜ 《范·埃芬》170页，1718年6月18日。
㉝ 《法国信使》2314页，1730年10月。
㉞ 《普通农民书信》卷三：142~143页。
㉟ 《格拉菲尼》5~6页。
㊱ 《若什》144页，1994年。
㊲ 《勒米尔》17页，1991年。

第十四章　身体的舒适

① 《吉迪翁》310页。
② 《安那斯》35页、45页。
③ 《圣·西门》卷二：580页。
④ 《帕拉蒂尼》244页，1698年10月22日。
⑤ 《朗杜》29页、38页。
⑥ 《帕拉蒂尼》361页、424页，1985年；《帕拉蒂尼》174页，1838年。
⑦ 《布隆代尔》卷一：160页，1737年。
⑧ 《塞维涅》卷一：199页，1671年3月24日。
⑨ 《杜兰德》卷一：254页。
⑩ 《克洛伊》卷一：288页。
⑪ 《皮加尼奥尔》卷九：39页。
⑫ 《达福特·谢弗尼》卷一：117页。
⑬ 《胡伯》卷三：634页。

尾声　生活的艺术

① 《沃尔波尔》卷十八：331~332页。
② 《杨》292页、289页。
③ 《百科全书》狄德罗文章，《艺术》卷一：714页；《职业》卷十：463页。
④ 《塞拉斯》6~7页、40~41页。
⑤ 《百科全书》卷七：285页。
⑥ 《格拉菲尼》卷一：208~209页。
⑦ 《尼采》卷八：539页。
⑧ 《卡拉乔利侯爵》4~5页、419~420页，1772年.
⑨ 《古丁·德》166页、145~146页、170页。
⑩ 《卡拉乔利侯爵》119~120页，1776年。
⑪ 《卡拉乔利侯爵》119~120页、206页、353~357页，1777年。
⑫ 《奥西》40~41页。
⑬ 《达福特·谢弗尼》卷一：310页。
⑭ 《施泰因》24页。